高等职业教育计算机类系列教材

Photoshop CS6 平面设计实用教程

主　编　李显萍

副主编　孙　捷　张海娜

参　编　郭伟业　李雅姝　于　蕾

　　　　张　爽　孟祥磊

机 械 工 业 出 版 社

本书以培养学生 Photoshop 平面设计核心能力为目标，详细介绍了 Photoshop CS6 中文版在平面设计中的基本用法与技巧。全书共 11 章，内容包括平面设计基础、选区工具、图像绘制、修饰图像、图像色彩与色调的调整、文本的编辑与处理、图层、形状与路径绘制、滤镜的应用、蒙版与通道以及综合实例。

本书采用任务驱动模式，每章均设置了教学导读、知识讲解、实训任务、本章小结、单元评估等环节，并提供在线综合教学解决方案。全书内容由浅入深、循序渐进，突出了行业需求与岗位标准，符合高级技能型人才的培养目标。

本书可以作为高职高专及本科院校艺术类、多媒体技术类专业的 Photoshop 平面设计课程教材，也可以作为网页设计、广告设计、影视动画等行业相关人员的培训及参考用书。

为方便教学，本书配备电子课件、习题答案、案例原文件及素材、考试题库等教学资源。凡选用本书作为教材的教师均可登录机械工业出版社教材服务网 www.cmpedu.com 免费下载。如有问题请致信 cmpgaozhi@sina.com，或致电 010-88379375 联系营销人员。

图书在版编目（CIP）数据

Photoshop CS6 平面设计实用教程/李显萍主编．—北京：机械工业出版社，2014.8（2024.1 重印）

高等职业教育计算机类系列教材

ISBN 978-7-111-47074-8

Ⅰ．①P… Ⅱ．①李… Ⅲ．①平面设计—图像处理软件—高等职业教育—教材 Ⅳ．①TP391.41

中国版本图书馆 CIP 数据核字（2014）第 147857 号

机械工业出版社（北京市百万庄大街 22 号　邮政编码 100037）

策划编辑：刘子峰　　责任编辑：刘子峰

责任校对：纪　敬　　封面设计：陈　沛

责任印制：刘　媛

涿州市般润文化传播有限公司印刷

2024 年 1 月第 1 版・第 7 次印刷

184mm×260mm・16.25 印张・390 千字

标准书号：ISBN 978-7-111-47074-8

定价：43.00 元

电话服务

客服电话：010-88361066

010-88379833

010-68326294

封底无防伪标均为盗版

网络服务

机　工　官　网：www.cmpbook.com

机　工　官　博：weibo.com/cmp1952

金　　书　　网：www.golden-book.com

机工教育服务网：www.cmpedu.com

前　言

Photoshop 是平面设计行业应用最广泛的工具软件之一，Photoshop 平面设计技术也是高职高专院校设计类、多媒体技术类专业的学生必须掌握的职业核心技能。本书的编写从培养学生职业素养（专业能力、沟通能力、动手能力、学习能力）出发，以服务专业、服务后续课程、服务应用、服务市场为宗旨，着力于处理好适度的理论与强化技能训练的关系，适应“教、学、做相结合”的要求，在教学实践过程中按理论与实践一体化的模式组织编写。

本书以理论“必需、够用”为度，突出行业需求与岗位标准，符合高级技能型人才的培养目标。本书具有以下几个特点：

1．紧扣一线岗位实际。参照平面设计师的岗位需求，精心整合理论课程，针对高职学生对知识的需求，合理地安排知识点、技能点，构建均衡的知识体系。内容由浅入深、循序渐进，对应用性较强和较难的部分进行重点描述，而实际使用较少的内容则做简单处理。本书使用的软件采用当前运行较稳和使用范围较广的 Photoshop CS6 中文版。

2．突出工学结合，体系结构呈现“教、学、做相结合”的模式。采用任务驱动模式，每章均设置了教学导读、知识讲解、实训任务、本章小结、单元评估等环节。必备知识讲解突出教师“教”，实训任务突出学生“学”，单元测试和能力拓展突出学生“做”。

3．配套资源丰富，提供综合教学解决方案。本书配有“计算机辅助平面设计课程”网络教学应用平台（http://222.161.50.5/department/guoshang/webnetclass1/index.htm）”，平台资源丰富，包括网络课程及自测系统、实验指导、电子教案、教学大纲（包括实验大纲）、案例素材（书中案例、素材下载）等，初具综合性教学解决方案。

本书在编写过程中，为了适应行业岗位的需要，吸取了企业一线工作人员的经验，直接对接职业标准，符合就业导向的思想。本书由李显萍任主编并负责最终统稿，孙捷、张海娜任副主编，参加编写的还有郭伟业、李雅姝、于蕾、张爽、孟祥磊。具体编写分工如下：第 1 章、第 2 章 4、5 节由李显萍编写，第 3～5 章由孙捷和于蕾编写，第 6 章由孟祥磊编写，第7、11章由李雅姝和张爽编写，第 8 章由李雅姝、郭伟业和张爽共同编写，第 2 章 1～3 节、第 9 章由郭伟业编写，第 10 章由张海娜编写。吉林省炫维文化传播有限责任公司及丁丁网长春分部的美工师董爽为编写团队提供了宝贵的建议与意见。此外，本书的成稿还得益于很多同行学者的辛勤成果，在此一并表示衷心的感谢！

由于作者水平有限，书中疏漏与不当之处在所难免，恳请广大读者批评指正，以使本书在教学实践中不断得以提高与完善。

编　者

目　录

第 1 章　平面设计基础

本章导读：

随着时代的进步和发展，平面设计和图像处理已经与人们日常的生活、工作、学习密不可分，并被广泛应用到摄影、广告设计、网页设计、包装设计和照片处理等各个领域。Photoshop 正是诸多平面设计软件中的佼佼者，得到了行业内大多数设计人员的认可，被广泛应用到平面设计的各个领域。本章主要介绍在使用 Photoshop 进行平面设计之前必须要掌握的基础知识和技能。

知识目标：

1）了解和掌握常用的图像模式。
2）熟悉 Photoshop CS6 的界面。
3）熟悉 Photoshop CS6 的基本操作。

能力目标：

1）掌握各种图像模式的区别和应用领域。
2）能够独立完成 Photoshop CS6 启动和退出等简单的基本操作。
3）能够运用所学知识完成本章的实训任务。

1.1　图像处理中的常用术语

在学习用 Photoshop 进行图像处理和平面设计之前，首先要学习一些图像处理中的常用术语。

1.1.1　位图

位图又称为“像素图”或“点阵图”，是计算机图像处理中较为常见的一种图像格式。位图是基于像素网络的，由若干像素点（又称为彩色块）排列组成，且每个像素都有固定的位置和颜色值。计算机记录和编辑的是每个像素点的位置和颜色值，图像像素点越多，分辨率就越高，图像也越清晰，但占用的磁盘空间也越大，处理的速度也会变慢。位图的放大和缩小处理就是对位图像素点的放大和缩小，当像素点被放大到一定程度时，图像就会变得不清晰。图 1-1 所示的为位图被放大 4 倍后的效果。

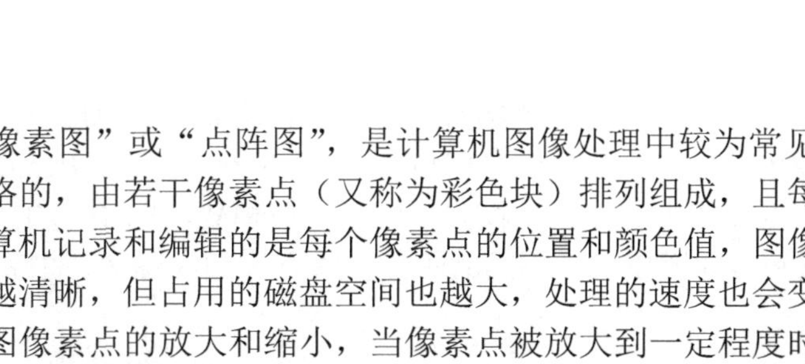

图 1-1　位图放大 4 倍后的效果

1.1.2 矢量图

矢量图是数字图像处理的主要格式，也是计算机图像处理的主要格式之一。矢量图形是由通过数学方式进行描述的直线、曲线、色块和形状等组成的，其基本组成单位是锚点和路径。矢量图形最大的特点是图形与分辨率无关，且文件占用的磁盘空间相对较小，其文件大小与图形中所包含的对象的数量和复杂程度有关，与输出介质的大小无关。矢量图形无论放大多少倍清晰度都不会有变化。图 1-2 所示的是矢量图放大 5 倍后的效果。

图 1-2 矢量图放大 5 倍后的效果

1.1.3 图像的分辨率

图像的分辨率是位图图像每英寸（厘米）所包含的像素数量，单位为 dpi。图像的分辨越高，图像每英寸包含的像素就越多，图像也就越细腻、清晰，图像质量也就越好。

提示

分辨率不是单指图像分辨率，分辨率一般包括图像分辨率、打印机分辨率、显示器分辨率和扫描分辨率。

1.1.4 图像的颜色模式

颜色模式提供了一种颜色转换成数字数据的方法，从而使颜色能够在多种媒体中被连续描述并能跨平台所使用，如从显示器到打印机、从 Mac 到 PC 等。Photoshop 中有 8 种颜色模式，即位图模式、灰度模式、双色调模式、索引颜色模式、RGB 颜色模式、CMYK 颜色模式、Lab 颜色模式和多通道模式，不同的颜色模式有不同的图像效果和用途。

1. 位图模式

位图模式又称为黑白模式，是由 1 位像素组成的、只有黑白颜色的图像模式，是最简单的图像模式。位图模式的图像一般文件量都非常小。在设计时，只有在有特殊需要和用途的情况下才采用位图模式，如想设计为黑白效果时就可采用位图模式。

在 Photoshop 中只有灰度模式的图像可以和位图模式的图像进行转换，其他模式要转换为灰度模式后，才可转换为位图模式。灰度模式转换为位图模式的操作如下：

打开灰度图像，在菜单栏中单击“图像→模式→位图”命令，打开“位图”对话框，如图 1-3 所示。图 1-4 为各种位图模式的图像的效果图。

图 1-3　“位图”对话框

a）　b）　c）

d）　e）　f）

图 1-4　各种位图模式的图像的效果图

a）原图　b）扩散仿色　c）50%阈值　d）图案仿色　e）半调网屏　f）自定义图案

2．灰度模式

灰度模式是一种没有彩色信息的颜色模式，色彩饱和度为 0，图像由介于黑与白之间的 256 级灰色组成。由于有 256 级的灰度，所以灰度图像依然可以很细腻，也可以有很好的效果。在 Photoshop 中可以将图像从任何一种颜色模式转为灰度模式，也可以将灰度模式转为任何一种颜色模式。

在 Photoshop 中将彩色图像（以 RGB 颜色模式为例）转换为灰度模式的图像的操作如下：

打开素材图像，在菜单栏中单击“图像→模式→灰度”命令，打开“信息”对话框，提示扔掉颜色信息，如图 1-5 所示，单击“扔掉”按钮可以将其转换为灰度模式的图像，图 1-6 是转换前后的图像效果。

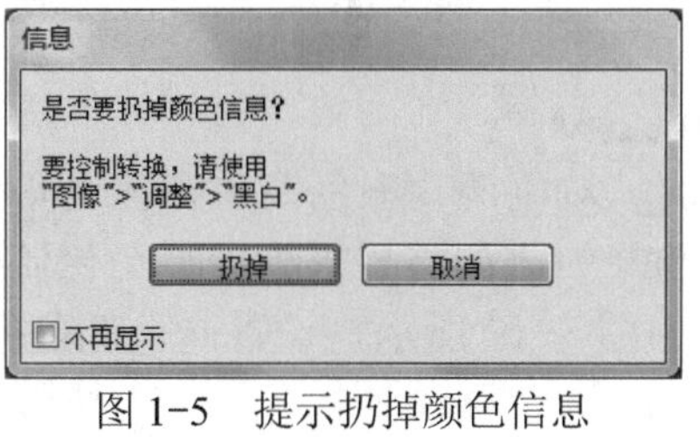

图 1-5　提示扔掉颜色信息

a）　　b）

图 1-6　转换前后的图像效果

a）彩色原图　b）灰度图像

当图像中有 1 个以上的图层时，会在打开“信息”对话框前打开提示拼合图像的对话框，如图 1-7 所示。

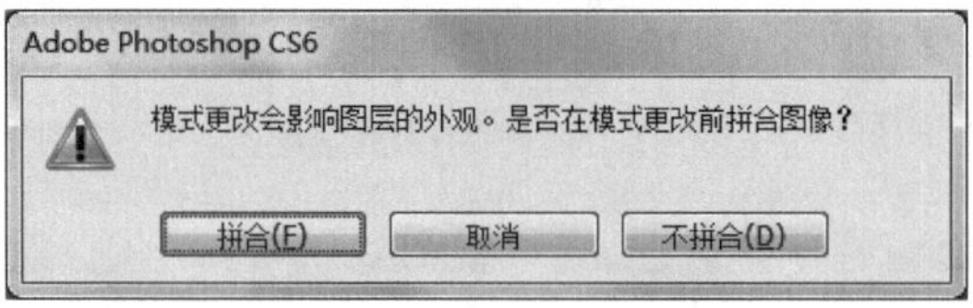

图 1-7　提示拼合图像

在 Photoshop 中，将位图模式的图像转换为灰度模式的图像的操作如下：

打开位图模式的图像，在菜单栏中单击“图像→模式→灰度”命令，打开“灰度”对话框，如图 1-8 所示，单击“确定”按钮即可转换成功，如图 1-9 和图 1-10 所示。

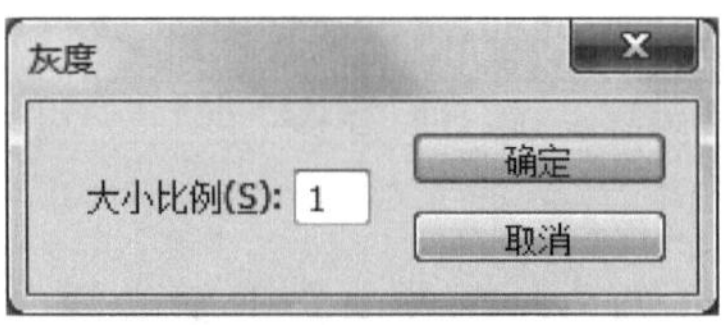

图 1-8　“灰度”对话框

图 1-9　位图原图

图 1-10　转换后的灰度图像

3．双色调模式

双色调模式顾名思义也是一种包含很少颜色的图像模式，该模式通过 2～4 种彩色油墨混合其色阶来创建双色调（2 种颜色）、三色调（3 种颜色）、四色调（4 种颜色）的图像。彩色图像要先转换为灰度模式，然后再转换为双色调模式。灰度模式的图像转换为双色调模式的图像的操作如下：

在菜单栏中单击“图像→模式→双色调”命令，打开“双色调选项”对话框，如图 1-11 所示。

部分选项含义如下。

- 类别：可以选择单色调、双色调、三色调和四色调 4 种模式。
- 油墨：根据在类别中选择的色调类型来编辑每个色调的颜色及曲线。单击曲线可以打开“双色调曲线”对话框，如图 1-12 所示，设置同一颜色的不同曲线效果。图 1-13 是由黑、黄两色组成的双色调效果图。

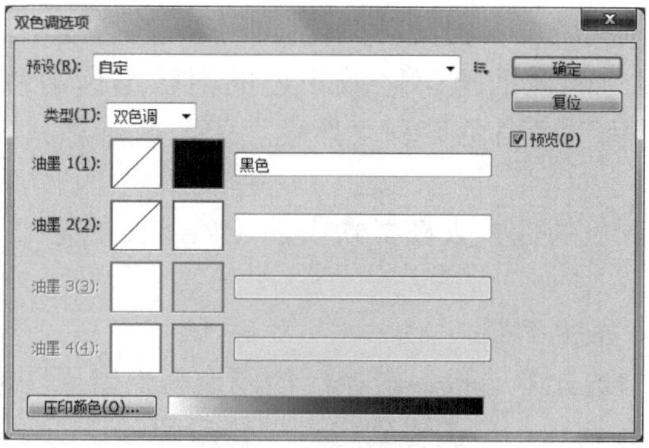

图 1-11　“双色调选项”对话框

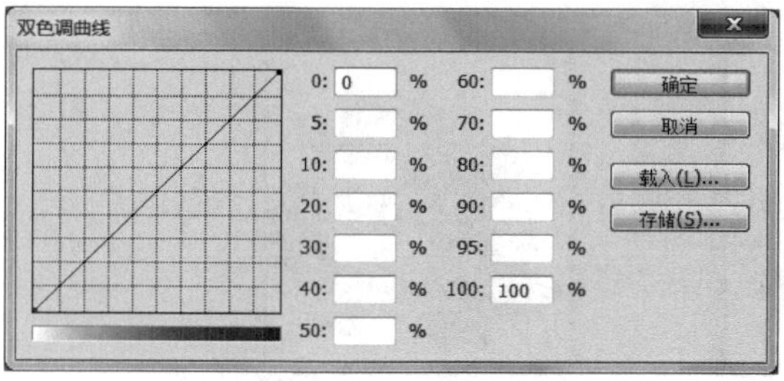

图 1-12　“双色调曲线”对话框

图 1-13　双色调效果图

4. 索引颜色模式

索引颜色模式是一种 8 位色彩，最多可以有 256 种典型颜色的颜色模式。当图像转换为索引颜色模式时，Photoshop 将构建一个颜色表，用以存放并索引图像中的颜色。颜色表中包括了图像使用的最多 256 种颜色，如果图像使用了 256 种颜色以外的颜色，则由系统解释为与其最相近的颜色表内的颜色。将 RGB 颜色模式的图像转换为索引颜色模式的图像的操作如下：

在菜单栏中单击“图像→模式→索引颜色”命令，打开“索引颜色”对话框，如图 1-14 所示。

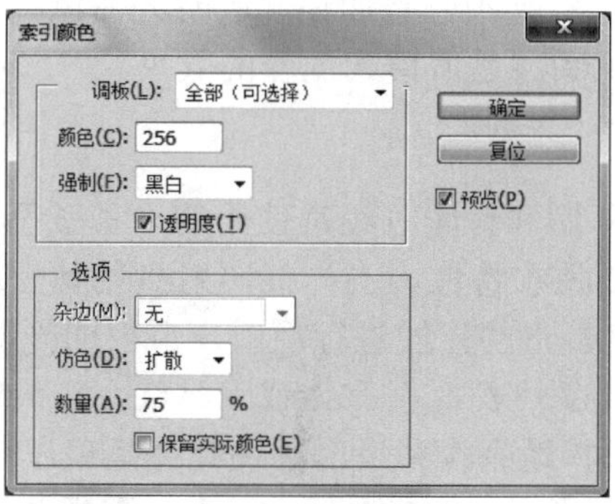

图 1-14　“索引颜色”对话框

“索引颜色”对话框中各选项的含义如下。

- 调板：可以选择使用索引颜色存储图像时颜色的计算方法，具体选项有“平均”、“系统”、“局部”、“全部”和“自定义”等。
- 颜色：用于设置索引颜色的数量，最多为 256。

- 强制：用于将下拉列表框中的某种颜色强制放入颜色表中。
- 杂边：用于设置与图像的透明区域相近的消除锯齿边缘的背景色，具体选项有“无”、“前景色”、“背景色”、“白色”和“黑色”等。此选项只有当原图像有透明区域时才能设置。
- 仿色：混合现有颜色的像素来模拟缺少的颜色，有“无”、“扩散”、“图案”和“杂色”4 个选项。
- 数量：用于设置扩散的数量。
- 保留实际颜色：勾选此复选框，转换后的图像将保留原图像的实际颜色。

按图 1-14 所示设置各选项，单击“确定”按钮后即可将图像转换为索引模式，前后对比如图 1-15 所示。

a）　　　b）

图 1-15　将 RGB 颜色模式的图像转换为索引颜色模式的图像的效果

a）转换前　b）转换后

从上图中可以看出，索引颜色模式虽没有 RGB 颜色模式的图像细腻，但也很清晰，且由于索引颜色只有 8 位，所以图像的文件相对较小，一般常用于网络、游戏和丝网印刷等。

5. RGB 颜色模式

RGB 颜色模式是图像处理中常用的一种图像颜色模式，通过光谱中红（R）、绿（G）和蓝（B）3 种色光按不同的比例及强度进行混合来形成各种颜色。当 3 种颜色叠加在一起时为白色，图 1-16 是红、绿、蓝色 3 种颜色图层差值模式混合的效果。

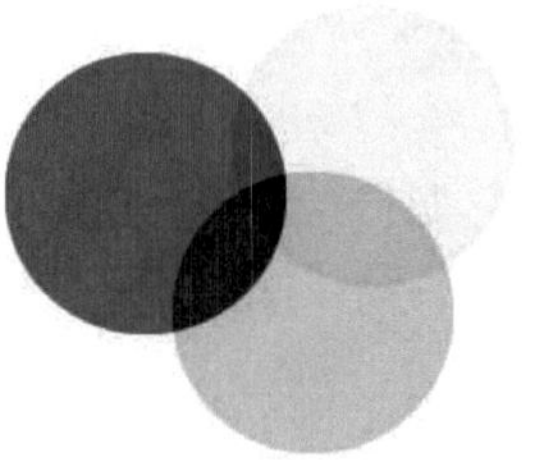

图 1-16　三原色混合效果

6. CMYK 颜色模式

CMYK 颜色模式是彩色印刷和打印时经常使用的一种颜色模式。它的原理基于油墨的光线吸收特性，当光线照射到物体上，物体会吸收一部分光线，并将剩下的光线进行反射，反射的光线就是人们看见的物体颜色。CMYK 分别代表 4 种油墨色，C 代表青色、M 代表品红、Y 代表黄色、K 代表黑色。将这 4 种油墨色混合，可对光线有选择地吸收和反射，使物体呈现出颜色。

将 RGB 颜色模式的图像转换为 CMYK 颜色模式的图像，只需在菜单栏中单击“图像→模式→CMYK”命令即可。

7. Lab 颜色模式

Lab 颜色模式是国际标准照明委员会（CIE）制定的一种颜色模式，包含 RGB 颜色模式和 CMYK 颜色模式中所有的颜色。

Lab 颜色模式用 3 个数值来表示颜色，L 代表颜色的明度，数值范围为 0～100；a 代表由绿色到红色的颜色值，数值范围为–128～+127，数值由小到大对应的颜色是由绿色到红色；b 代表蓝色到黄色的颜色值，数值范围为–128～+127，数值由小到大对应的颜色是由蓝色到黄色。

Lab 颜色模式是一种既不依赖于光线也不依赖于设备的颜色模式，是各种颜色模式相互转换的中间模式。

8. 多通道模式

多通道模式的图像包含多个具有 256 级强度值的灰阶通道，每个通道 8 位深度，一般用于进行特殊打印和一些专业的高级通道操作。在 RGB、CMYK 和 Lab 颜色模式中删除某一个通道，图像将转换为多通道模式。转换时系统将根据原图像通道数自动转换为数目相同的专色通道，并将原图像各通道的像素的颜色信息自动转换为专色通道的颜色信息。

1.2 初识 Photoshop CS6

Photoshop 一直被誉为平面设计行业中图像处理的标准软件，在可视化界面中提供了强大的图像编辑和处理功能，是集图像扫描、编辑修改、图像制作、广告创意、图像输入与输出于一体的图形图像处理软件，深受广大平面设计人员的欢迎。本节将主要介绍 Photoshop CS6 的启动和应用领域。

1.2.1 Photoshop CS6 的应用

Photoshop CS6 是 Adobe 公司推出的目前最流行、最优秀的图形图像处理软件之一。它凭借其强大的功能，在多个领域中被广泛应用。

1. 平面广告设计

Photoshop CS6 的图形图像以及文字处理功能在平面广告设计领域是首屈一指的，为了达到更好的视觉效果，很多平面广告商甚至放弃实拍物体，而改用 Photoshop 来绘制广告图，如图 1-17 所示，足以见其功能的强大。

图 1-17 Photoshop 软件绘制出的白玉环

2. 图像编辑处理

Photoshop CS6 提供了大量的图像编辑的操作和命令，可以用来编辑和修改图像，还可以对照片进行各种处理，如影楼的艺术摄影作品和老照片翻新处理等。

3. 书籍装帧设计

书籍的封面和扉页设计，以及印刷、输出等装帧工作都可以用 Photoshop CS6 来完成。

4. 数字插画和动漫填色

Photoshop CS6 不仅具有位图和矢量图绘画功能，还具有匹配各类插件的使用功能。现在很多艺术家都用 Photoshop CS6 的绘画功能来制作数字插画，此外，动漫作品的填色工作也可以用它来完成，以减少手绘的各种弊端并缩短后期制作时间。

5. 网页设计

利用 Photoshop CS6 可以设计网页界面，同时可以根据需要导出网页格式，生成网页模板。Photoshop CS6 还具有制作网页动画的功能，这使它在网页设计领域里也有一席之地。图 1-18 是使用 Photoshop CS6 制作出的网页横幅。

图 1-18　使用 Photoshop CS6 制作出的网页横幅

6. 三维设计后期处理

除了上述领域外，Photoshop CS6 还被广泛应用于各种三维设计后期处理中。例如，在 3ds Max 中制作的效果图里，很多的人物、景物和物品不需要实际建模，只需用 Photoshop CS6 进行添加就可以了，这样可以节省大量的时间，且非常方便。

1.2.2　Photoshop CS6 的启动

与 Windows 系统中多数程序的启动一样，单击“开始→所有程序→Adobe Photoshop CS6”命令即可启动 Photoshop CS6。在 Photoshop CS6 中，设计人员可以根据自己的喜好来设置工作界面的颜色，具体操作如下：

1）在菜单栏中单击“编辑→首选项→界面”命令，打开“首选项”对话框，选择“界面”选项卡，如图 1-19 所示。

2）软件提供了 4 种颜色方案供设计者选择，这里选择第 4 种颜色方案，图 1-19 所示的正是此颜色方案的工作界面（注：本书中所有的操作均采用此颜色方案）。

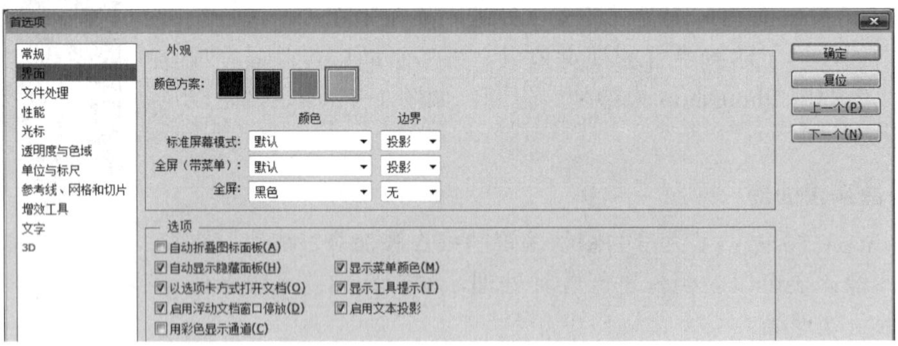

图 1-19　“首选项”对话框

提示

在“首选项”对话框中的“常规”选项卡中，勾选“滚轮缩放”复选框后，可使用鼠标滚轮来放大和缩小图像的显示比例。

1.2.3 Photoshop CS6 的工作界面

在学习和使用 Photoshop CS6 前，首先要熟悉 Photoshop CS6 的工作界面，这样应用起来才能得心应手，图 1-20 为中文版 Photoshop CS6 的工作界面。

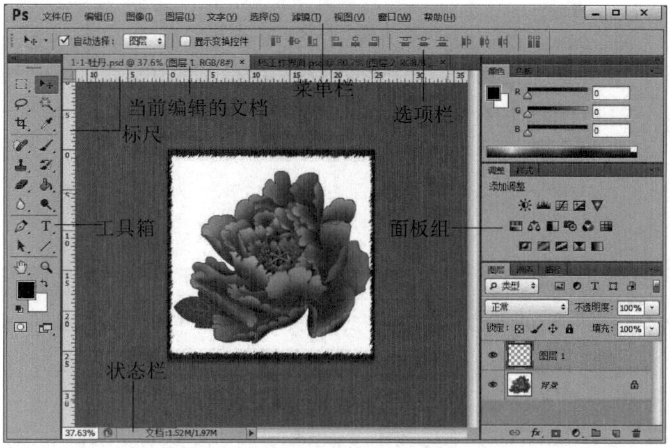

图 1-20 中文版 Photoshop CS6 的工作界面

1）菜单栏：包含文件、编辑、图像、图层、文本、选择、滤镜、视图、窗口和帮助等 10 项菜单。其中，每个菜单项中又分类包含若干命令，通过菜单栏可以完成大部分的图像编辑和处理工作。

提示

若菜单中的命令后有“...”，则表示该命令需要打开相应的对话框进行设置；若命令后有“▶”则表示该命令有下一级的命令菜单；灰色表示在当前编辑状态下此命令不可用。图 1-21 所示的是“图像”菜单及其中的“模式”命令的下一级菜单。

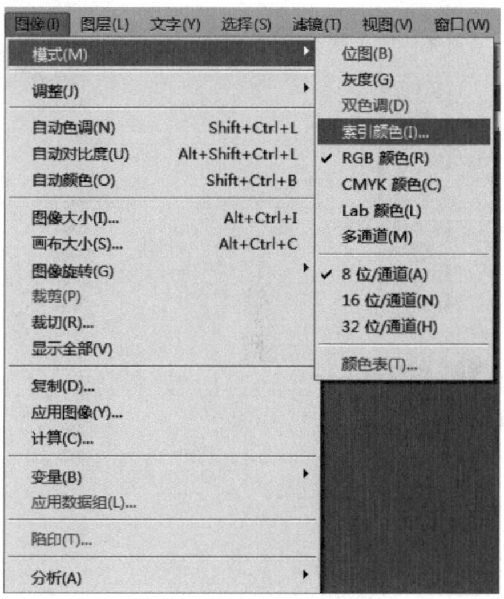

图 1-21 “图像”菜单

2）选项栏：又称为属性栏，最主要的特点是其随着选择工具的不同而不同，图 1-22 所示为“移动工具”所对应的选项栏。

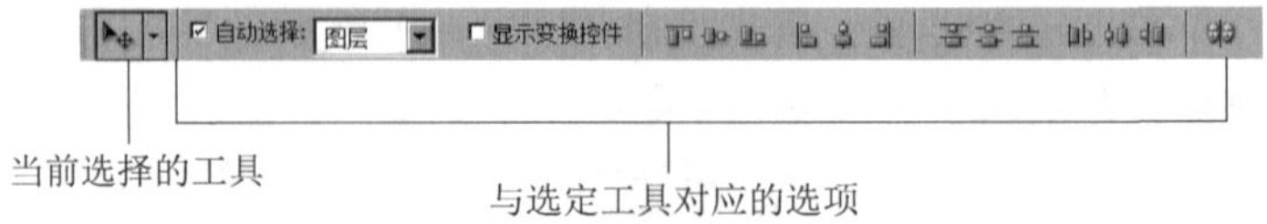

图 1-22 “移动工具”的选项栏

3）工具箱：包含用于创建和编辑图像、文字、页面元素等的多组工具按钮，如图 1-23 所示。

提示

工具箱有单栏和双栏两种显示方式，单击工具箱左上角的双箭头可以进行切换。

工具箱按钮是分组排列的，单击按钮后的三角箭头可以查看和选择该组的其他按钮。图 1-23 所示为工具箱的两种显示方式及文本工具组包含的按钮。

4）面板组：位于工作界面的右侧，用户在使用时可以将常用的面板调出，也可以进行组合和分类，方便工作时使用。

在菜单栏中打开“窗口”菜单，如图 1-24 所示，其中“排列”和“工作区”两个命令是用于对工作区进行排列的，最下面的是当前打开的文档名称，中间是 Photoshop CS6 的各个面板列表，前面有“√”的表示该面板已显示在工作区中，没有的表示该面板当前为隐藏状态。

图 1-23 工具箱

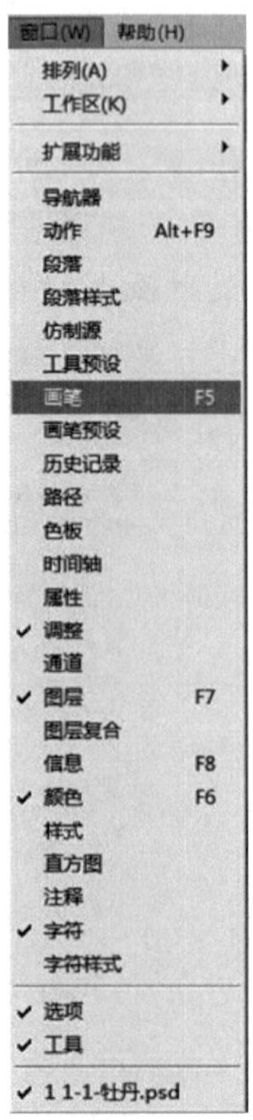

图 1-24 “窗口”菜单

面板中的具体操作如下。

- 显示/隐藏面板：在“窗口”菜单中反复单击面板名称可以打开或隐藏该面板，图 1-25 所示为“颜色”面板。
- 折叠/展开面板：在相应的面板上单击右上角的双箭头则可实现面板的折叠与展开，如图 1-26 所示。

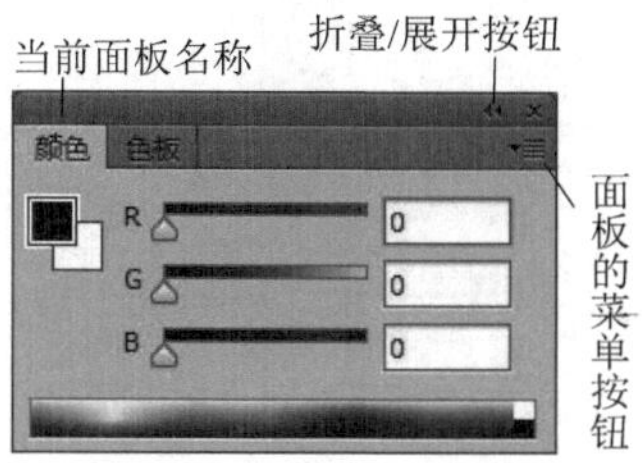

图 1-25　“颜色”面板

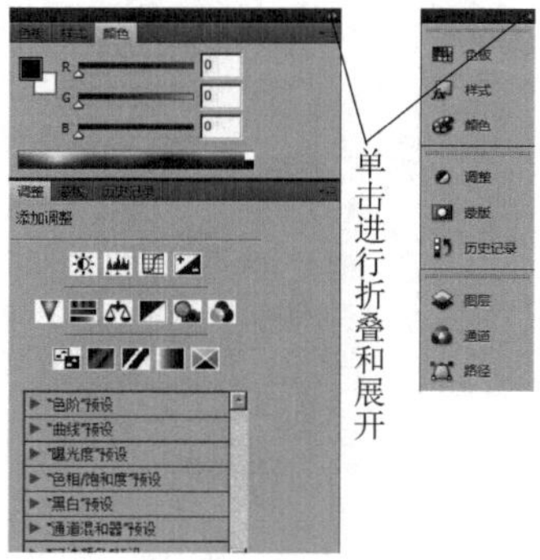

图 1-26　面板的折叠与展开

- 分离/重组面板：在 Photoshop CS6 中，面板在工作界面的右侧是分组组合显示的，用户也可以根据自己的使用习惯及工作需要将面板进行分离和重组。

① 分离面板：用鼠标直接拖动某一面板标签到新的位置，即可将面板与原来的组分离。

② 重组面板：用鼠标拖动面板标签到其他面板组中，出现蓝色框线时松开鼠标即可实现面板的重组。

5）状态栏：位于窗口的底部，用于显示当前文档的相关信息，如图 1-27 所示。

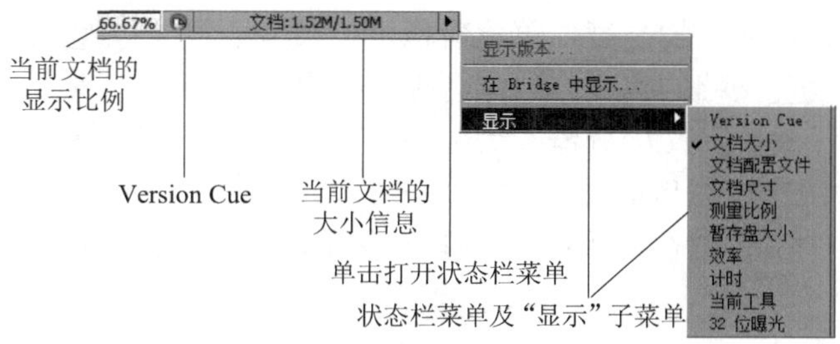

图 1-27　状态栏

在状态栏中，从左到右依次是显示比例、Version Cue（用于打开嵌入的共享文档）、文档大小等，用鼠标单击最右侧的三角箭头可以打开状态栏菜单，通过子菜单中相应的命令可以显示当前文件的各种信息。

1.3　Photoshop CS6 的基本操作

熟悉了 Photoshop CS6 的工作界面，下面将详细介绍 Photoshop CS6 中的基本操作，包括文件的基本操作及其他常用的基本操作。

1.3.1　新建文档

新建文档是在 Photoshop CS6 中建立一个空白文档，新建文档的具体操作如下：

1）启动 Photoshop CS6，执行以下操作之一。

- 在菜单栏中单击“文件→新建”命令，打开“新建”对话框，如图 1-28 所示。
- 按下<Ctrl+N>快捷键，打开“新建”对话框，如图 1-28 所示。

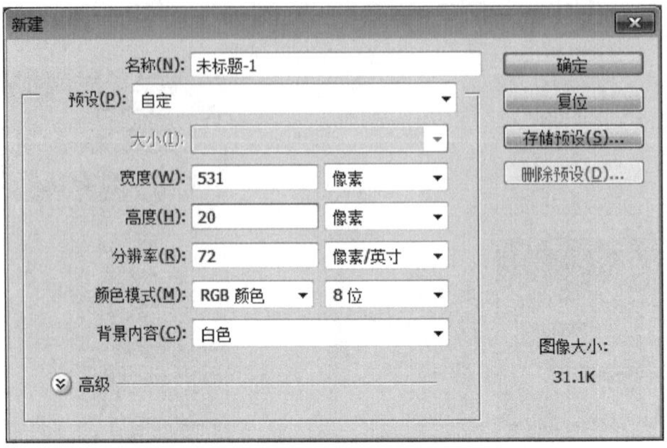

图 1-28 “新建”对话框

“新建”对话框中选项的含义如下。

- 名称：用于设置新建文档的名称。
- 预设：在下拉列表框中提供一些预设的文档类型，如照片、Web、胶片和视频等。其中，“自定”是由用户自行设定文档参数。
- 大小：选择了系统预设的文档类型后，此项显示预设文档大小的选项，如在预设中选择了“Web”，那么“大小”下拉列表框中则有多个选项可选择，如图 1-29 所示。
- 高度：用于设置文档的高度，单位有像素、英寸、厘米、毫米、点、派卡和列。
- 宽度：用于设置文档的宽度，单位有像素、英寸、厘米、毫米、点、派卡和列。
- 分辨率：用于设置新文档分辨率的大小，单位有像素/英寸和像素/厘米两种。通常，图像的分辨率和尺寸决定了图像的质量和文件量的大小，这两项参数越大，质量越高、文件量越大。为了减轻过大文件量在应用中的负担，设计人员应根据图像的用途来确定分辨率的大小。

提示

若用于网络和屏幕处理，如网页和桌面背景，则可以使用 72 像素/英寸。

若用于打印输出，则可以使用 300 像素/英寸。

若用于大面积的彩色喷绘，则可以使用 20～70 像素/英寸。

- 颜色模式：用于设置新文档的颜色模式，设置时在下拉列表框中选择要使用的模式即可。
- 背景内容：用于设置新文档的背景内容，有白色、背景色和透明 3 个选项。

2）在“新建”对话框中进行如下设置。名称：背景图片；大小：自定；宽度和度高：1 024 和 768，单位为像素；分辨率：72 像素/英寸；颜色模式：RGB 颜色　8 位；背景内容：白色，如图 1-30 所示。单击“确定”按钮后即可新建一个空白文档。

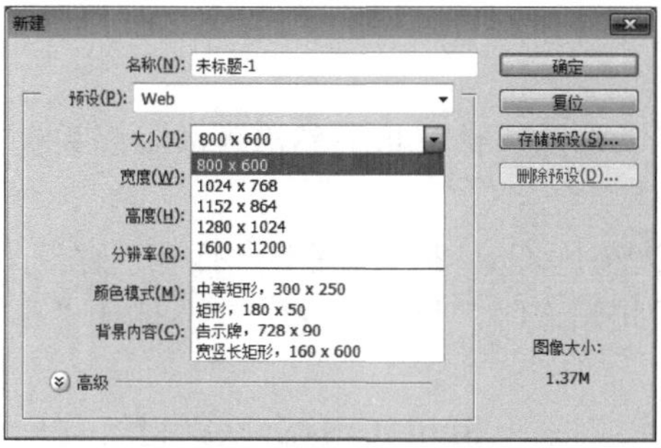

图 1-29　文档类型为“Web”时可预设的大小选项

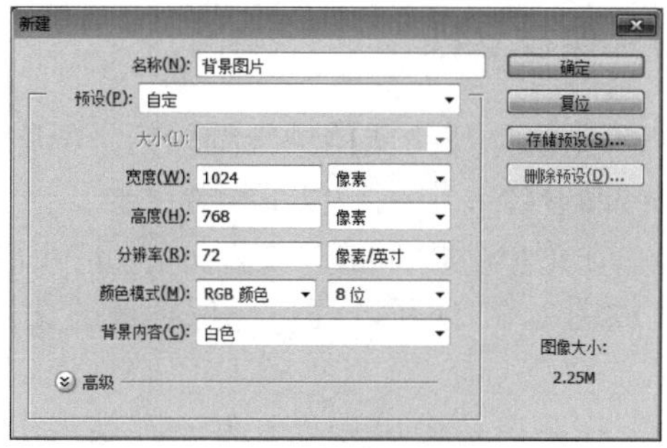

图 1-30　详细设置

1.3.2　打开文档

打开文档是在 Photoshop CS6 中打开已有的图像文档。执行以下操作之一：

- 在菜单栏中单击“文件→打开”命令，打开“打开”对话框，如图 1-31 所示。
- 按下<Ctrl+O>快捷键，打开“打开”对话框，如图 1-31 所示。
- 在 Photoshop CS6 工作界面中双击鼠标左键，也可以打开“打开”对话框，如图 1-31 所示。

“打开”对话框中各选项的含义如下。

- 查找范围：用于选择图像的位置和路径。
- 文件名：显示选择的文档名称。
- 文件类型：在下拉列表框中选择可以在 Photoshop CS6 中打开的文档类型，如“.PSD”、“.JPEG”或“.GIF”等。

图 1-31　“打开”对话框

提示

按住<Ctrl>键并同时单击多个图像，可以同时打开多个图像。

1.3.3 保存文档

当新建或打开的文档进行编辑后，要及时保存，以防止计算机突然出现故障而丢失内容。在 Photoshop CS6 中执行以下操作之一：

● 在菜单栏中单击“文件→存储”命令（或按下<Ctrl+S>快捷键），打开“存储为”对话框，如图 1-32 所示。注：已保存过的文档执行此操作时，只进行保存，不打开“存储为”对话框。

● 在菜单栏中单击“文件→存储为”命令（或按下<Shift+Ctrl+S>快捷键），打开“存储为”对话框，如图 1-32 所示。

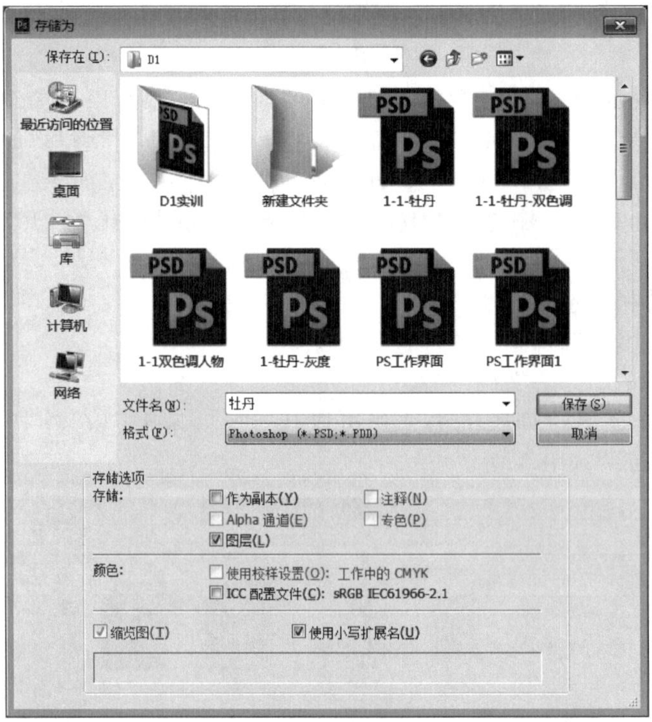

图 1-32 “存储为”对话框

“存储为”对话框中各选项的含义如下。

● 保存在：用于选择图像存入的位置。

● 文件名：输入文档的名称。

● 格式：在下拉列表框中选择文档的存储格式，Photoshop CS6 默认的存储格式为“.PSD”。

提示

设计者可以根据图像的用途来选择不同的存储格式：用于印刷可以存储为 TIFF、EPS 格式；各种出版物可以存储为 PDF 格式；网络图像可以存储为 GIF、JPEG、PNG 格式；用于 Photoshop CS6 制作可以存储为 PSD、TIFF 格式。

1.3.4　关闭文档

在 Photoshop CS6 中保存后关闭文档，执行以下操作之一：

- 在菜单栏中单击“文件→关闭”命令。
- 按下<Ctrl+W>快捷键，关闭文档。
- 单击文档窗口的关闭按钮，如图 1-33 所示。

图 1-33　关闭文档

提示

如果文档没有保存过就关闭，系统会自动弹出保存的提示框，询问文档是否需要保存。

1.4　Photoshop CS6 工作环境的设置与优化

1.4.1　改变图像和文档的大小

打开图像后，在 Photoshop CS6 中可以对图像的大小进行修改，具体操作如下：

在菜单栏中单击“图像→图像大小”命令（或按<Ctrl+Alt+I>快捷键），打开“图像大小”对话框，如图 1-34 所示。

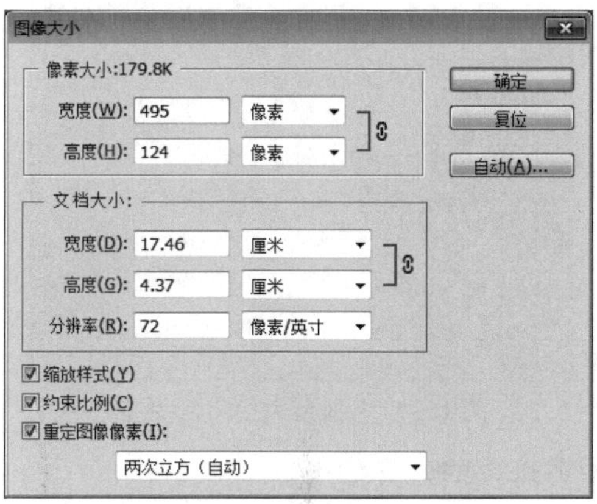

图 1-34　“图像大小”对话框

“图像大小”对话框中各选项的含义如下。

- 像素大小：用于重新设置图像的大小，单位有像素和百分比两种。
- 文档大小：用于重新设置文档的大小，包括宽度和高度，单位有英寸、厘米、毫米、点、派卡和列。

- 分辨率：用于重新设置文档的分辨率。
- 缩放样式：勾选此复选框，在改变图像大小的同时会按照比例缩放图层中已有的图层样式。
- 约束比例：勾选此复选框，在改变图像大小时会根据长度和宽度进行等比调整。
- 重定图像像素：勾选此复选框，在改变图像大小的过程中，系统会根据原图的像素颜色按一定的内插方式重新分配新像素，在下拉列表框中有以下 3 种方式。

① 邻近：会产生锯齿效果的、不精确的内插方式。

② 两次线性：中等品质的内插方式。

③ 两次立方：品质最好的内插方式。其中，“两次立方”适用于平滑渐变、“两次立方较平滑”适用于图像的扩大、“两次立方较锐利”适用于图像的缩小。

提示

只有勾选了“约束比例”复选框，才可勾选“缩放样式”复选框。位图缩放时，分辨率不同图像质量也不同，矢量图像的质量与分辨率无关。

1.4.2 改变画布大小

使用“画布大小”命令可添加或移去当前图像周围的工作区（画布），用户还可通过减小画布区域来裁切图像。改变画布大小的具体操作如下：

在菜单栏中单击“图像→画布大小”命令（或按<Ctrl+Alt+C>快捷键），打开“画布大小”对话框，如图 1-35 所示。

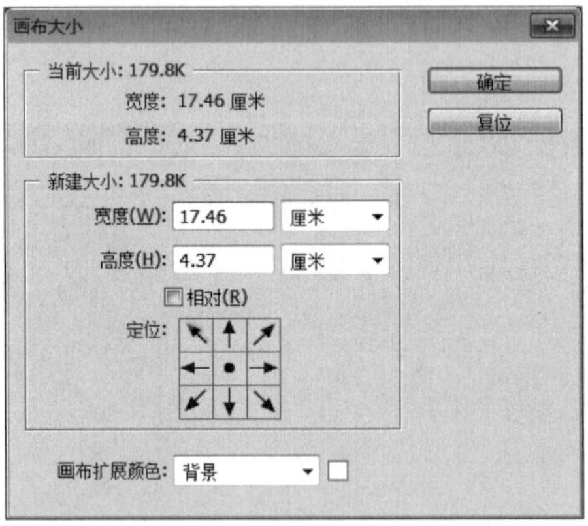

图 1-35 “画布大小”对话框

“画布大小”对话框中各选项的含义如下。

- 当前大小：标出了当前文档的文件大小及画布大小。
- 新建大小：输入新的数值重新设置画布大小，包括宽度和高度，单位有英寸、厘米、毫米、点、派卡和列。
- 相对：勾选此复选框，输入的新数值，注意，不是画布的新数值，而是相对原来而言增加或减小的数值。正数为扩大的区域，负数为减小的区域。
- 定位：选择相应的箭头，用于设置新画布增加或减小区域相对于原图像画布的位置。

● 画布扩展颜色：用于设置扩展部分画布的颜色。

1.4.3　前景色与背景色的设置

更改 Photoshop CS6 的前景色或背景色的操作如下。

1）在工具箱中单击“前景色”或“背景色”，打开“拾色器”对话框，如图 1-36 所示。

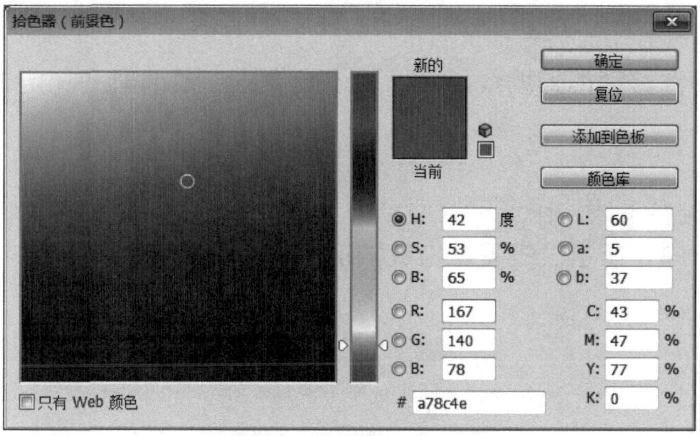

图 1-36 “拾色器”对话框

2）在对话框中选取相应的颜色或输入具体的数值，然后单击“确定”按钮即可改变文档的前景色或背景色。

提示

在非文本编辑状态下，按<D>键可以快速恢复系统默认的前景色（黑色）和背景色（白色），按<X>键可以快速切换前景色。

1.4.4　辅助工具的使用

1. 标尺

标尺用于显示当前正在使用的测量系统，可以帮助确定文档中图像或其他元素的大小和位置，并且根据不同的设计需要还可以更改标尺的属性、原点及位置等。

● 打开或隐藏标尺：在菜单栏中单击“视图→标尺”命令（或按<Ctrl+R>快捷键），可以显示或隐藏标尺。默认状态下标尺位于文档的上方和左侧。

● 改变标尺原点：默认状态下，标尺的原点位于图像左侧顶点的位置。但通常设计人员需要将原点对齐网格、参考线、图层或文档边界，需要调整标尺的原点位置。调整标尺原点有以下 3 种操作。

① 通过菜单改变标尺原点：在菜单栏中单击“视图→对齐到”命令，再从子菜单中选择相应的选项即可。

② 通过拖动鼠标改变标尺原点：将鼠标移到水平标尺和垂直标尺相交处，按下鼠标左键拖动并在合适的位置松开鼠标，即可改变标尺原点的位置。

③ 标尺原点复位：在文档左上角的标尺交叉处双击鼠标即可将标尺原点复位。

2. 网格

网格是 Photoshop CS6 提供的一种可以用来实现对齐功能的工具，默认状态下，网格是不显示的。显示（隐藏）网格的操作是：在菜单栏中单击“视图→显示→网格”命令（或按<Ctrl+’>快捷键）。

3. 参考线

参考线是可以随意移动的辅助线，可以用于图像或元素的对齐和定位，它浮动在图像上且不能被打印。

● 创建参考线：

① 通过菜单创建参考线。在菜单栏中单击“视图→新建参考线”命令，打开“新建参考线”对话框，如图 1-37 所示。设置参考线的取向和位置，单击“确定”按钮后即可在文档中创建参考线。

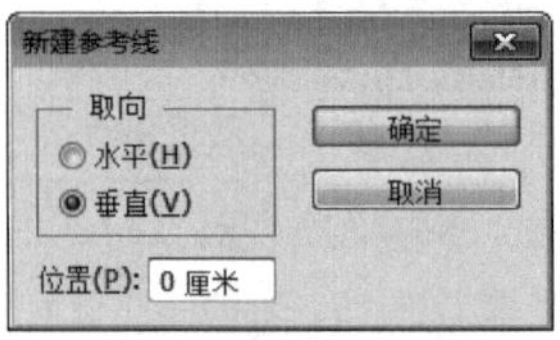

图 1-37 “新建参考线”对话框

② 使用“移动工具”创建参考线。在标尺显示的状态下，选择工具箱中的“移动工具”。将鼠标移到水平或垂直标尺上，鼠标变为白色箭头，按住鼠标左键并向文档中拖曳，会有一条线跟随鼠标移动，到合适的位置松开鼠标即可创建参考线。

● 锁定和解锁参考线：如果想锁定或解锁参考线，那么在菜单栏中单击“视图→锁定参考线”命令，即可实现参考线的锁定与解锁。

● 显示和隐藏参考线：在菜单栏中单击“视图→显示→参考线”命令，即可实现参考线的显示和隐藏。

● 删除参考线：在菜单栏中单击“视图→清除参考线”命令，可以删除所有的参考线。如果想删除个别参考线，可以使用移动工具，将要删除的参考线拖到标尺位置，然后松开鼠标即可实现删除（必须在标尺显示的状态下才可执行）。

1.4.5 工作环境的设置

在 Photoshop CS6 中，设计者可以根据自己的喜好或工作的需要设置工作环境，以方便使用。设置方法如下：

在菜单栏中单击“编辑→首选项”命令，然后单击子菜单中的命令进行设置。图 1-38 所示的是单击了“常规”命令（或按<Ctrl+K>快捷键），打开“首选项”对话框中的“常规”选项卡。

改变对话框中各项的设置后，单击“确定”按钮退出即可改变 Photoshop CS6 的初始的默认设置。同时，在对话框的左侧列出了其他的一些选项卡，使用者可以通过设置相应的选项卡的内容来设置自己喜欢的或方便的工作环境。

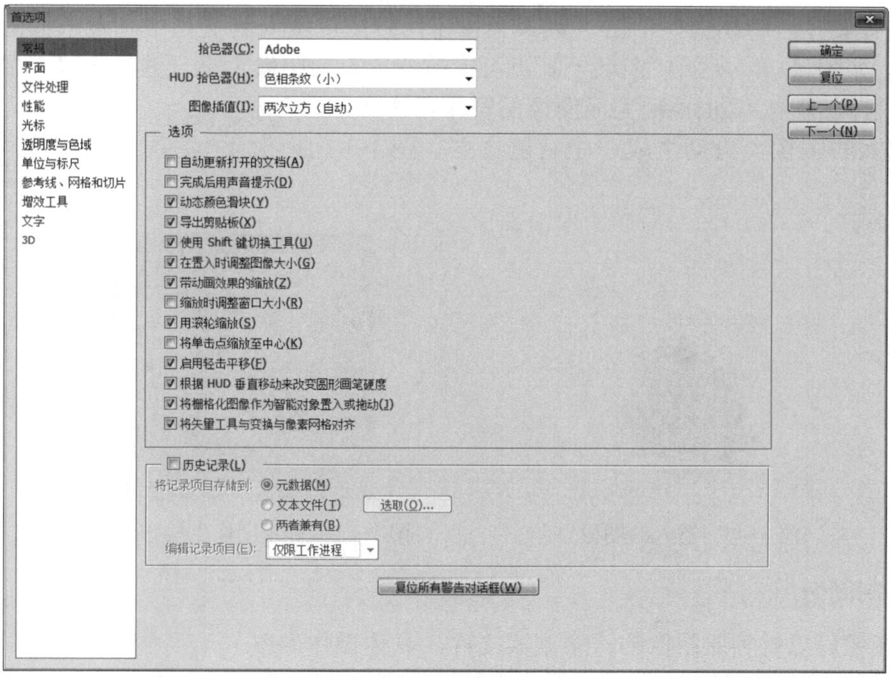

图 1-38 “首选项”对话框

1.4.6 图像编辑的基本操作

1. 置入图像文件

在 Photoshop CS6 中通过“置入”命令可以将多种格式的图像文件导入到文档中，并自动生成图层。置入图像文件的操作如下：

1）新建一个空白文档。

2）在菜单栏中单击“文件→置入”命令，打开“置入”对话框，如图 1-39 所示。

图 1-39 “置入”对话框

3）选择要置入的图像，单击“置入”按钮，将图像置入到文档中。置入的图像四周会有控制点，如图 1-40 所示。拖动控制点可以改变置入的图像大小，并且可以用鼠标拖放到合适的位置，然后按<Enter>键完成图像的置入。

4）置入的图像会自动生成一个智能图层，图 1-41 所示为“图层”面板中“牡丹”的图层。

图 1-40　置入的图像

图 1-41　置入图像生成智能图层

2. 复制图像

复制图像可以得到原图像的一个副本文件，具体操作如下：

1）打开一个图像文件，在菜单栏中单击“图像→复制”命令，打开“复制图像”对话框，如图 1-42 所示。

图 1-42　“复制图像”对话框

2）单击“确定”按钮，生成一个原图像的副本文件。

“仅复制合并的图层”复选框在复制多图层图像时可以使用，勾选后，在复制时原图像的多个图层将合并为一个图层，但新生成的副本文件只有一个图层。

3. 裁切图像

裁切工具用于根据图像周围透明像素或指定颜色的背景来裁掉图像周围的边缘区域，具体操作如下：

1）在菜单栏中单击“图像→裁切”命令，打开“裁切”对话框，如图 1-43 所示。

“裁切”对话框中各参数的含义如下。

- 基于：用于设置要裁切的像素颜色，有“透明像素”、“左上角像素颜色”和“右下角像素颜色”3 个单选按钮。
- 裁切：用于设置要裁切的像素的位置，有“顶”、“左”、“底”和“右”4 个复选框。

2）按照图 1-43 所示进行设置，单击“确定”按钮后即可得到裁切后的图像，裁切前后图像的对比如图 1-44 所示。

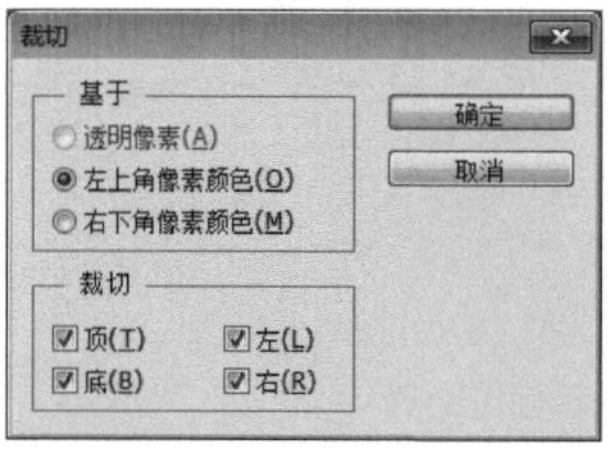

图 1-43　“裁切”对话框

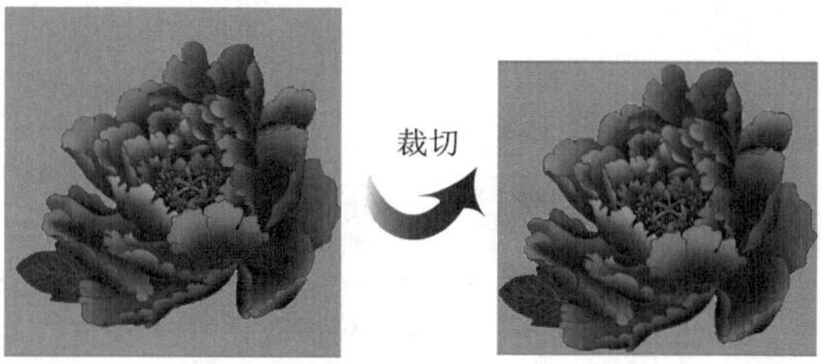

图 1-44　裁切图像效果

4. 裁剪图像

裁剪工具用于根据所选区域对图像进行裁剪，具体操作如下。

- 使用选区工具裁剪：利用椭圆选区工具在图像上创建一个圆形选区，然后在菜单栏中单击“图像→裁剪”命令完成对图像的裁剪，如图 1-45 所示。
- 使用裁剪工具裁剪：首先在工具箱中选择裁剪工具，然后在图像上拖动一个选区，最后按下<Enter>键完成图像的裁剪。

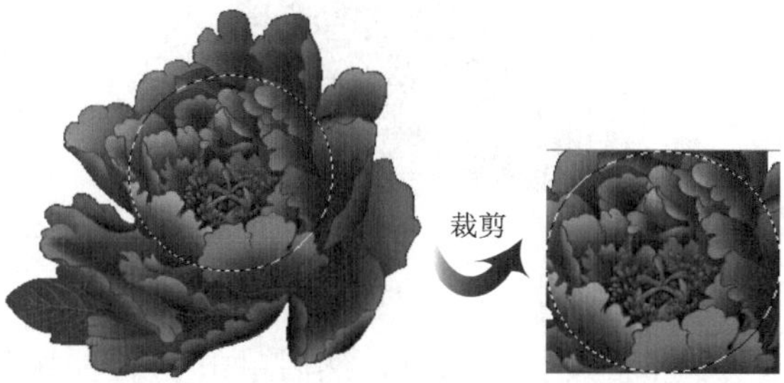

图 1-45　使用选区工具裁剪图像

提示

若裁剪选区超过了画布区域，则可以扩大原图像画布的大小。

5. 其他的图像处理基本操作

（1）旋转画布

为了实现图像的不同效果或修改扫描图像，经常需要将画布进行旋转，在 Photoshop CS6 中旋转画布的操作如下：

在菜单栏中单击“图像→图像旋转”命令，在子菜单中单击相应的命令将画布和图像进行旋转，如图 1-46 所示。其中，任意一个角度均可打开“旋转画布”对话框，如图 1-47 所示，设置旋转的角度和方向。

（2）自由变换图像

按照设计需求，有时需要对图像进行一些自由的变换，自由变换图像的操作如下：

1）在菜单栏中单击“编辑→自由变换”命令（或按<Ctrl+T>快捷键），图像四周会出现控制点，如图 1-48 所示。

2）将鼠标移到四周的控制点，当鼠标变为双向箭头时，按住鼠标左键进行拖动即可变换图像。

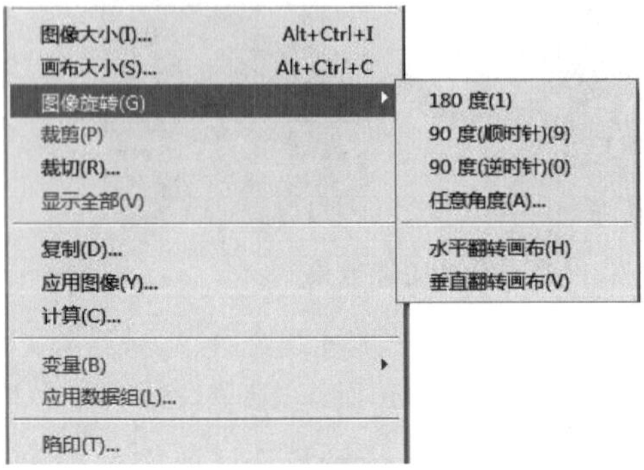

图 1-46 旋转图像

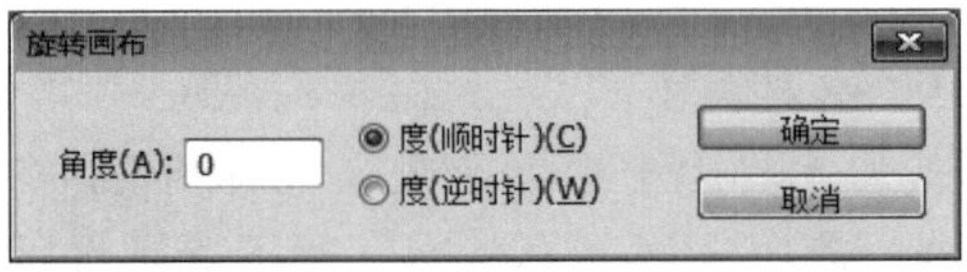

图 1-47 “旋转画布”对话框

图 1-48 自由变换图像

注：在菜单栏中单击“编辑→变换”命令，然后单击子菜单中的命令可以进行更多的变换操作，也可以单击鼠标右键选择其他的变换方式。

提示

带弯度的双向箭头可以将图像进行自由旋转；按住<Ctrl>键的同时拖动控制点，可以实现图像的倾斜或扭曲。

（3）清除操作

如果想清除图像中的某一区域，可以使用“清除”命令将选定区域清除，具体操作如下：

1）使用选区工具，在图像上画一个选区。

2）在菜单栏中单击“编辑→清除”命令，清除选区内容。

（4）移动图像

在工具箱中选择“移动工具”，将鼠标移到图像或选区内，按下鼠标左键并拖动鼠标到合适的位置，松开鼠标即可把图像移动到该位置。

（5）撤销操作

在 Photoshop CS6 中有以下几种撤销操作。

- 撤销或重做最近一次操作：在菜单栏中单击“编辑→还原××（或重做××）”命令，可以撤销或重做最近一次的操作。
- 前进或后退操作：在菜单栏中单击“编辑→前进一步”命令（或按<Ctrl+Shift+Z>快

捷键），可以每执行一次操作向前执行一条历史记录；在菜单栏中单击“编辑→后退一步”命令（或按<Ctrl+Alt+Z>快捷键），可以每执行一次操作返回一条历史记录。

● 使用“历史记录”面板：默认在“历史记录”面板中有最近 20 条操作记录，设计人员可以通过单击相应的记录来快速恢复到某一编辑状态。

1.5　实训任务

通过本章的学习，可以对 Photoshop CS6 有一个初步的了解和认识，同时掌握了简单的基础知识和操作技巧。在本节中将运用简单的 Photoshop 知识完成两个实训任务，即“制作企业宣传册的封面和封底”和“制作特殊效果图像”。

1.5.1　实训任务一：制作企业宣传册的封面和封底

1. 任务分析

本任务是为企业制作宣传册的封面和封底，完成效果如图 1-49 和图 1-50 所示。作为宣传册的封面和封底，首先要求画面美观、布局和色彩运用合理，其中需要包括企业名称、企业标志和宣传册主打的产品信息等。通过本任务的实现，可以更好地掌握 Photoshop 的基本操作和技能。

本任务的知识点：新建文档、保存文档、渐变工具、文字工具、图层等。

图 1-49　逸马宣传册封面

图 1-50　逸马宣传册封底

2. 任务实施

（1）封面的制作

1）在菜单栏中单击“文件→新建”命令（或按<Ctrl+N>快捷键），新建一个名为“逸马封面”的文档。其中，大小为 21 厘米×29.4 厘米，分辨率为 72 像素/英寸，颜色模式为 RGB 颜色　8 位，背景内容为白色，如图 1-51 所示。

2）设置前景色为浅灰色（RGB：248，247，233），背景色为褐色（RGB：167，140，78）。在工具栏中选择渐变工具，在选项栏中选择前景到背景的渐变、线性模式，如图 1-52 所示。

3）在文档窗口中单击鼠标左键并从上到下拖动，用渐变填充背景，完成效果如图 1-53 所示。

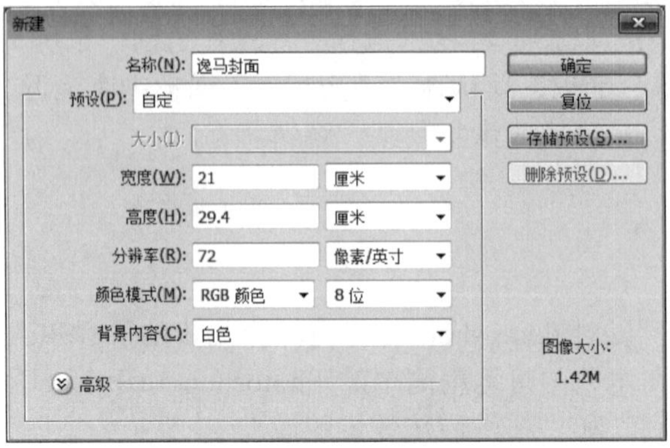

图 1-51　新建“逸马封面”文档

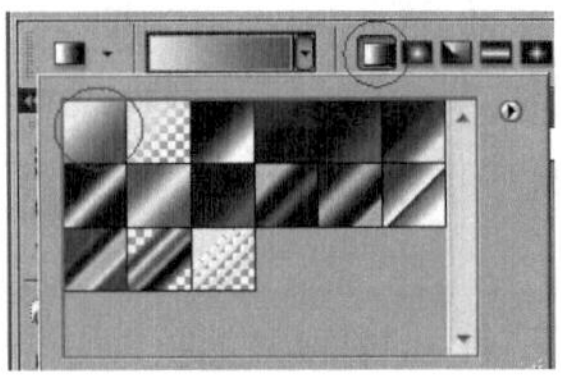

图 1-52　设置渐变为前景到背景

图 1-53　渐变背景

4）打开素材文件 d1-sx1-04.psd，将图层 1 中的图像复制到“逸马封面”文档中，生成“图层 1”，将图像拖动到合适的位置，效果如图 1-54 所示，“图层”面板如图 1-55 所示。

图 1-54　置入图像

图 1-55　复制素材后的“图层”面板

5）打开素材文件 sx1-02.psd，将“图层 1”中的图像拖动到“逸马封面”文档中，生成“图层 2”，并放到合适的位置，效果如图 1-56 所示。

6）打开素材文件 sx1-03.psd，将“图层 1”中的图像拖动到“逸马封面”文档中，生成“图层 3”，并放到合适的位置，效果如图 1-57 所示。

7）打开素材文件 sx1-04.psd，将“图层 1”中的图像拖动到“逸马封面”文档中，生成“图层 4”，并放到合适的位置，如图 1-58 所示。

8）在“逸马封面”文档中新建“图层 5”，设置前景色为蓝色（RGB：16，9，100），在工具箱中选择“直线工具”，在选项栏中设置粗细为 3px。然后在文档的底部附近画一条直线，如图 1-59 所示。

图 1-56　放入“图层 2”后的效果

图 1-57　放入“图层 3”后的效果

图 1-58　放入“图层 4”后的效果

图 1-59　画一条直线

9）在工具箱中选择横排文字工具T，设置字体为“方正准圆简体”，大小为“20 点”，在文档下方输入“吉林省逸马工贸有限公司”，然后调整好位置，实现如图 1-48 所示的效果。

（2）封底设计

1）重复上述步骤 1～3，新建一个名为“逸马封底”的文档。

2）打开素材文件 sx1-05.psd，将“图层 1”中的图像复制到“逸马封底”文档中，生成“图层 1”，拖放到合适的位置，效果如图 1-60 所示。

3）打开素材文件 d1-sx1-04.psd，并将图层 1 中的图像复制到“逸马封底”文档中，生成“图层 2”，设置并将图像拖放到适当位置，效果如图 1-61 所示。

图 1-60　放入封底“图层 1”后的效果

图 1-61　放入封底“图层 2”后的效果

4）在工具箱中选择横排文字工具T，设置字体为“方正准圆简体”，大小为“20 点”，在文档下方输入“吉林省逸马工贸有限公司”，然后调整好位置，实现如图 1-49 所示的效果。

1.5.2　实训任务二：制作特殊效果图像

1．任务分析

本任务旨在应用 Photoshop CS6 颜色模式的知识进行图像的处理，实现图像的特殊效果，完成效果如图 1-62 所示。通过本任务的实现，可以熟练 Photoshop CS6 的基本操作与技能。

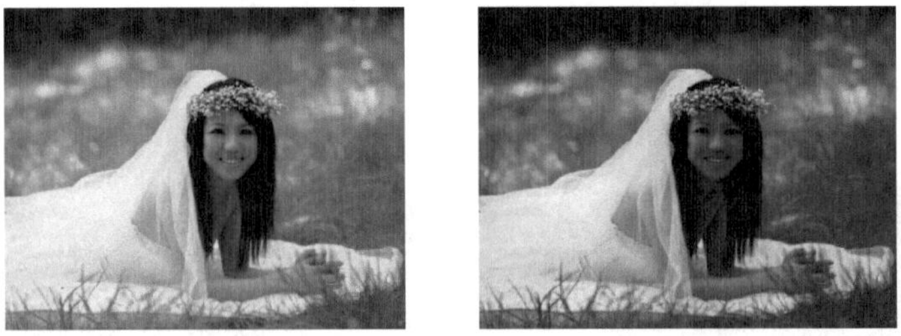

图 1-62　双色调图像效果对比

本任务的知识点：Photoshop CS6 的基本操作，主要是颜色模式的设置。

2．任务实施

1）打开素材图像 d1-sx2-01.jpg。

2）在菜单栏中单击“图像→模式→灰度”命令，打开“信息”对话框，单击“扔掉”按钮，将图像变为灰度模式。

3）在菜单栏中单击“图像→模式→双色调”命令，打开“双色调选项”对话框，设置双色调为红色和灰色，如图 1-63 所示。

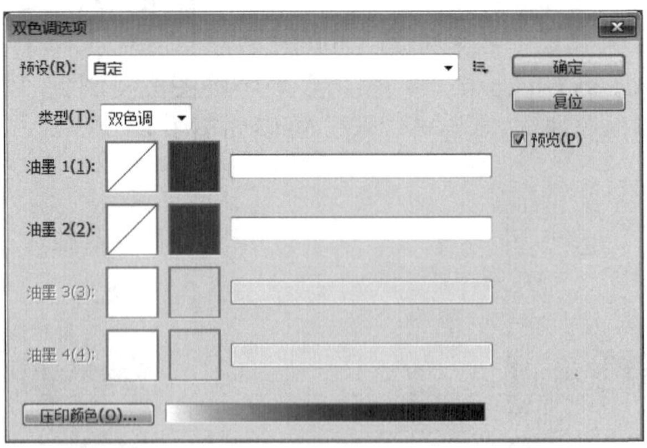

图 1-63　“双色调选项”对话框

4）单击“确定”按钮退出对话框，实现所需的图像效果。

本章小结

- 平面设计基础
  - 图像处理中的常用术语
    - 位图
    - 矢量图
    - 图像的分辨率
    - 图像颜色模式
  - 初识Photoshop CS6
    - Photoshop CS6的应用
    - Photoshop CS6的启动
    - Photoshop CS6的工作界面
  - Photoshop CS6的基本操作
    - 新建文档
    - 打开文档
    - 保存文档
    - 关闭文档
  - 环境的设置与优化
    - 改变图像和文档的大小
    - 改变画布大小
    - 前景色与背景色的设置
    - 辅助工具的使用
    - 工作环境的设置
    - 图像编辑的基本操作
  - 实训任务
    - 制作企业宣传册的封面和封底
    - 制作特殊效果图像

本章主要快捷键：

序　号	操作命令	快捷键	序　号	操作命令	快捷键
1	新建文档	<Ctrl+N>	7	显示/隐藏标尺	<Ctrl+R>
2	打开文档	<Ctrl+O>	8	显示/隐藏网格	<Ctrl+’>
3	保存文档	<Ctrl+S>	9	自由变换	<Ctrl+T>
4	关闭文档	<Ctrl+W>	10	前进一步	<Ctrl+Shift+Z>
5	调整图像大小	<Ctrl+Alt+I>	11	后退一步	<Ctrl+Alt+Z>
6	调整画布大小	<Ctrl+Alt+C>			

单 元 评 估

一、填空题

1．位图是基于像素网络的，由若干___________排列组成，且每个________都有固定的________和________。

2．矢量图形是由通过数学方式进行描述的______________等组成的，其基本组成单位是________________。

3．图像的分辨率是位图图像每英寸（厘米）所包含的______数量。图像的分辨越高，图像越________，图像的质量越________。

4．在 Photoshop CS6 中，________模式的图像可以和位图模式的图像进行转换。

5．CMYK 是_____________经常要使用的颜色模式。CMYK 分别代表 4 种油墨色，其中 C 代表______、M 代表______、Y 代表______、K 代表_______。

6．在 Photoshop CS6 中，为方便设计人员使用，提供了 4 种工作界面的颜色方案，设置操作为：在菜单栏中单击“______→_______→_______”命令，打开对话框，设置界面的颜色方案。

7．在使用 Photoshop CS6 进行各种平面的设计时，不同的应用可以使用不同的分辨率。一般来说，用于网络和屏幕处理可以使用______像素/英寸；用于打印输出可以使用______像素/英寸；用于大面积的彩色喷绘可以使用______像素/英寸。

8．在 Photoshop CS6 中，文档的默认扩展名为______。

二、基本操作练习

1．启动 Photoshop CS6，设置自己喜欢的工作界面，然后退出软件。

2．启动 Photoshop CS6，练习新建、保存和关闭文档的操作，包括快捷键的使用。

三、能力拓展

1．以个人为单位，通过网络和企业调研了解各种图像模式的应用范围，同时了解各行业对平面设计的要求。

2．分组交流，讨论个人收集到的信息，总结编辑各种图像模式的基本要求和各行业对平面设计的基本要求。

3．项目实训

项目目标：为企业设计、制作宣传册的封面和封底。

项目准备：寻找身边的一个小型企业、公司或店铺，对其进行调研并搜集资料和素材，与企业人员讨论设计方案。

内容与要求：

1）作品实用美观，符合时代特点，符合消费群体的特点。

2）符合企业的理念及营销策略。

3）需要包括企业的标志、近期主打的产品以及必要的企业信息。

第 2 章　选 区 工 具

本章导读：

在图像处理过程中经常需要选择或选取图像中的某一部分，Photoshop 的选区工具就是提供这种功能的。本章主要学习用 Photoshop 中的选框、套索和魔棒等选区工具创建选区，并学习选区的各种编辑方法与技巧，最终能够运用选取工具及各种操作和技巧完成相应的图像处理任务。

知识目标：

1）认识各种选区工具。

2）了解选区的各种编辑方法。

能力目标：

1）掌握各种选区的创建方法和技巧。

2）掌握选区的各种编辑方法和技巧。

3）能够应用选区工具完成图像的编辑任务。

4）能够运用所学知识完成本章的实训任务。

2.1　选框工具组

在 Photoshop 选框工具组中有椭圆选框工具、矩形选框工具、单行选框工具和单列选框工具 4 种创建规则选区的选框工具，如图 2-1 所示。设计者可以利用这些工具创建一些规则的选区。本节将学习这些选框工具的使用方法和技巧。

图 2-1　选框工具组

2.1.1　矩形选框工具

矩形选框工具“[ ]”用于创建矩形选区，具体操作如下：

1）在工具箱中选择矩形选框工具 矩形选框工具，其选项栏如图 2-2 所示。

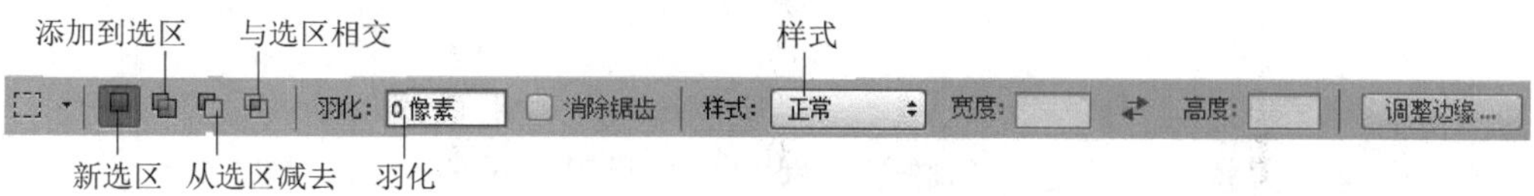

图 2-2　矩形选框工具的选项栏

选项栏中各选项的含义如下。

● 新选区：此选项为系统默认选项，用于创建一个新的选区，如果已有选区，则新选区创建后原来的选区会被取消。

● 添加到选区：选择此选项（或按住<Shift>键），和已有选区相加生成新选区。

● 从选区减去：选择此选项（或按住<Alt>键），在已有选区中减去与新选区重合的区域，生成新选区。

● 与选区相交：选择此选项（或按<Shift+Alt>快捷键），新选区与已有选区重合，生成新选区。

● 羽化：用于羽化选区边缘，可以在文本框中输入数值来设置羽化的程度，数值范围是 0～1 000 像素。其中，当数值为“0”时，不对选区边缘进行羽化；数值越大，选区内的图像边缘就越模糊。

● 样式：用于设置创建的选区的形状，有“正常”“固定比例”和“固定大小”3 个选项。

① 正常：此选项为系统默认的样式，拖动鼠标可以创建任意形状的矩形选区。

② 固定比例：用于设置选区宽度和高度的比例。选择此选项后，右侧的宽度和高度被激活，可输入宽度和高度的比例数值，并按此比例创建新选区。

③ 固定大小：用于设置创建选区的大小。选择此选项后，右边的宽度和高度框被激活，在宽度和高度框中输入数值，则新创建的选区大小与设置的数值一致。

2）绘制矩形选区。按下鼠标左键并拖动创建选区。若同时按下<Shift>键，则选区为正方形。如果设置为“固定大小”，则在图像上单击鼠标即可创建选区。

如想取消选区，则只要在选区外的任意位置单击鼠标或按<Ctrl+D>快捷键即可取消选区。

练一练

打开一个图像文件，分别创建以下几种选区：

1）任意大小的矩形选区。

2）宽度和高度比例为 1:3 的选区。

3）宽度和高度大小固定的选区。

4）结合前面创建的选区，分别设置选区相加、相减和相交，以生成新的选区。

2.1.2 椭圆选框工具

椭圆选框工具“○”用于创建椭圆形选区，具体操作如下：

1）在工具箱中选择椭圆选框工具 ○ 椭圆选框工具。椭圆选框工具的选项栏与矩形选框工具的选项栏相同，操作方法也相同。

2）绘制椭圆形选区。按鼠标左键并拖动创建选区，若同时按下<Shift>键，则选区为正圆形。如果设置为“固定大小”，则在图像上单击鼠标即可创建选区。

练一练

新建一个空白文档，使用矩形和椭圆选框工具，利用选区的相加、相交和相减绘制出如图 2-3 所示的选区。

图 2-3　选用选框工具绘制图形

2.1.3　单行选框工具和单列选框工具

单行选框工具“”和单列选框工具“”用于创建单位像素为 1 的选区，具体操作如下：

1）在工具箱中选择单行选框工具 单行选框工具 或单列选框工具 单行选框工具 。

2）在图像中单击鼠标则可创建出以单击点为基点的高度或宽度为“1”的横向或纵向选区。

提示

利用单行选框或单列选框工具可以制作水平或垂直线。

使用鼠标拖动或键盘上的方向键可以移动选区，每按 1 次方向键（包括上、下、左、右）移动 1 像素，若同时按住<Shift>键可以一次移动 10 像素。

2.2　套索工具组

套索工具也是 Photoshop 提供的选择工具，其中有套索工具“”、多边形套索工具“”和磁性套索工具“”，如图 2-4 所示，本节将学习这些工具的使用方法和技巧。

图 2-4　套索工具组

2.2.1　套索工具

套索工具“”用于创建任意形状的选区，设计者可以选择图像中某一特定范围进行处理。具体操作如下：

1）在工具箱中选择套索工具 套索工具，其选项栏如图 2-5 所示。套索工具的选项栏中各选项与选框工具的选项栏相同。

图 2-5　套索工具的选项栏

2）创建选区。按下鼠标左键并拖动创建选区。将鼠标移到图像上指针变为套索形状，按下左键并拖动，松开鼠标时，即可按鼠标移动轨迹创建选区。当鼠标的移动轨迹不是闭合区域时，结束点自动与起始点连接形成闭合选区。如图 2-6 是利用套索工具选择了图像中花的部分。

图 2-6　套索工具应用

2.2.2　多边形套索工具

多边形套索工具“”用于创建多边形形状的选区，具体操作如下：

1）在工具箱中选择多边套索工具 多边形套索工具，其选项栏与套索工具的选项栏相同。

2）创建多边形选区。单击鼠标左键并拖动创建多边形选区。将鼠标移到图像上，鼠标指针变为多边套索形状，在图像上单击以确定多边形的起点，然后拖动鼠标并在多边形转折点处单击鼠标，最后将鼠标拖到起点处，单击鼠标或在终点位置双击鼠标则可创建一个选区。当终点没有与起点重合时，系统会自动连接起点与终点形成闭合选区。图 2-7 所示的是利用多边形套索工具创建的选区。

图 2-7　多边形套索工具应用

提示

在使用多边形套索工具创建选区时，如果转折点选择错误，则可以按<Delete>键删除当前转折点，每按一次<Delete>键就会删除一个转折点。

2.2.3　磁性套索工具

磁性套索工具“ ”用于创建多边形选区，主要用于选择边缘对比比较明显的图像，具体操作如下：

1）在工具箱中选择磁性套索工具 ，其选项栏如图 2-8 所示。

图 2-8　磁性套索工具的选项栏

选项栏中部分选项的含义如下。

- 宽度：用于设置套索工具检测的范围，取值范围是 1～255 像素。数值越大，检测的范围就越大，反之检测的范围越小。
- 对比度：用于设置套索工具检测的精确度，取值范围是 1～100%。数值越大，检测的范围就越大，反之检测的范围越小。
- 频率：用于设置选区转折节点的密度，取值范围是 0～100 之间的整数。数值越大，转折节点越多，创建的选区越不易变形。
- 钢笔压力：用于改变套索的宽度。此工具只有安装了绘图板和驱动程序才可使用。

2）创建选区。单击鼠标左键并拖动创建选区。磁性套索的原理是根据基准像素颜色来选择选区范围。

在图像即将创建选区的边缘处单击鼠标左键以确定基准像素颜色，然后沿着边缘拖动鼠标，系统会自动选择与基色相同的像素颜色区域，最后形成选区。图 2-9 所示的是利用磁性套索工具创建的多边形选区（选项设置如图 2-8 所示）。

图 2-9　利用磁性套索工具创建选区

2.3　快速选择工具组

除了以上两组选择工具，Photoshop 还提供了快速选择工具，包括快速选择工具“ ”和魔棒工具“ ”，如图 2-10 所示，利用这两种工具可以快速创建选区或创建更复杂的选区。

图 2-10　快速选择工具组

2.3.1　快速选择工具

快速选择工具“ ”是 Photoshop CS6 提供的一个功能比较强大的选择工具，是一个基于画笔模式的智能创建选区的工具，它可以自动查找边缘并以边缘为界创建选区。使用快速选择工具创建选区的具体操作如下：

1）在工具箱中选择快速选择工具 快速选择工具，其选项栏如图 2-11 所示。

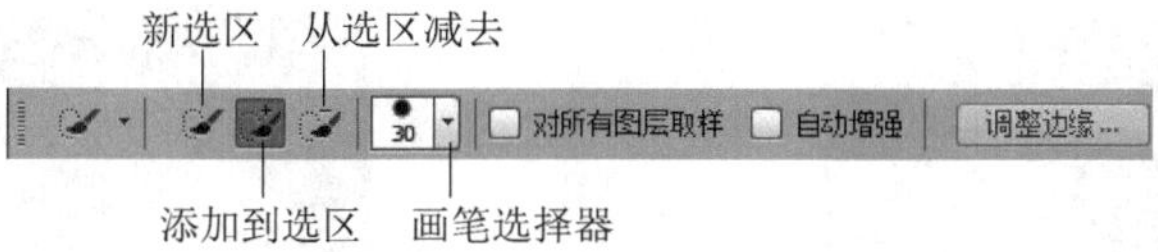

图 2-11　快速选择工具的选项栏

选项栏中部分选项的含义如下。

- 画笔选择器：用于设置画笔的直径、硬度和间距等参数。
- 对所有图层取样：勾选此复选框后，创建的选区会基于所有图层的像素颜色取样。
- 自动增强：勾选此复选框可以增强选区边缘效果。

2）创建选区。单击鼠标左键并拖动创建选区。首先单击鼠标左键确定基点像素颜色，然后慢慢拖动鼠标，系统自动查找边缘，最后松开鼠标生成选区。图 2-12 所示的是利用快速选择工具选择了整个苹果。

图 2-12　利用快速选择工具创建选区

提示

若选择的图像范围较小可以将画笔的直径调小，使选择更加精确；若选择的图像范围较大可以将画笔直径调大，使选择更加快速。

2.3.2　魔棒工具

魔棒工具“ ”是 Photoshop 提供的、基于像素颜色相同或相近快速创建选区的选择工具。

在工具箱中选择魔棒工具 魔棒工具，其选项栏如图 2-13 所示。

图 2-13　魔棒工具的选项栏

选项栏中部分选项的含义如下。

- 取样大小：用于设置工具取样的最大像素数目。
- 容差：用于设置选取选区像素颜色的相近度，取值范围是 0～255。数值越大，选取的颜色范围也越大，反之选取的颜色范围越小。
- 连续：勾选此复选框后，创建连续的颜色相近或相同的选区；不勾选则不创建。
- 对所有图层取样：勾选此复选框后，创建的选区会基于所有图层的像素颜色取样。

练一练

利用魔棒工具和快速选择工具创建如下选区:

1）打开素材图片 D02-01.jpg，选择魔棒工具，设置容差为 120，取消勾选“连续”复选框，创建如图 2-14 所示的选区。

2）打开素材 D02-02.jpg，使用快速选择工具创建如图 2-15 所示的选区。

图 2-14　使用魔棒工具创建选区

图 2-15　使用快速选择工具创建选区

2.3.3　颜色范围

使用 Photoshop 中的“颜色范围”命令，可以快速选择图像或选区中指定的颜色或指定范围的颜色，具体操作如下：

1）打开素材图像 D02-01.jpg，如图 2-16 所示。

2）在菜单栏中单击“选择→色彩范围”命令，打开“色彩范围”对话框，如图 2-17 所示。

图 2-16　素材图像

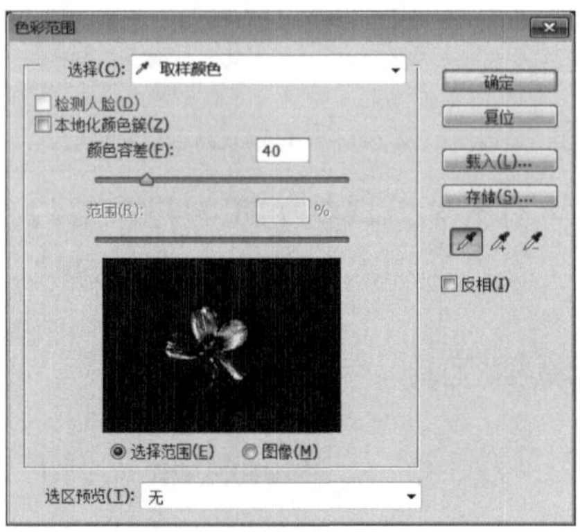

图 2-17　“色彩范围”对话框

对话框中各选项的含义如下。

● 选择：可以在下拉列表框中选择创建选区的方式，有取样颜色、红色、黄色、绿色等选项。

● 颜色容差：用于设置被选颜色的像素范围，取值范围是 0～200，数值越大，选择的像素颜色的范围就越大。此选项只适用于“取样颜色”方式。

● 选择范围/图像：用于设置预览区域中显示图像还是选择范围。

● 选区预览：用于设置图像文档窗口中选区的预览方式，有无、灰度、黑色杂边、白色杂边和快速蒙版方式等选项。

- 载入：用于载入已经创建并保存的选区。
- 存储：用于存储创建的选区。
- ：吸管工具，在图像中单击鼠标左键，则以单击区域颜色作为创建选区的依据。
- ：添加到取样，在图像中单击鼠标左键，可以将单击颜色区域添加到已创建的选区中。
- ：从取样中减去，在图像中单击鼠标左键，可以将单击区域颜色从已创建的选区中减去。

提示

"色彩范围"对话框中的添加到取样和从取样中减去，也可以像选区一样在创建选区时同时按住<Shift>键和<Alt>键。

练一练

在图 2-17 中，设置颜色容差为 120，在黄色花的部分单击鼠标左键，确定后则选择了图像中黄色花的部分，如图 2-18 所示，也可以同时按住<Shift>键或<Alt>键来精确地创建选区。

图 2-18 使用"色彩范围"创建的选区

2.4 选区的基本操作

2.4.1 移动选区

创建完选区后，如果想移动选区，则可执行以下操作之一。

- 使用方向键移动选区：按键盘上的上、下、左、右方向键，每按一次会在相应的方向移动 1 像素，如果同时按住<Shift>键，则可一次移动 10 像素。
- 用鼠标拖动选区：创建选区后，在选项栏中选择"新选区"模式，将鼠标移动到选区内，待指针变为后，按住鼠标左键拖动即可移动选区。
- 使用空格键移动选区：在使用选框工具组创建选区时，在松开鼠标左键之前，按住键盘上的空格键并拖动鼠标可以移动选区。

2.4.2 复制和移动选区内的图像

创建选区后，移动和复制选区内的图像，执行以下操作实现不同效果的复制或移动。

- 按下<Ctrl>键或单击工具箱中的移动工具，切换到移动工具，将鼠标移到选区内，当鼠标指针变为时，按下鼠标左键拖动到结束位置，松开鼠标即可移动选区内的图像。
- 按<Ctrl +Alt>快捷键，当鼠标移动到选区内时，指针变为，按下鼠标左键拖动到结束位置，松开鼠标即可复制选区内的图像。
- 在菜单栏中单击"编辑→拷贝"命令（或按<Ctrl+C>快捷键），然后在菜单栏中单击"编辑→粘贴"命令（或按<Ctrl+V>快捷键），系统会复制选区内的图像并生成一个新的图层，且新图层中复制的图像位置关系不变。
- 在菜单栏中单击"编辑→剪切"命令（或按<Ctrl+X>快捷键），然后在菜单栏中单击

“编辑→粘贴”命令（或按<Ctrl+V>快捷键），系统会剪切选区内的图像并生成一个新的图层，且新图层中复制图像位置关系不变，原图层内选区内容消失。

2.4.3 变换选区

1. 变换选区

（1）变换选区

变换选区的步骤如下：

1）在菜单栏中单击“选择→变换选区”命令，选区四周出现控制点，如图 2-19 所示，拖动控制点可以变换选区。

2）确认选区为变换编辑状态，在菜单栏中单击“编辑→变换”命令，在选区中单击鼠标右键可以选择更多的变换方式，图 1-20 是单击鼠标右键后的快捷菜单。

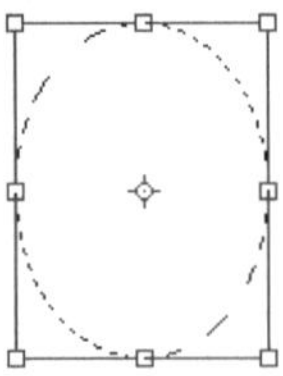

图 2-19 变换选区

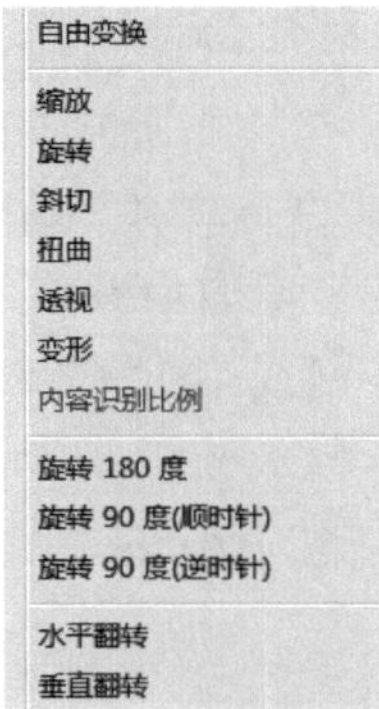

图 1-20 更多的变换方式

（2）变换选区内的图像

创建选区后，在菜单栏中单击“编辑→自由变换”命令或按<Ctrl+T>快捷键，选区图像的四周会出现控制点，用鼠标拖动控制点，可将图像变形。也可以在菜单栏中单击“编辑→变换”命令子菜单中的命令，或在选区内单击鼠标右键可以获得更多的变形方式。

提示

变换选区应先在菜单栏中单击“选择→变换选区”命令，然后再执行“编辑→变换”命令中的子菜单的命令。

变换选区内的图像，在菜单栏中单击“编辑→自由变换”命令（或按<Ctrl+T>快捷键），图 2-21 和图 2-22 分别是变换选区和变换选区内图像的效果。

图 2-21 变换选区

图 2-22 变换选区内的图像

2．扩大选取

利用扩大选取功能可以将选区均匀地向外扩大，单击菜单栏中的“选择→扩大选取”命令，将扩大选取与选区相邻的相同像素。

3．选取相似

选取相似功能可以将图像中与选区像素相同的所有像素都添加到已有的选区中，单击菜单栏中的“选择→选取相似”命令，则可选取与选区相同的像素。

4．反选选区

反选选区功能可以选择原有选区之外的所有区域，单击菜单栏中的“选择→反向”命令（或按<Ctrl+Shift+I>快捷键），可以选取选区外的所有区域。

5．边界

边界命令是在已有选区的基础上进行扩展，扩展区域会形成一个新的选区，具体操作如下：

1）打开素材图像 D02-04.jpg，创建一个选区，如图 2-23 所示。

2）在菜单栏中单击“选择→修改→边界”命令，打开“边界选区”对话框，设置“宽度”为“10 像素”，单击“确定”按钮后效果如图 2-24 所示。宽度值越大，选区向外扩展的区域也越大。

图 2-23　应用边界前的选区

图 2-24　应用边界后的选区

6．平滑选区

平滑功能可以平滑已有选区的边缘像素，使选区更平滑，具体操作如下：

1）打开素材图像 D02-02.jpg，创建一个选区，如图 2-25 所示。

2）在菜单栏中单击“选择→修改→平滑”命令，打开“平滑选区”对话框，设置“半径”为“10 像素”，单击“确定”按钮后效果如图 2-26 所示。半径越大，平滑的区域也越大，最后形成的选区也越平滑。

图 2-25　平滑前的选区

图 2-26　平滑后的选区

7．扩展

扩展功能用于扩展选区，具体操作如下：

1）打开素材图像 D02-02.jpg，创建一个选区（如图 2-25 所示）。

2）在菜单栏中单击“选择→修改→扩展”命令，打开“扩展选区”对话框，设置“扩展量”为“10 像素”，单击“确定”按钮后效果如图 2-27 所示。扩展量越大，选区向外扩展的区域就越大。

8．收缩

收缩功能是将已有的选区按照设置进行收缩，具体操作为：在菜单栏中单击“选择→修改→收缩”命令，打开“收缩选区”对话框，设置“收缩量”收缩选区。图 2-28 是在图 2-15 的基础上设置收缩量为“40”后的效果。

图 2-27　扩展后的选区

图 2-28　收缩后的选区

9．羽化

羽化功能是 Photoshop 提供的、对选区边缘进行羽化处理的功能，羽化后的选区边缘会生产羽化效果，具体操作如下：

1）打开素材图像 D02-02.jpg，创建一个矩形选区，如图 2-29 所示。

2）在菜单栏中单击“选择→修改→羽化”命令（或按<Shift+F6>快捷键），打开“羽化选区”对话框，设置“羽化半径”为“40 像素”，单击“确定”按钮后效果如图 2-30 所示。羽化半径越大，选区边缘柔化处理的范围就越大。

羽化经常用到图像合成中，羽化后的图像在合成时会有很好的边缘过渡效果，没有羽化的则边缘融合效果不好。图 2-31 所示的为羽化后合成图像的效果，图 2-32 所示的为没有羽化合成图像的效果。

图 2-29　创建矩形选区

图 2-30　羽化后的效果

图 2-31　羽化后合成图像

图 2-32　没有羽化合成图像

2.4.4 选区描边

利用描边功能可以为选区描边，具体操作如下：

1）打开素材图像 D02-05.jpg，使用“快速选择工具”选择花的部分为选区，如图 2-33 所示。

2）单击菜单栏中的“编辑→描边”命令，打开“描边”对话框，如图 2-34 所示。

图 2-33 创建选区

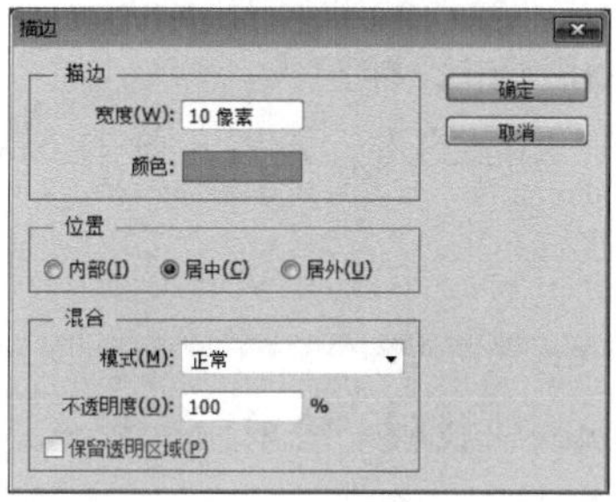

图 2-34 “描边”对话框

对话框中各选项的含义如下。

- 宽度：用于设置描边的宽度，取值范围是 0～255 像素，数值越大，描边宽度就越宽。
- 颜色：用于设置描边的颜色，单击选框可以打开拾色器选择颜色。此处的颜色是黄绿色（RGB：227，193，33）。
- 位置：用于设置相对于选区边缘描边的位置，有内部、居中和居外 3 个单选按钮。
- 模式：用于设置描边的混合模式。
- 不透明度：设置描边的不透明度，取值范围是 0～100%。

3）按图 2-34 所示的进行设置，单击“确定”按钮后为选区描边，效果如图 2-35 所示。

图 2-35 选区描边效果

2.4.5 选区填充

在 Photoshop 中可以为选区填充前景色、背景色或图案等，具体操作如下：

1）创建一个椭圆形选区，如图 2-36 所示。

2）设置文档的前景色为“红色”，背景色为“绿色”。

3）单击菜单栏中的“编辑→填充”命令（或按<Shift+F5>快捷键），打开“填充”对话框，如图 2-37 所示。

图 2-36 椭圆形选区

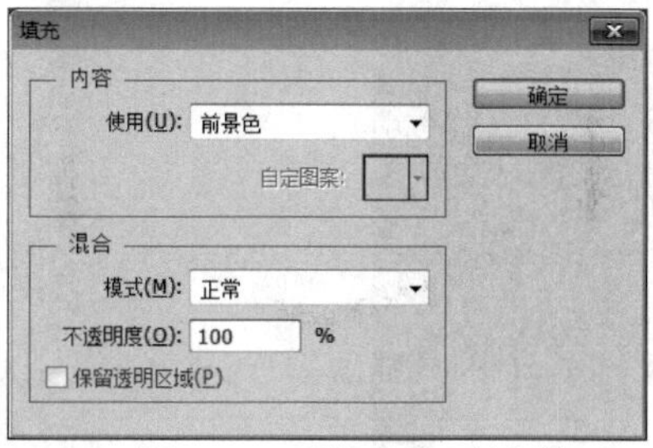

图 2-37 “填充”对话框

对话框中各选项的含义如下。

- 使用：用于设置用前景色、背景色、图案或颜色来填充选区，这里选择前景色。其中，“自定图像”项在选择图案激活时才可使用。
- 模式：用于设置填充色与原图像的混合模式。
- 不透明度：用于设置填充的不透明度，取值范围是1%～100%，其中100%是完全不透明的填充。
- 保留透明区域：勾选此复选框后，填充时不会填充空白处。此选项只有在选区或图层中有透明部分时才可以使用。

4）按图2-37所示的进行设置，单击“确定”按钮后选区填充了文档前景色，即“红色”。

提示

按<Alt+Delete>快捷键，用前景色填充选区或图层；按<Ctrl+Delete>快捷键，用背景色填充选区或图层。

2.5 实训任务

通过本章的学习，可以对Photoshop中选区的概念有一定的了解和认识，同时掌握了选区的知识和操作技巧。本节将运用所学知识完成两个实训任务，即“制作雪人”和“制作虚实效果图”。

2.5.1 实训任务一：制作雪人

1. 任务分析

本任务是利用Photoshop制作雪人，完成效果如图2-38所示。通过本任务的实现，可以更好地掌握选区工具的使用方法和技巧。

本任务的知识点：选区工具、选区填充、选区描边和图层等。

2. 任务实施

1）在菜单栏中单击“文件→新建”命令，打开“新建”对话框，设置文件名为“雪人”，大小为400×500像素、图像分辨率为72像素/英寸，颜色模式为RGB颜色 8位，具体如图2-39所示。

图2-38 雪人完成效果

图2-39 “新建”对话框

2）设置前景色为黄绿色（RGB：210，185，18），在菜单栏中单击“编辑→填充”命令，打开“填充”对话框，选择用前景色填充背景，效果如图 2-40 所示。

3）在“图层”面板中单击“新建图层”按钮，新建“图层 1”。

4）在工具箱中选择椭圆选框工具，在画布中绘制选区，如图 2-41 所示。

5）再次选择椭圆选框工具，在选项栏中选择“添加到选区”选项，然后在已有的椭圆选区上部绘制选区，形成雪人的主体轮廓，如图 2-42 所示。

6）在菜单栏中单击“编辑→描边”命令，打开“描边”对话框，设置宽度为 2px，颜色为蓝色（RGB：47，162，172），单击“确定”按钮后为选区描边。按<Ctrl+Delete>快捷键，用背景色（白色）填充选区，效果如图 2-43 所示。

7）新建“图层 2”，在工具箱中选择矩形选框工具，在画布中绘制矩形选区并移动选区到雪人的上部，如图 2-44 所示。

8）在菜单栏中单击“选择→变换选区”命令，选区变为可变换状态，如图 2-45 所示。

图 2-40　填充背景图层

图 2-41　绘制椭圆选区

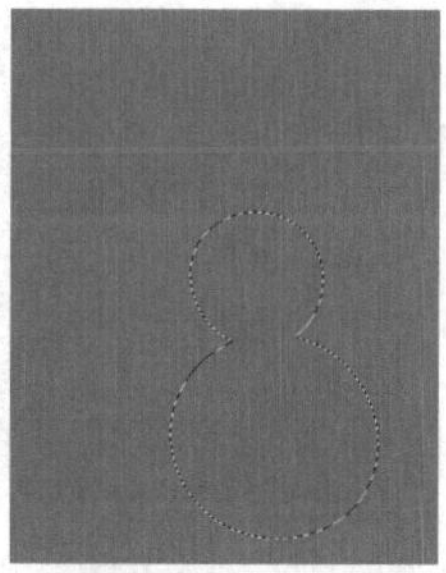
图 2-42　雪人主体轮廓选区

图 2-43　选区描边和填充效果

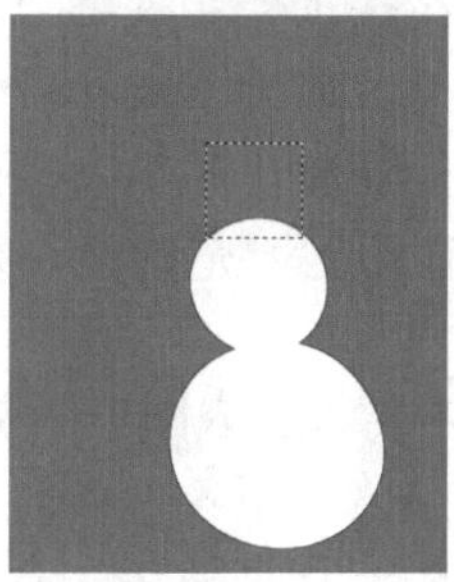
图 2-44　绘制矩形选区

图 2-45　变换选区状态

9）在选区上单击鼠标右键，在弹出的快捷菜单中选择“透视”选项，用鼠标拖动选区上方两侧的任一控制点，沿水平方向向中间拖动，以与中间的控制点重合，形成三角形的选区，如图 2-46 所示。

10）按<Enter>键，确定选区修改，创建三角形选区。

11）设置前景色为红色（RGB：255，0，0），按<Alt+Delete>快捷键，用前景色（红色）填充选区，如图 2-47 所示。

12）按<Ctrl+T>快捷键，然后用鼠标拖动三角形上的控制点旋转图像，形成雪人帽子的效果，如图 2-48 所示，按<Enter>键确认图像变换。

13）在“图层”面板中，将帽子所在图层（即“图层 2”）拖到“图层 1”的下方，效果如图 2-49 所示。

14）设置前景色为橘红色（RGB：255，128，64），在“图层”面板中新建“图层 3”。

15）在工具箱中选择椭圆选框工具，在雪人帽子的顶端创建一个椭圆选区，按<Alt+Delete>快捷键，用前景色填充选区，效果如图 2-50 所示。

16）在“图层”面板中新建“图层 4”，在工具箱中选择椭圆选区工具，绘制一个椭圆选区，如图 2-51 所示。

图 2-46　创建三角形选区

图 2-47　为选区填充红色

图 2-48　旋转变换图像

图 2-49　改变图层位置

图 2-50　修饰雪人帽子

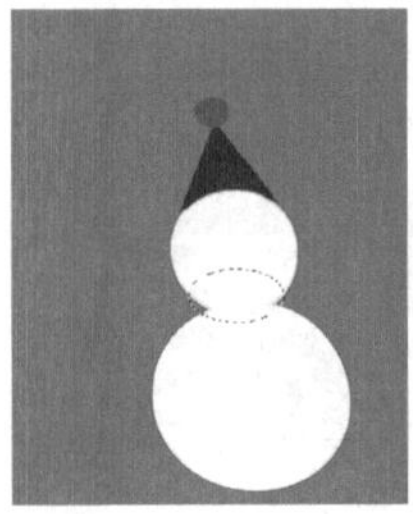
图 2-51　创建椭圆选区

17）再次选择椭圆选区工具，并在选项栏中选择“从选区减去”选项，再绘制一个椭圆选区，最后形成如图 2-52 所示的效果。如果不能一次完成图中效果，可以在菜单栏中单击“选择→变换选区”命令，对选区进行调整，最后实现所要的效果。

18）按<Alt+Delete>快捷键，用前景色填充选区。按<Ctrl+D>快捷键，取消选区，形成雪人围巾的轮廓，如图 2-53 所示。

19）在“图层”面板中拖动“图层 4”（雪人围巾图层）到新建图层按钮，生成“图层 4 副本”图层。

20）在菜单栏中单击“编辑→变换→垂直翻转”命令，将“图层 4 副本”的图形垂直翻转，在工具箱中选择选择工具，将“图层 4 副本”中的图像拖到雪人围巾的右侧，完成效果如图 2-54 所示。

图 2-52　从选区减去的效果

图 2-53　雪人围脖轮廓

图 2-54　变换“图层 4 副本”

21）在“图层”面板中，在“图层 4 副本”上方新建“图层 5”，在工具箱中选择多边套索工具，创建一个蝴蝶形选区，如图 2-55 所示。

22）按<Alt+Delete>快捷键，用前景色填充蝴蝶选区。在工具箱中选择选择工具，拖动蝴蝶形图像到雪人围脖上，并按<Ctrl+T>快捷键，变换蝴蝶图像到适当的大小和位置，为围巾添加修饰，效果如图 2-56 所示。

23）设置前景色为黑色（RGB：0，0，0），在“图层”面板中新建“图层 6”（在“图层5”上方），在工具箱中选择椭圆选框工具，在雪人脸部绘制一个小的椭圆选区并填充前景色（黑色），完成雪人的一只眼睛，同样再绘制雪人的另一只眼睛。

24）设置前景色为红色（RGB：255，0，0），在“图层”面板中新建“图层 7”，在工具箱中选择椭圆选框工具，再利用“从选区减去”选项绘制出雪人的嘴，并用前景色（红色）填充选区，完成雪人面部的绘制，效果如图 2-57 所示。

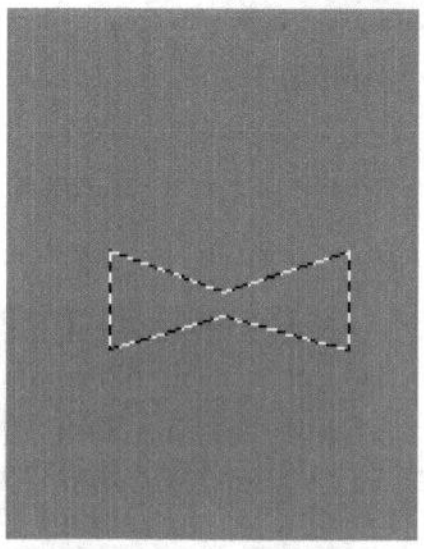
图 2-55　绘制蝴蝶选区

图 2-56　制作雪人围脖

图 2-57　绘制雪人面部

25）设置前景色为灰色（RGB：205，198，198），在“图层”面板中新建“图层 8”。

26）使用椭圆选框工具在雪人身体上部绘制一个小的椭圆选区，然后在菜单栏中单击“编辑→描边”命令，打开“描边”对话框，设置宽度为 2 像素，颜色为前景色，位置居中，具体如图 2-58 所示，单击“确定”按钮后完成雪人第一个纽扣的制作，效果如图 2-59 所示。

27）利用同样的方法制作雪人的其他两个纽扣。

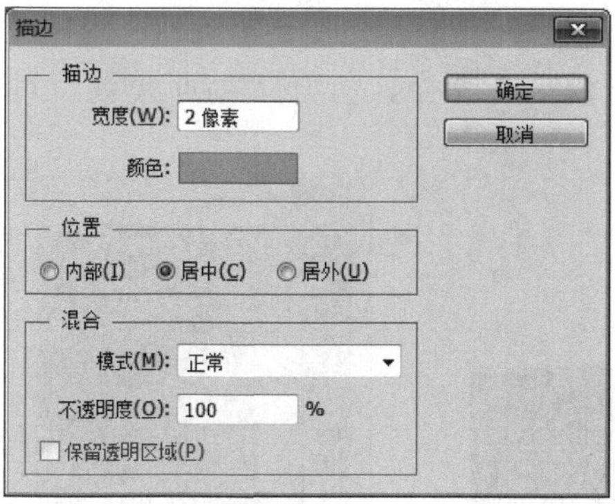

图 2-58　“描边”对话框

图 2-59　制作雪人纽扣

28）在“图层”面板中单击背景层前面的眼睛图标，隐藏背景层。然后在菜单栏中单击“图层→合并可见图层”命令，合并绘制雪人的所有图层，合并后的“图层”面板如图 2-60 所示。

29）打开素材文件，按<Ctrl+A>快捷键，全选图像，然后按<Ctrl+C>快捷键，复制图像。

30）回到雪人文档中，按<Ctrl+V>快捷键，将图像复制到雪人文档中，同时生成“图层 1”，将“图层 1”移动到背景层的上方、合并图层的下方，完成后“图层”面板如图 2-61 所示。适当调整雪人的大小，完成所需的效果。

图 2-60　合并后的“图层”面板

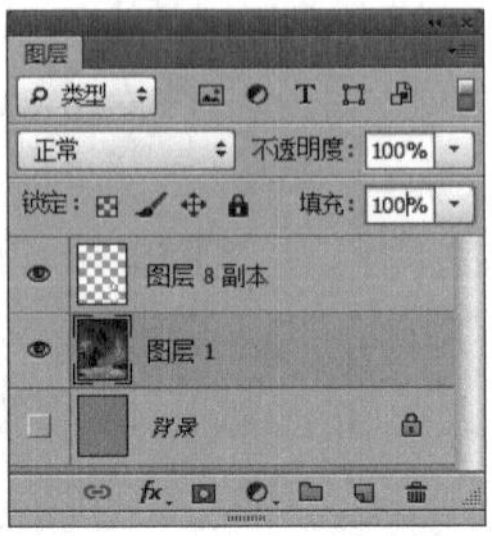

图 2-61　调整图层顺序

2.5.2　实训任务二：制作虚实效果图

1. 任务分析

本任务是利用 Photoshop 制作虚实效果图像，完成效果如图 2-62 所示。通过本任务的实现，可以更好地掌握选区工具的相关知识和应用方法。

本任务的知识点：选区工具、羽化、高斯模糊、滤镜和层等。

图 2-62　虚实效果图

2. 任务实施

1）打开素材文件 sx02-01.jpg，如图 2-63 所示。

2）在工具箱中选择多边形套索工具，在选项栏中设置“羽化”值为 2 像素。在画面中选择枫叶部分，如果不能一次创建所需选区，则可以按住<Shift>键或<Alt>键进行增加或删除，创建的选区如图 2-64 所示。

3）按<Shift+Ctrl+I>快捷键，反选选区。

4）在菜单栏中单击“滤镜→模糊→高斯模糊”命令，打开“高斯模糊”对话框，设置“半径”为 6.0 像素，如图 2-65 所示。

图 2-63　素材文件 sx 02-01.jpg

图 2-64　创建的选区

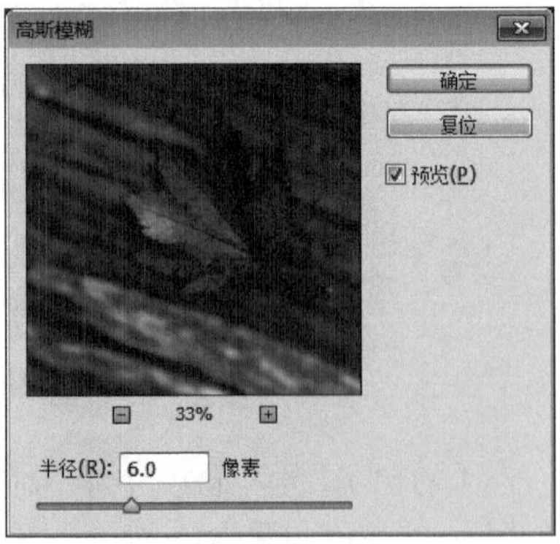

图 2-65　“高斯模糊”对话框

5）单击“确定”按钮退出“高斯模糊”对话框，按<Ctrl+D>快捷键，取消选区，完成最终所需的效果。

本 章 小 结

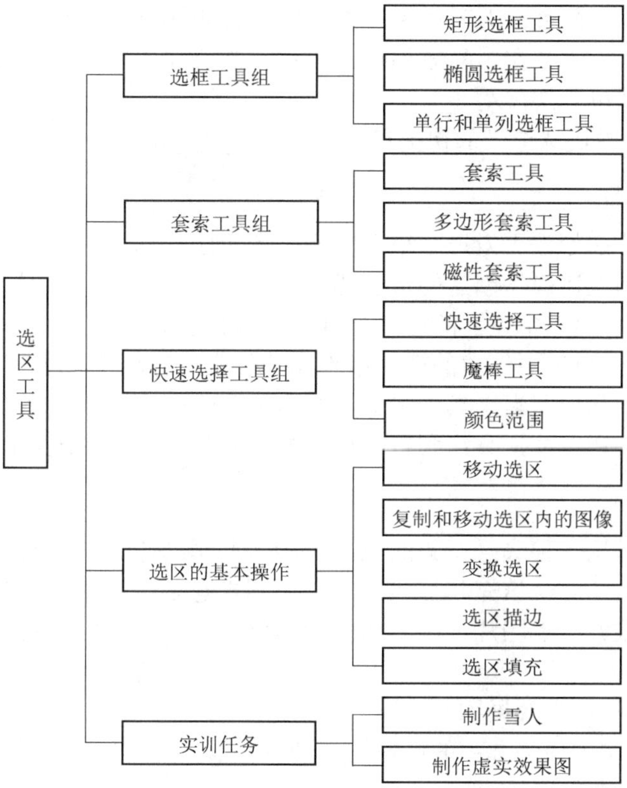

本章主要快捷键：

序　　号	操 作 命 令	快　捷　键	序　　号	操 作 命 令	快　捷　键
1	添加到选区	<Shift+选区工具>	6	取消选区	<Ctrl+D>
2	从选区减去	<Alt+选区工具>	7	羽化	<Shift+F6>
3	与选区相交	<Shift+Alt+选区工具>	8	填充	<Shift+F5>
4	前景色填充	<Alt+Delete>	9	反选选区	<Ctrl+Shift+I>
5	背景色填充	<Ctrl+Delete>			

单 元 评 估

一、填空题

1．在 Photoshop 中利用选区工具创建选区时，添加到选区的快捷键是________，从选区减去的快捷键是________，与选区相交的快捷键是________。

2．在 Photoshop 中取消已创建选区的快捷键是____________________。

3．单行选框工具和单列选框工具用于创建单位像素为__________的选区。

4．快速选择工具是 Photoshop CS6 中一个功能比较强大的工具，是一个基于_____模式的智能创建选区的工具，可以自动查找______并以______为界创建选区。

5．在 Photoshop 中魔棒工具是基于________或______快速创建选区的选区工具。

6．Photoshop 中的“颜色范围”命令，可以快速选择图像或选区中_____或 _____的颜色。

7．按键盘上的上、下、左、右方向键，每按一次会在相应的方向移动 1 像素，如果同时按住_______键，则可一次移动 _____像素。

8．在 Photoshop 中反选选区的快捷键是_____________。

二、基本操作练习

1．创建选区：分别创建正方形、矩形、椭圆和正圆形选区。

2．选区描边：为上述操作创建的选区描边。

3．选区填充：为“1”中建立的选区分别填充前景色和背景色。

4．羽化选区：将“1”中创建的选区用不同的像素进行羽化并填充、描边。

5．套索工具组：利用套索工具、多边形套索和磁性套索工具选择图像中的指定区域。

6．快速选择工具和魔棒工具：利用快速选择工具和魔棒工具选择图像中的指定区域。

三、能力拓展

1．分组交流，讨论各种选区工具的应用经验，并总结选区工具的使用技巧。

2．利用选区工具，结合填充和描边工具，绘制米老鼠、机器猫等 3～4 个卡通形象。

3．搜集本地的旅游景点图片，利用选区和羽化工具，合成旅游景点的宣传海报。

4．项目实训

项目名称：奔跑（虚实效果图）。

项目准备：掌握实训任务 2 中的操作与技巧。

素材文件：sx02-02.jpg，如图 2-66 所示。

内容与要求：制作虚实效果图，要求突出画面中正在奔跑的运动员，虚化画面中的其他元素。

图 2-66　素材文件 sx-02-02.jpg

第3章　图像绘制

本章导读：

在平面设计中经常需要绘制一些图像或各种标志，用 Photoshop 中提供的画笔工具就可以实现。本章主要学习 Photoshop 中画笔工具的使用和技巧，同时了解和掌握图像填充与描边的基本操作。最后能够运用画笔工具、填充和描边功能完成各种图像及平面的设计任务。

知识目标：

1）认识画笔工具、画笔面板和画笔预设。

2）认识油漆筒工具和渐变工具。

3）认识铅笔工具和颜色替换工具。

能力目标：

1）掌握画笔工具的使用方法和技巧。

2）掌握画笔面板和画笔预设的操作方法和技巧。

3）掌握填充、渐变工具的操作方法和技巧。

4）能够运用所学知识完成本章的实训任务。

3.1　画笔工具组

在 Photoshop 画笔工具组中提供了画笔工具“”、铅笔工具“”、颜色替换工具“”和混合器画笔工具“”，如图 3-1 所示。下面将详细介绍这 4 种工具的使用方法和技巧。

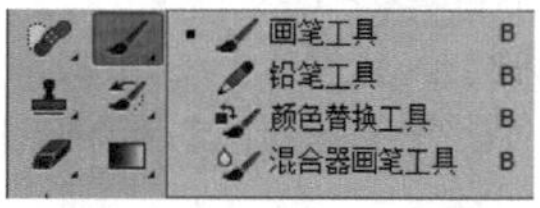

图 3-1　画笔工具组

3.1.1　画笔工具

画笔工具是 Photoshop 中最常用的绘画工具，主要用于绘制边缘柔和的线条，笔触的形状类似毛笔效果。通过对画笔笔尖形状、直径、硬度和流量等的设置可以绘制出各种图形。

在 Photoshop 工具箱中单击画笔工具，其选项栏如图 3-2 所示。

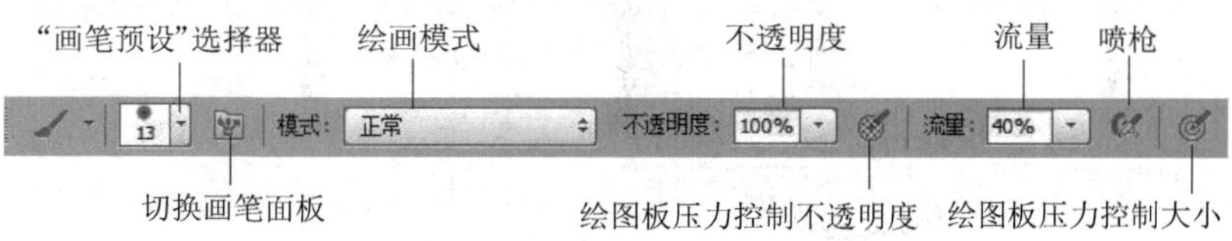

图 3-2　画笔工具的选项栏

选项栏中各选项的含义如下。

● “画笔预设”选择器：单击右侧箭头可以选择画笔形状，设置画笔的直径、硬度和样式。

执行以下操作之一打开“画笔预设”选择画笔形状，设置大小和硬度：

① 在画笔工具选项栏中单击“画笔预设”选择器，打开画笔预设，如图 3-3 所示。

② 在菜单栏中单击“窗口→画笔预设”命令，打开“画笔预设”面板，如图 3-4 所示。

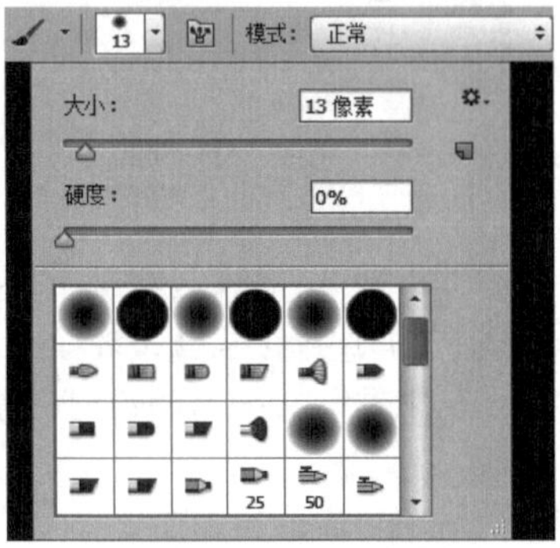

图 3-3　画笔预设

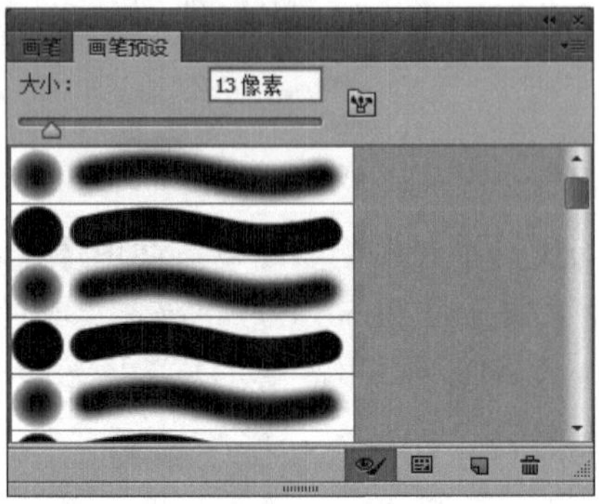

图 3-4　“画笔预设”面板

从 Photoshop CS5 开始，在系统预设的画笔中增加了多种可以模拟真实画笔的画笔形状，这为利用 Photoshop 来绘图的设计人员提供了极大的方便。

- 切换画笔面板：单击可以打开或关闭“画笔”面板。
- 绘画模式：单击可以设置画笔绘画时与图像的混合模式。
- 不透明度：用于设置画笔绘画时的不透明效果，取值范围是 1%～100%，设置为 100%时完全不透明，设置为 1%时接近透明效果。
- 流量：用于设置画笔绘画时应用油彩的速度，取值范围是 1%～100%，数值越大，颜色越深，反之就越浅。
- 喷枪：单击此图标即可启用喷枪功能。
- 绘图板压力控制不透明度和大小：启用后绘图压力可覆盖“画笔”面板中的不透明度和大小设置。

画笔工具的详细介绍请见 3.2 节。

3.1.2　铅笔工具

铅笔工具是 Photoshop 提供的一个模仿铅笔效果绘图的工具，绘制出的图形非常接近铅笔素描的效果。

在 Photoshop 工具箱中选择铅笔工具 
，其选项栏如图 3-5 所示。

图 3-5　铅笔工具的选项栏

多数选项与画笔工具相同，只有“自动抹除”是铅笔工具的特殊功能，勾选后，若绘画位置的像素颜色与前景色相同，则以背景色绘制，如果不同，则以前景色进行绘制。

3.1.3　颜色替换工具

使用颜色替换工具可以用指定的颜色来替换图像中的颜色，但不适用于位图、索引和多通道模式的图像。

在 Photoshop 工具箱中选择颜色替换工具 颜色替换工具，其选项栏如图 3-6 所示。

图 3-6　颜色替换工具的选项栏

选项栏中各选项的含义如下。

- 取样选项：从左到右依次是“连续”、“一次”和“背景色板”。“连续”可以对颜色进行连续取样，边拖动边取样，即绘制范围均可被替换；“一次”只替换鼠标起点位置的颜色区域；“背景色板”只替换当前与背景颜色相同的区域。
- 限制：用于设置替换颜色的范围有“连续”、“不连续”和“查找边缘”3 个选项。“连续”替换与鼠标起始单击位置所在像素颜色相同或相近的颜色区域；“不连续”替换鼠标经过任何位置的像素颜色；“查找边缘”替换与鼠标落点颜色相连的区域，同时还可以保留形状边缘的锐化程度。
- 容差：用于设置被替换颜色与鼠标单击处颜色的相似度，取值范围是 1%～100%。
- 消除锯齿：勾选此复选框可以平滑替代区域的边缘。

3.1.4　混合器画笔工具

混合器画笔可以模拟真实的绘画技术，可以绘制出逼真的手绘效果，是较为专业的绘画工具。混合器画笔有两个绘画色管，即一个储槽和一个拾取器。储槽存储最终应用于画布的颜色，并且具有较多的油彩容量。拾取器接收来自画布的油彩，其内容与画布颜色是连续混合的。通过设置笔触的颜色、潮湿度、混合颜色等，就如绘制水彩或油画时，随意地调节颜料颜色、浓度、颜色混合等。

在 Photoshop 工具箱中选择混合器画笔工具 混合器画笔工具，其选项栏如图 3-7 所示。

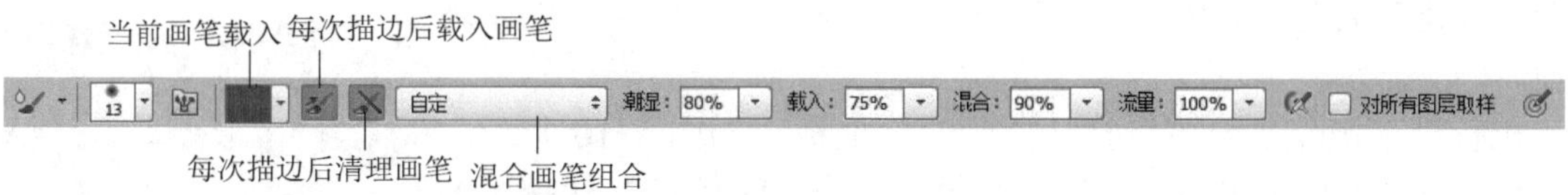

图 3-7　混合器画笔工具的选项栏

选项栏中各选项的含义如下。

- 当前画笔载入：默认显示前景色颜色，有载入画笔、清理画笔、只载入纯色 3 个选项。
- 每次描边后载入画笔/每次描边后清理画笔：用于控制每一笔涂抹结束后，对画笔是否更新和清理。
- 混合画笔组合：在下拉列表框中有系统预先设置好的混合画笔，有干燥、湿润、潮湿和非常潮湿等选项。当选择某一种混合画笔时，右边的 4 个选择设置值（潮湿、载入、混合和流量）会自动调节为预设值。
- 潮湿：用于设置从画布拾取的油彩量。取值范围是 0～100%，数值越大，画在画布上的色彩越浓，产生的绘画条痕越长；数值越小，色彩越淡，产生的绘画条痕越短。
- 载入：用于设置画笔上的油彩量，数值越低，绘画描边干燥的速度越快。
- 混合：用于设置颜色混合的比例。当“潮湿”为 0%时，该选项不能用。

练一练

1）打开素材文件 D03-01.jpg，并选择图像中的紫色区域，如图 3-8 所示。

2）在工具箱中单击“颜色替换工具”，在选项栏中设置画笔直径为“10”，模式为“颜色”，限制和取样均选“连续”，容差为 30%。

3）在“颜色”面板设置颜色为绿色（R：0，255，0），在选区内单击鼠标左键并拖动鼠标，替换选区内的颜色，效果如图 3-9 所示。

图 3-8　替换前的图像

图 3-9　替换后的图像

提示

在英文输入状态下，按下键盘上的<B>键可以快速切换到“画笔工具组”，按下<Shift>键的同时按下<B>键可以快速地实现“画笔工具”、“铅笔工具”和“颜色替换工具”的切换。

3.2　画笔工具

使用画笔时，在“画笔”面板中可以设置画笔预设、笔尖形状和形状动态等各选项，利用这些选项，可以设置设计时所需的画笔类型。

执行以下操作之一可以打开“画笔”面板，如图 3-10 所示：

- 在菜单栏中单击“窗口→画笔”命令（或按<F5>快捷键）。
- 在画笔选项栏中单击“切换画笔面板”按钮。

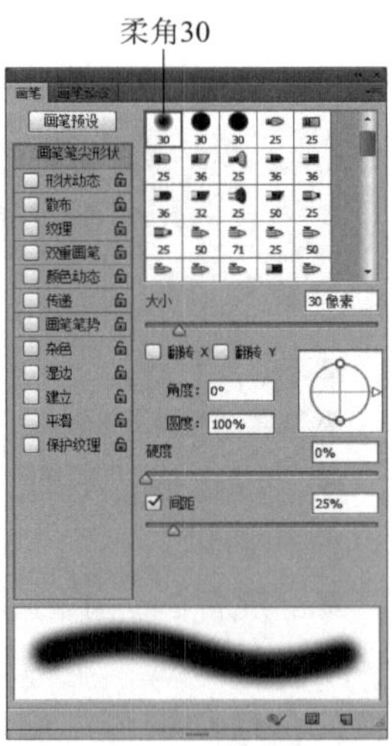

图 3-10　“画笔”面板及画笔笔尖形状选项卡

3.2.1　画笔笔尖形状

笔尖形状主要用来设置画笔的直径、形状、硬度、角度、圆度及间距等参数，在“画笔”面板左侧单击“画笔笔尖形状”，打开画笔笔尖形状选项卡，“画笔”面板打开的默认选项卡就是画笔笔尖形状选项卡，如图 3-10 所示。

“画笔”面板中各选项的含义如下。

- 画笔形状：在右侧框中可以选择想用的画笔形状，如图 3-10 中选择了“柔角 30”。
- 直径：用于设置选定形状画笔的直径，取值范围是 1～2500 像素之间的整数值。

● 翻转：有“翻转 X“和”翻转 Y“两个复选框，分别是设置沿 X 轴和 Y 轴方向进行翻转的效果。

● 角度和圆度：角度用于设置笔尖沿水平方向的角度，取值范围是-180°～180°。圆度用于设置画笔笔尖形状长短轴的比例，取值范围是 0～100%。当圆度为 100%时，画笔笔尖为圆形，为 0 时，画笔笔尖为线性，取两者之间时，画笔笔尖为椭圆形。

● 硬度：用于设置画笔边缘的柔和度，取值范围是 0～100%。数值越小，边缘越柔和。图 3-11 所示的是相同直径下，硬度分别为 0 和 20%的画笔效果。

a）　　b）

图 3-11　画笔硬度对比

a）硬度为 0　b）硬度为 20%

● 间距：用于设置连续绘画时画笔笔尖之间的距离，取值范围是 1%～1000%。数值越大距离越远，否则距离越近。图 3-12 所示的是间距为 100%和 300%时的效果。

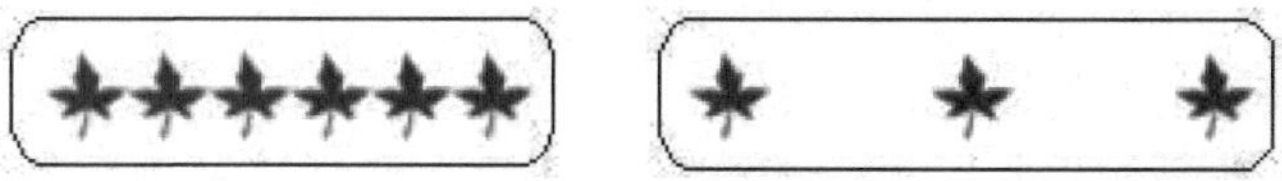

a）　　b）

图 3-12　不同间距效果

a）间距为 100%　b）间距为 300%

3.2.2　形状动态

形状动态用于设置绘画笔迹的大小、角度和圆度的动态变化。在“画笔”面板左侧勾选“形状动态”复选框，打开“形状动态”选项卡，图 3-13 所示的是不同形状动态的效果。

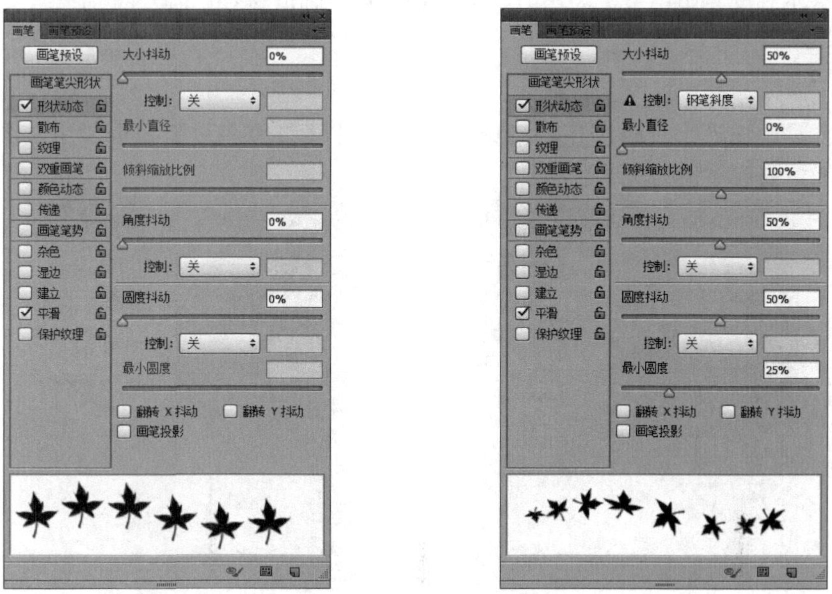

图 3-13　不同形状动态的对比

选项卡中各选项的含义如下。

● 大小抖动：用于设置画笔绘画时大小的动态变化，取值范围是 0～100%，数值越大，变化越明显，为 0 时，没有大小的变化。

● 控制：在下拉菜单中可以选择改变画笔笔迹大小的变化方式。

① 关：不控制画笔大小的变化。

② 渐隐：按指定数量的步长在初始直径和最小直径之间渐隐画笔笔迹的大小。每个步长等于画笔笔尖的一个笔迹。取值范围是 1～9 999。例如，当输入步长值为 10 时，绘画时会产生 10 个增量的渐隐。

③ 钢笔压力/钢笔斜度/光轮笔：基于钢笔压力、钢笔斜度或钢笔拇指轮位置，在初始直径和最小直径之间改变画笔笔迹的大小。

- 最小直径：在启用“大小抖动”或“控制”时，用于设置画笔动态变化时缩放的最小百分比。取值范围是 0～100%，数值越小变化越大。
- 倾斜缩放比例：设置在旋转前应用画笔高度的比例因子。取值范围是 0～200%。只有当“控制”设置为“钢笔斜度”时才可使用。
- 角度抖动：用于设置画笔角度的变化方式。取值范围是 0～100%，数值越小变化越大。
- 角度抖动控制：设置画笔笔尖角度的变化方式。

① 关：不控制画笔角度的变化。

② 渐隐：按指定数量的步长（0°～360°）逐渐隐藏画笔笔迹角度。

③ 钢笔压力/钢笔斜度/光轮笔/旋转：可基于钢笔压力、钢笔斜度、钢笔拇指轮位置或钢笔旋转在 0°～360°之间改变画笔笔迹的角度。

④ 初始方向：设置画笔笔尖角度基于画笔描边的初始方向。

⑤ 方向：设置画笔笔尖角度基于画笔描边的方向。

- 圆度抖动：用于设置画笔笔尖的圆度在描边中的变化方式。
- 圆度抖动和最小圆度：在“圆度抖动”的“控制”下拉列表框中可选择画笔笔迹圆度变化的方式。“最小圆度”用于设置应用“圆度抖动”和“圆度抖动控制”时画笔笔迹的最小圆度。

3.2.3 散布

散布用于设置画笔绘画时产生的散射效果，一般可和动态画笔配合使用。图 3-14 所示的是设置散布参数前后的效果。

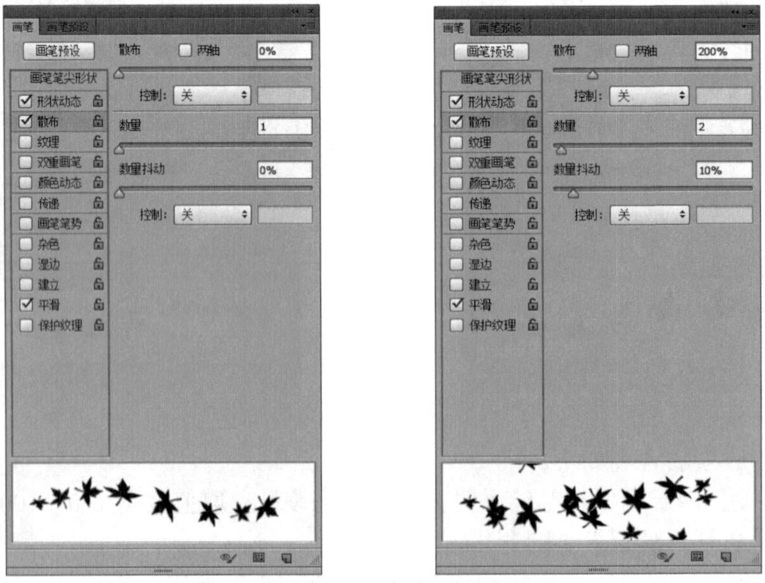

图 3-14　散步参数设置前后的效果

“散布”选项卡中部分选项的含义如下。

● 散布和两轴：“散布”用于设置画笔笔迹的分布方式，取值范围是 0～100%。勾选“两轴”复选框后则会以放射状分布，不勾选则会沿画笔轨迹的垂直方向分布。

● 数量和数量抖动：“数量”用于设置每个间隔中画笔笔迹的数量，“数量抖动”用于设置每个间隔的数量变化。

3.2.4 纹理

纹理用于在画笔中加入纹理效果，除了可以使用 Photoshop 中自带的纹理，还可以将图案定义为纹理。图 3-15 所示的是“纹理”选项卡。

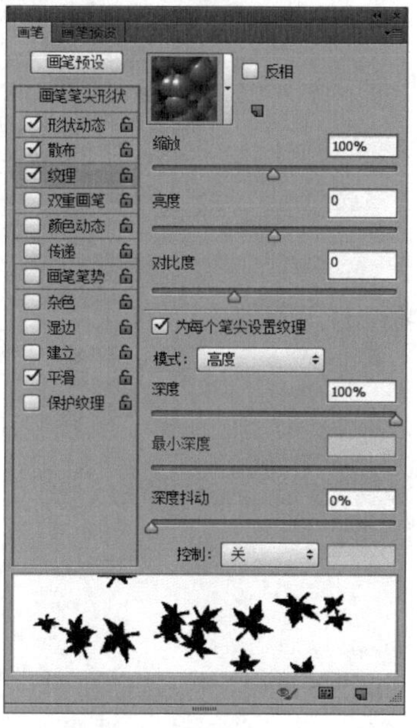

图 3-15 “纹理”选项卡

“纹理”选项卡中各选项的含义如下。

● 纹理下拉列表：单击右侧的向下箭头可以打开纹理下拉列表，单击可以选择相应的图案纹理。

● 反相：勾选此复选框后，所选图案纹理的色调中亮点和暗点将反转。

● 缩放：用于设置图案的缩放比例。

● 为每个笔尖设置纹理：勾选此复选框后，则选定的纹理将单独应用于画笔绘制过程中的每一个笔迹。

● 模式：单击下拉列表框可以设置画笔与图案纹理的混合模式。

● 深度：用于指定油彩渗入纹理中的深度。此选项在勾选了“为每个笔尖设置纹理”复选框后才可使用。

3.2.5 双重画笔

双重画笔是将两种画笔笔尖组合使用，使用时先在“画笔笔尖形状”选项卡中选择主画笔，然后在“双重画笔”选项卡中选择第二种画笔。绘制时，是在主画笔的基础上叠加第二个画笔，形成新的画笔效果。

图 3-16 中，左侧是没有设置双重画笔的效果，右侧是设置了双重画笔的效果，具体设置为：主画笔为“尖角画笔”（硬度 20%，间距 200%）；双重画笔的具体设置如图 3-17 所示。

a）　　b）

图 3-16　双重画笔对比效果

a）未设置双重画笔　b）设置了双重画笔

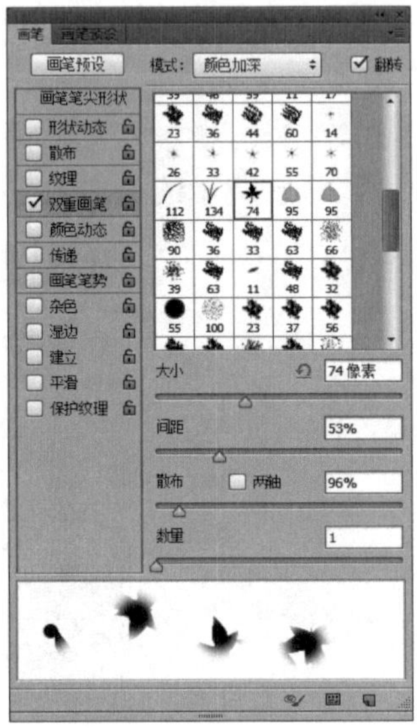

图 3-17　双重画笔的设置

3.2.6　颜色动态

颜色动态用于设置画笔颜色的动态效果，包括前景和背景抖动、色相抖动、饱和度抖动、亮度抖动和纯度等，图 3-18 所示的是“颜色动态”选项卡。

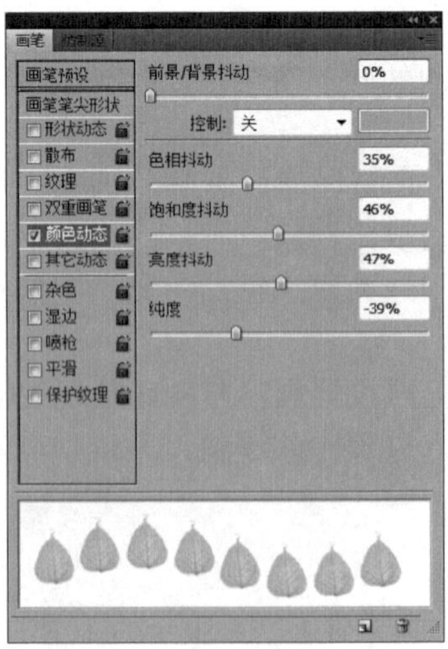

图 3-18　“颜色动态”选项卡

3.2.7　其他动态

在“其他动态”选项卡中，可以设置透明度抖动和流量抖动效果。

3.2.8　“画笔”面板中的其他选项卡

在“画笔”面板中，除了上述选项卡之外还有杂色、湿边、喷枪、平滑和保护纹理 5 个选项卡，需要时直接勾选即可，不用设置参数。

- 杂色：勾选后可以增加画笔笔尖的额外随机性，一般与柔角画笔一起使用，效果较好。
- 湿边：勾选后可以沿画笔绘制的边缘增大油彩量，可以创建水彩效果。
- 喷枪：用于对图像应用渐变色调，同时模拟传统的喷枪手法。
- 平滑：用于设置在画笔绘制过程中生成更平滑的曲线。
- 保护纹理：勾选后，可将相同图案和缩放比例应用于具有纹理的所有画笔预设。

3.2.9　自定义画笔

尽管 Photoshop 提供了多种画笔，但有时还是不能满足设计者的要求，因此设计者可以根据自己的需要，用已有的图像、画笔等要素创建自定义画笔。自定义画笔的操作步骤如下：

1）打开素材文件 d03-02.psd，如图 3-19 所示。

图 3-19　素材文件 d03-02.psd

2）在工具箱中选择移动工具，按下<ctrl>键的同时在“图层”面板中单击“图层 1”，载入“图层 1”的选区。

3）在菜单栏中单击“编辑→定义画笔预设”命令，打开“画笔名称”对话框，如图 3-20 所示。

图 3-20　“画笔名称”对话框

4）在“名称”文本框中输入自定义画笔的名称，如“梅花”，单击“确定”按钮，即可创建新的自定义画笔。自定义的画笔可在“画笔预设”中选择使用，方法与其他画笔相同。

提示

在英文状态下，按下键盘上的<[>键可以使画笔直径变小，按<]>键则使画笔直径变大，此方法也适用于铅笔和混合器画笔工具。

自定义画笔只能定义图像的样式不能保存图像中的颜色信息，应用自定义画笔时只能使用当前的前景色来绘制。

3.3 填充工具组

在 Photoshop 中提供了油漆筒工具“”、渐变工具“”和 3D 材质拖放工具“”，如图 3-21 所示，可以在图像或选区中填充颜色、渐变，也可在 3D 对象上应用 3D 材质。

图 3-21 填充工具组

3.3.1 油漆桶工具

油漆筒工具“”用于在画布或选区中填充颜色或图案。在工具箱中选择油漆筒工具，选择后在画布或选区内单击鼠标，即可用当前的前景色或图案填充选区或画布。

在工具箱中选择油漆筒工具 油漆桶工具，其选项栏如图 3-22 所示。

图 3-22 油漆筒工具的选项栏

选项栏中各选项的含义如下。

- 填充内容：用于选择填充源，有“前景”和“图案”两个选项。选择“前景”后，会用当前的前景色填充；选择“图案”，则会激活后面的“图案选项”，如图 3-23 所示，选择需要的图案进行填充。

图 3-23 图案选项

- 模式：用于设置填充内容的混合模式。
- 不透明度：用于设置填充内容的不透明度。
- 容差：用于设置填充范围，取值范围是 0～255。容差值较小时进行填充，单击点像素颜色及与其非常相近的像素会被填充。容差值较大时，填充范围较大。
- 消除锯齿：勾选复选框，在填充时会平滑填充选区的边缘。
- 连续的：勾选复选框，只填充与鼠标单击点相邻的像素，不勾选则填充整个图像。
- 所有图层：勾选复选框，将把所有图层作为一个图层文件进行填充，不勾选则只填充当前图层。

使用油漆工具时，在工具箱中单击油漆工具，在图像或选区中单击即可以设置的前景色或图案填充图像或选区。当图像中有选区时，则只填充选区部分不填充整个图像。

3.3.2 自定义图案

在油漆筒工具中可以使用系统提供的各种图案进行填充，同时设计者也可以自定义图案，自定义图案的操作步骤如下：

1）打开素材文件 D03-03.jpg，选中图像中花的部分，如图 3-24 所示。

图 3-24 创建选区

提示

自定义图案与自定义画笔的区别是自定义画笔不能带有原图案的颜色，而自定义图案则可以带有颜色。如果想删除图案，则只需在图案选项中右键单击想要删除的图案，在弹出的快捷菜单中单击“删除”命令即可。

2）按<Ctrl+J>快捷键，复制选区内容并新建“图层 1”。

3）在“图层”面板中选择“图层 1”。

4）在菜单栏中单击“编辑→定义图案”命令，打开“图案名称”对话框，如图 3-25 所示。在“名称”文本框中输入“花”作为图案的名称。

图 3-25 “图案名称”对话框

5）单击“确定”按钮，自定义图案制作完成。

选择填充工具后，在选项栏中设置图案，然后单击选择新的图案进行填充即可。图 3-26 所示为从左到右分别是前景色、默认图案和自定义图案的填充效果。

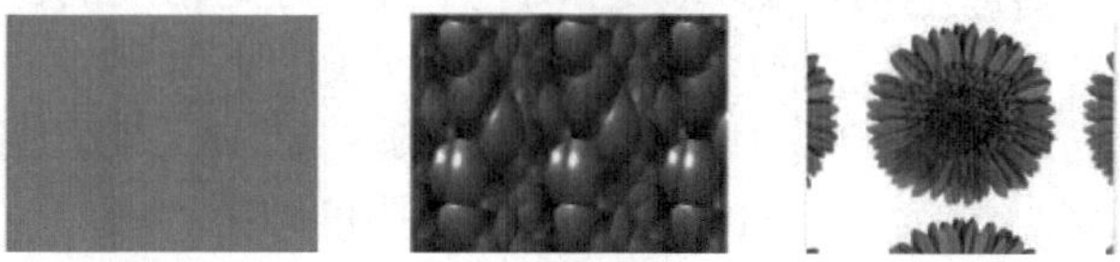

a） b） c）

图 3-26 填充效果对比
a）前景色填充 b）默认图案填充 c）自定义图案填充

3.3.3 渐变工具

利用渐变工具“▣”可以为图层或选区填充渐变颜色效果，但渐变工具不能用于位图或索引颜色图像。在工具箱中选择渐变工具▣ 渐变工具，其选项栏如图 3-27 所示。

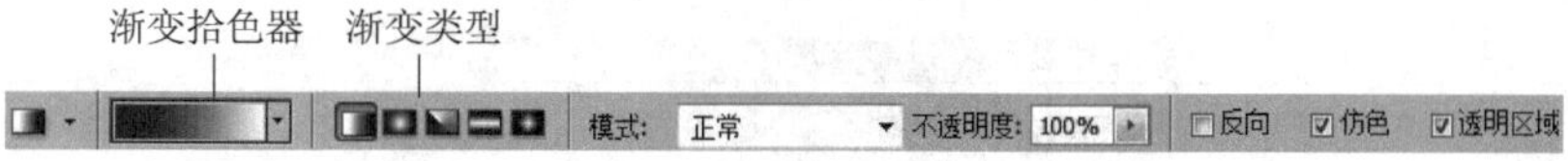

图 3-27 渐变工具的选项栏

选项栏中各选项的含义如下。

- 渐变拾色器：用于选择渐变，默认为前景色到背景色的渐变，在下拉列表框中单击可以选择更多的渐变样式，单击右上角的按钮还可以添加新的渐变样式，如图 3-28 所示。

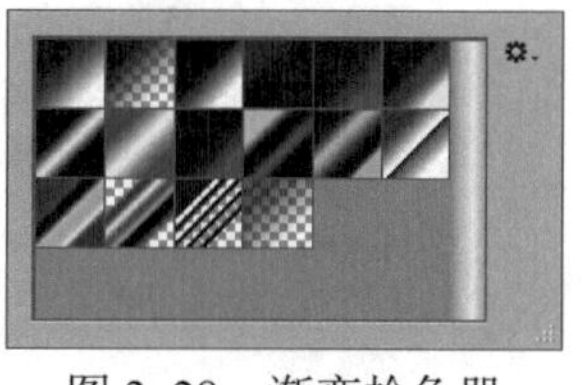

图 3-28 渐变拾色器

- 渐变类型：渐变类型共有 5 种，从左到右依次是线性渐变、径向渐变、角度渐变、对称渐变和菱形渐变。单击即可选择相应的类型，图 3-29 所示为 5 种渐变的不同效果。

① 线性渐变▣：选择此类型，则填充从起点到终点的线性渐变。

② 径向渐变：选择此类型，则以起点为圆心，以起点到终点为半径，填充由内而外的圆形渐变。

③ 角度渐变：选择此类型，则以鼠标单击的起点为圆心，起点到终点为半径，按顺时针方向进行渐变。

④ 对称渐变：选择此类型，则填充从起点到终点的直线对称渐变。

⑤ 菱形渐变：选择此类型，以鼠标单击起点位置为菱形的中心，起点到终点为对角线，形成由内而外的菱形渐变。

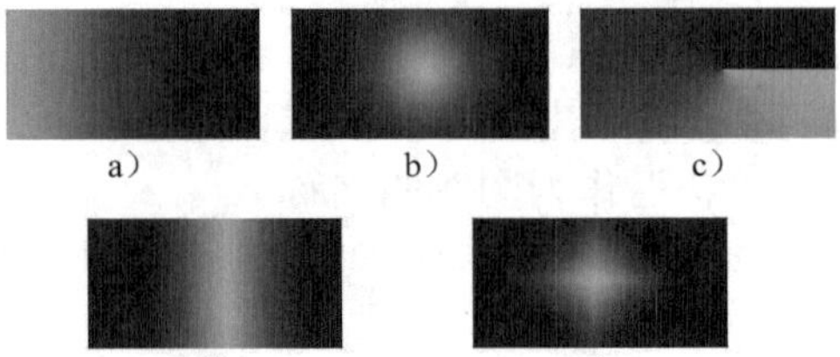

a）　b）　c）　d）　e）

图 3-29　各种渐变类型效果

a）线性渐变　b）径向渐变　c）角度渐变　d）对称渐变　e）菱形渐变

- 模式：用于设置填充与原图像像素的混合模式。
- 不透明度：用于设置渐变填充的不透明度，取值范围是 1%～100%，数值越小，填充的渐变越透明，100%为完全不透明。
- 反向：勾选此复选框，则渐变的颜色顺序在填充时是相反的。
- 仿色：勾选此复选框，可以使渐变颜色之间过渡的更柔和。
- 透明区域：勾选此复选框，可在图像中设置透明区域。当选用的渐变中含有透明部分时，进行渐变需要勾选此复选框，否则不能实现透明的效果。

3.3.4　渐变编辑器

在 Photoshop 中除了可以使用系统自带的渐变样式，还可创建新的渐变样式或对已有的渐变进行编辑，具体操作如下：

选择渐变工具后，在渐变工具选项栏中单击渐变拾色器中的渐变颜色条，即可打开“渐变编辑器”对话框，如图 3-30 所示。

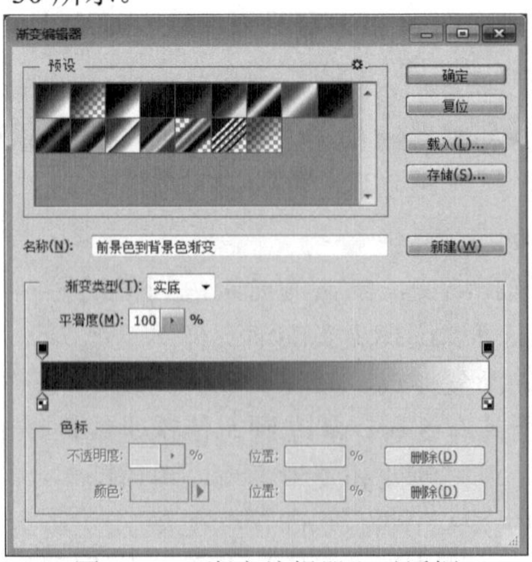

图 3-30　“渐变编辑器”对话框

对话框中各选项的含义如下。

- 预设：显示当前的渐变样式，单击可以直接选择所需的样式。单击“预设”右侧的按钮，可以打开面板菜单，可以将更多的渐变库加入到“预设”选框中。添加渐变样式的操作如下：

①单击“预设”右侧的按钮，在面板菜单中选择“协调色 1”，如图 3-31 所示，弹出如图 3-32 所示的消息提示框。

图 3-31　添加渐变样式

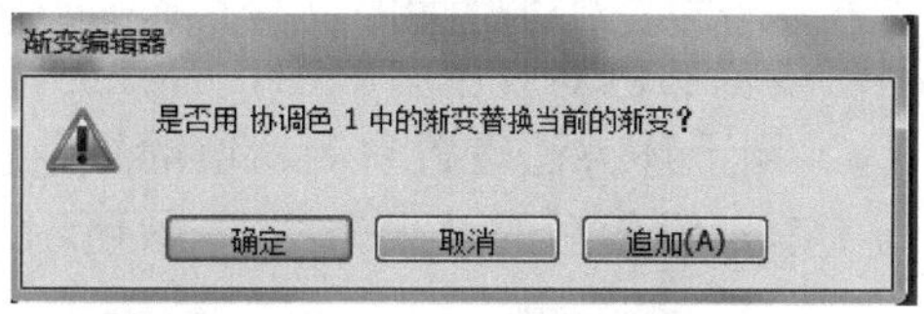

图 3-32　追加渐变样式

②单击“追加”按钮，则可将新的渐变样式添加到当前预设中。如果单击“确定”按钮，则以新的渐变样式库替代当前的样式。

- 名称：显示当前选择的渐变样式的名称。
- 渐变类型：用于选择渐变类型，在下拉列表框中有“实底”和“杂色”两个选项。
- 平滑度：用于设置渐变颜色过渡的平滑效果，取值范围是 0～100，数值越大越平滑。
- 颜色色标：单击可以激活色标的选项，可以设置色标的颜色和位置。如果想增加新的色标，只需在相应的位置单击鼠标即可，如图 3-33 所示。

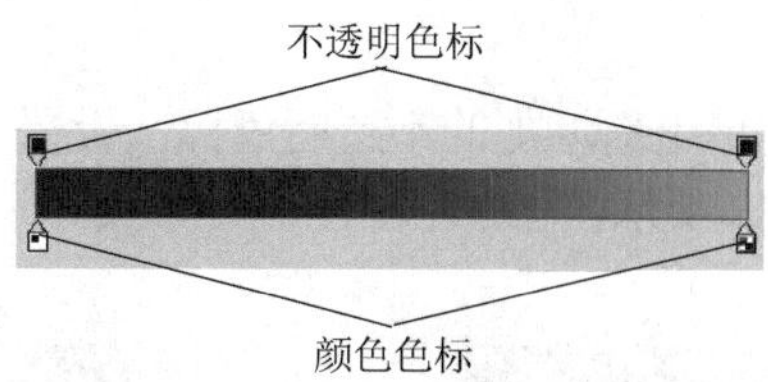

图 3-33　渐变编辑器中的颜色色标及不透明色标

- 不透明色标：单击可以激活不透明色标的选项，设置当前位置的不透明度，如图 3-33 所示。拖动颜色色标或不透明色标，可以改变颜色色标或不透明色标的位置。选择色标后按<Delete>键可以删除色标，用鼠标向下或向上拖离当前位置也可删除色标。

通过增加和改变颜色色标和不透明度色标的位置、颜色和不透明度可以创建新的渐变样式。新建并保存渐变样式的操作如下：

1）在“渐变编辑器”对话框中，单击“预设”中的“橙黄橙”渐变样式，颜色色标及不透明色标，如图 3-34 所示。

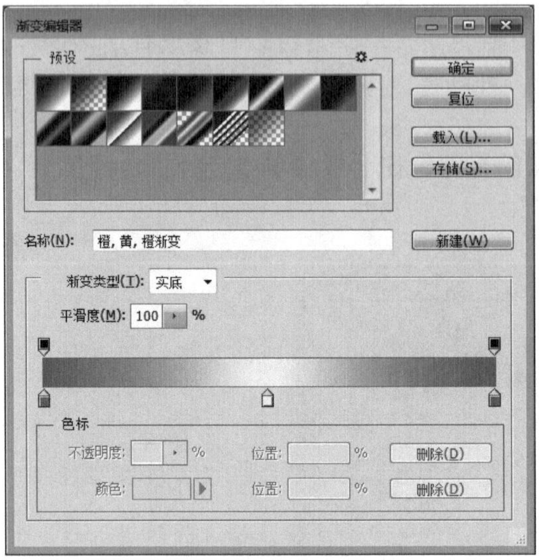

图 3-34　色标渐变样式

2）分别在“橙黄”中间单击鼠标，增加两个颜色色标，如图 3-35 所示。

3）选择左侧新增加的颜色色标，单击“颜色”选项后的颜色条，打开“选择颜色”对话框，设置颜色为蓝色（RGB：0，255，0），在“位置”选项后输入“25%”。

4）用上述方法设置右侧新增的颜色色标，颜色为绿色（RGB：0，0，255），“位置”设置为 75%，设置后的效果如图 3-36 所示。

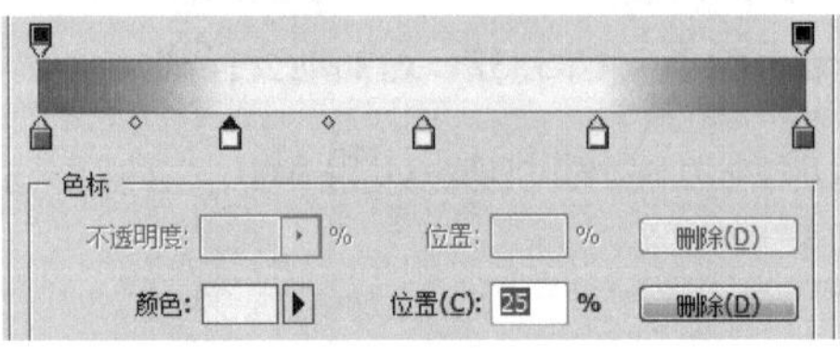

图 3-35　增加颜色色标

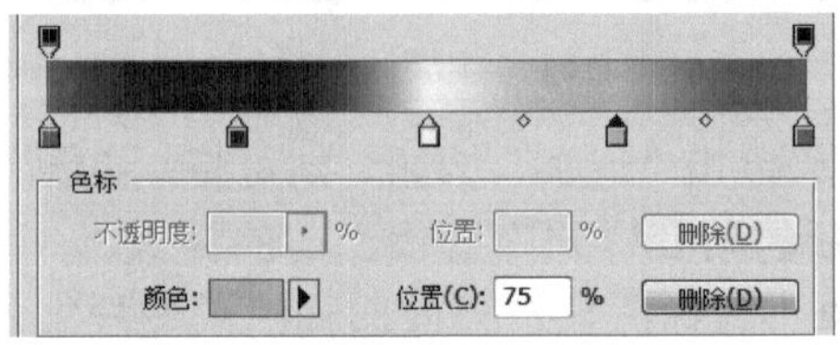

图 3-36　新的颜色色标及位置

5）在不透明色标区域，对应黄色色标的位置单击鼠标，增加新的不透明色标，如图 3-37 所示。

6）单击新增加的不透明色标，设置“不透明度”为 50%，“位置”为 50%，最后形成的效果如图 3-38 所示。

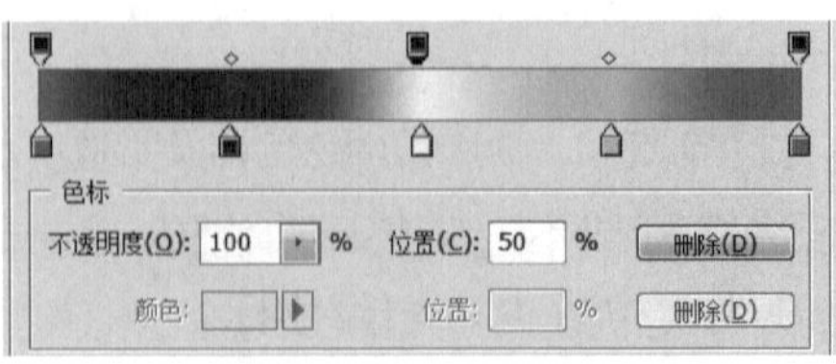

图 3-37　增加不透明色标

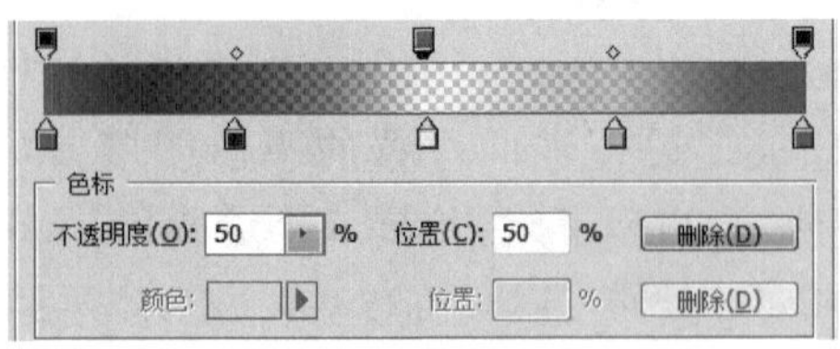

图 3-38　新建的渐变样式

7）在“渐变编辑器”对话框中，单击“确定”按钮则可将新创建的渐变加入到渐变样式中，并默认为当前样式。如果单击“存储”按钮，则打开“存储”对话框，可以将新创建的渐变存储为文件形式，以便随时调用。

3.4 实训任务

通过本章的学习，可以对 Photoshop 画笔工具组和填充工具组中的工具有一定的了解和认识，掌握了画笔工具组和填充工具组的知识和操作技巧。本节将运用所学知识完成 3 个实训任务，即“制作邮票效果”、“制作球体”和“制作海洋气泡”。

3.4.1 实训任务一：制作邮票效果

1. 任务分析

本任务是利用 Photoshop 制作邮票效果的图像，最终效果如图 3-39 所示。通过本实例能够掌握画笔工具的使用方法，了解画笔工具选项栏及“画笔”面板的使用方法和技巧。

本任务的知识点：画笔工具、选区工具和填充工具等。

2. 任务实施

1）在菜单栏中单击“文件→打开”命令，打开素材图片 sx-03-02.jpg，如图 3-40 所示。

图 3-39　画笔绘制邮票效果

图 3-40　素材图片 sx-03-02.jpg

2）在工具箱中设置前景色为黑色，背景色为白色。

3）在工具箱中选择画笔工具，在画笔选项栏中设置画笔“直径”为 20 像素，“不透明度”和“流量”都是 100%，如图 3-41 所示。

4）打开“画笔”面板，设置“间距”为 130%，如图 3-42 所示。

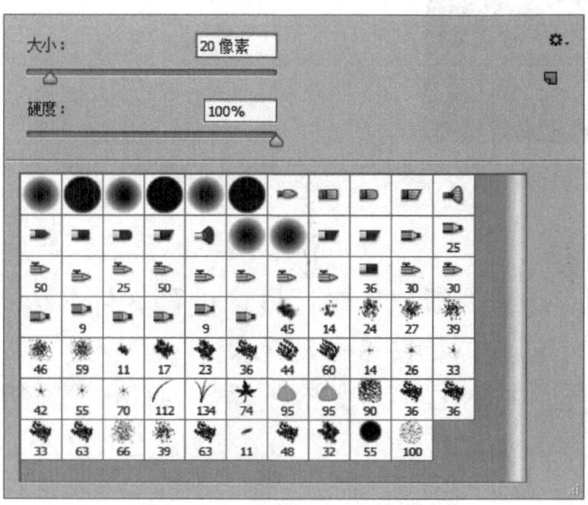

图 3-41　画笔工具选项栏

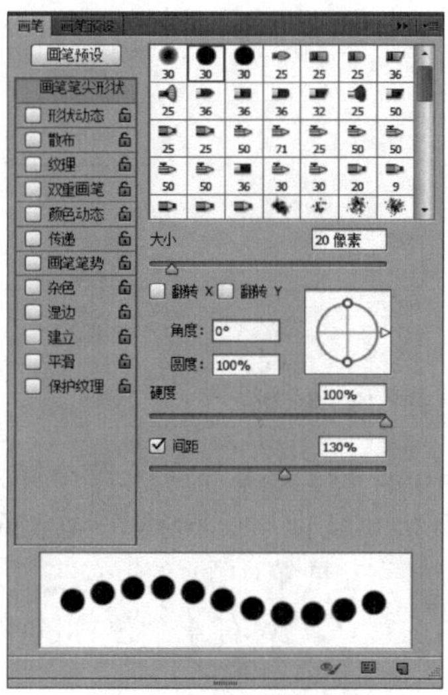

图 3-42　设置间距

5）按住<Shift>键的同时拖动鼠标，在图像左侧画一条垂直线，这时就会出现一条圆孔线，如图 3-43 所示。

6）用同样的方法，在图像的右侧、顶端、底端各画一条圆孔线，如图 3-44 所示。

7）选择工具箱中的矩形选框工具，单击鼠标左键沿着圆孔线中间的位置拖动鼠标，创建一个矩形选择区域，如图 3-45 所示。

图 3-43　用画笔工具绘制圆孔线

图 3-44　绘出全部圆孔线

图 3-45　创建选择区域

8）按<Shift+Ctrl+I>快捷键，反向选区。按<Alt+Delete>快捷键，用前景色（黑色）填充选区。

9）按<Ctrl+D>快捷键，取消选区，完成制作任务。

3.4.2　实训任务二：制作球体

1. 任务分析

本任务是利用 Photoshop 制作球体效果，如图 3-46 所示。通过本任务的实现，可以更好地掌握渐变工具的使用方法和技巧。

本任务的知识点：渐变工具、选区工具和图层等。

图 3-46　制作球体效果

2. 任务实施

1）在菜单栏中单击“文件→新建”命令，打开“新建”对话框，设置文件名为“球体”、大小为 500×600 像素、分辨率为 150 像素/英寸，具体如图 3-47 所示。

2）选择工具箱中的“渐变工具”，在选项栏中单击“渐变拾色器”，打开“渐变编辑器”对话框，设置从左到右 4 个色标的 RGB 值为（0，0，0）、（0，0，0）、（20，20，120）和（10，10，65），如图 3-48 所示。

图 3-47　“新建”对话框

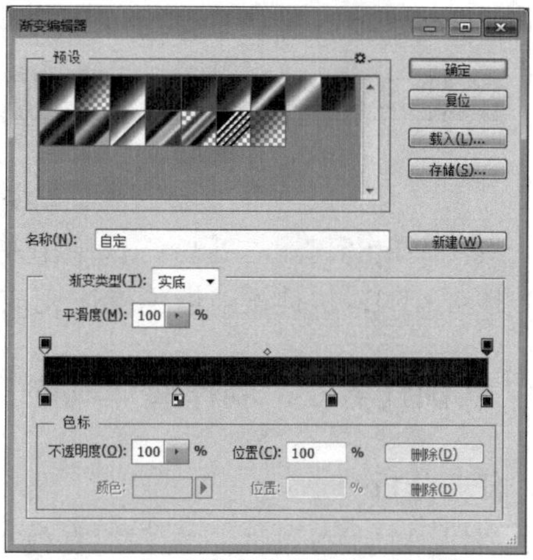

图 3-48　“渐变编辑器”对话框

3）按住<Shift>键，在文档中从上至下拖动鼠标，用渐变填充背景层。

4）在“图层”面板中，单击新建按钮，新建“图层 1”。

5）在工具箱中选择“椭圆选框工具”，然后按住<Shift>键，在画布中绘制一个正圆选区，如图 3-49 所示。

图 3-49　正圆选区

6）在工具箱中单击选择“渐变工具”，在选项栏中单击“渐变拾色器”按钮，弹出“渐变编辑器”对话框，设置从左到右 3 个色标的 RGB 值分别为（255，255，255）、（80，80，80）、（104，104，104），如图 3-50 所示。

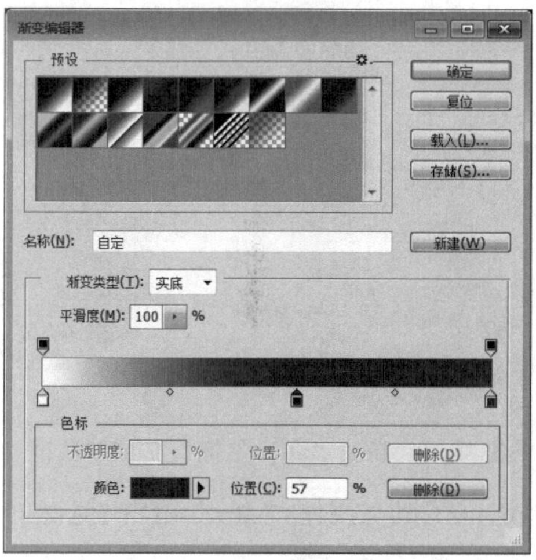

图 3-50　“渐变编辑器”对话框

7）在渐变工具选项栏中选择“径向渐变”模式，具体设置如图 3-51 所示。

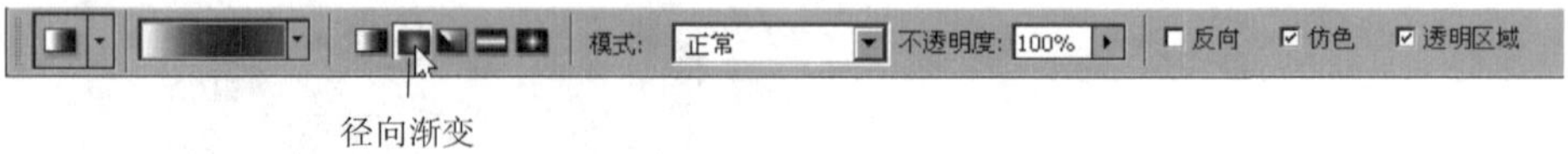

图 3-51　渐变工具选项栏的具体设置

8）按住<Shift>键，在正圆选区中由左上至右下拖动鼠标，填充渐变色。

9）按<Ctrl+D>快捷键，取消选区完成最终效果。

3.4.3　实训任务三：制作海洋气泡

1. 任务分析

本任务是利用 Photoshop 制作逼真效果的海洋气泡，如图 3-52 所示。通过本任务的实现，可以更好地理解和掌握画笔的使用方法与技巧。

图 3-52　海洋气泡效果

本任务的知识点：画笔工具、选区工具、填充和羽化等。

2. 任务实施

（1）制作气泡画笔

1）在菜单栏中单击“文件→新建”命令（或按<Ctrl+N>快捷键），新建一个名为“海洋气泡”的文档。大小为 10×10 厘米，分辨率为 72 像素/英寸，颜色模式为 RGB 颜色　8 位，背景色为白色，具体设置如图 3-53 所示。

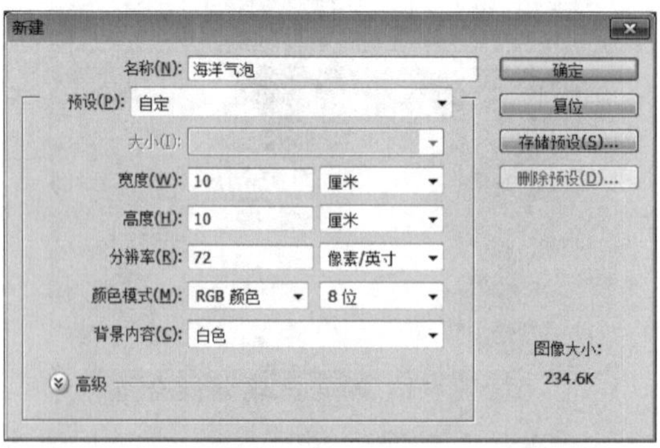

图 3-53　新建“海洋气泡”文档对话框

2）在工具栏中选择椭圆选框工具，按住<Alt+Shift>快捷键的同时，在文档中心位置拖动鼠标绘制正圆形选区，如图 3-54 所示。

3）在“图层”面板中单击新建按钮，新建“图层 1”，“图层”面板如图 3-55 所示。

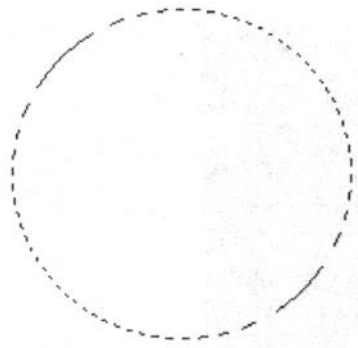

图 3-54　绘制正圆形选区

图 3-55　新建“图层 1”

4）将前景色调为黑色（RGB：0，0，0），在菜单栏中单击“编辑→填充”命令，打开“填充”对话框，设置使用前景色进行填充，其他保持默认即可，单击“确定”按钮退出对话框，得到的图像效果如图 3-56 所示。

5）在菜单栏中单击“选择→修改→收缩”命令，打开“收缩选区”对话框，设置“收缩量”为 15 像素，如图 3-57 所示，收缩后的画面效果如图 3-58 所示。

图 3-56　将选区填充为黑色

图 3-57　设置收缩量

图 3-58　选区收缩后的效果

6）在菜单栏中单击“选择→修改→羽化”命令，设置“羽化半径”为 20 像素，如图 3-59 所示。

7）按<Delete>键删除羽化后的选区内容，完成效果如图 3-60 所示。

8）按<Ctrl+D>快捷键，取消选区，然后再次利用椭圆选框工具绘画椭圆形选区，如图 3-61 所示。

图 3-59　设置羽化半径

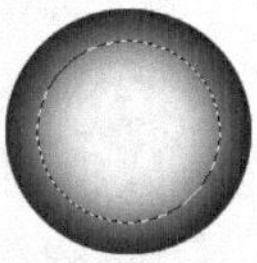

图 3-60　删除选区内的颜色

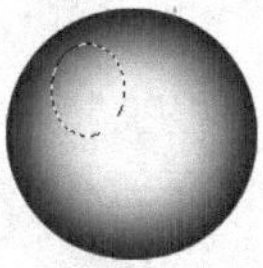

图 3-61　绘制椭圆形选区

9）在菜单栏中单击“选择—修改—羽化”命令，设置“羽化半径”为 20 像素，如图 3-62 所示。

10）新建图层，在菜单栏中单击“编辑→填充”命令，填充前景色（黑色），如图 3-63 所示。按<Ctrl+D>快捷键，取消选区。

11）在菜单栏中单击“编辑—定义画笔预设”命令，将当前图像定义为画笔，如图 3-64 所示。

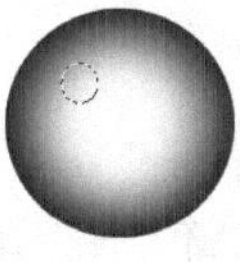

图 3-62　羽化

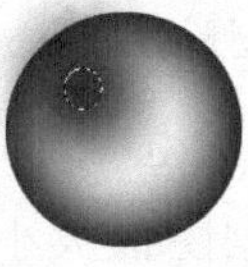

图 3-63　新建图层填充黑色

图 3-64　定义海洋气泡画笔

（2）制作海洋气泡效果

1）打开素材文件 sx-04-01.jpg，如图 3-65 所示。

图 3-65　素材文件 sx-04-01.jpg

2）在工具箱中选择画笔工具，在“画笔预设”中选择“海洋气泡画笔”。

3）在菜单栏中单击“窗口—画笔”命令，打开“画笔”面板。

4）在“形状动态”中设置“大小抖动”为 55%、“渐隐”为 35，如图 3-66 所示；在“散布”中设置“散布”为 500%，勾选“两轴”复选框，如图 3-67 所示；在“画笔笔尖形状”选项中调整“间距”为 78%，具体设置如图 3-68 所示。

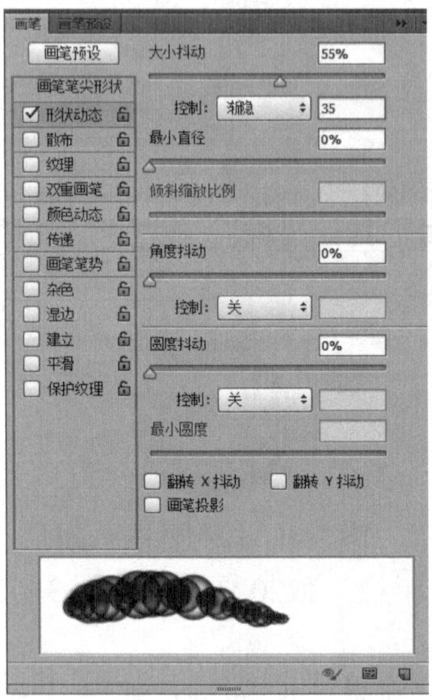

图 3-66　“形状动态”设置

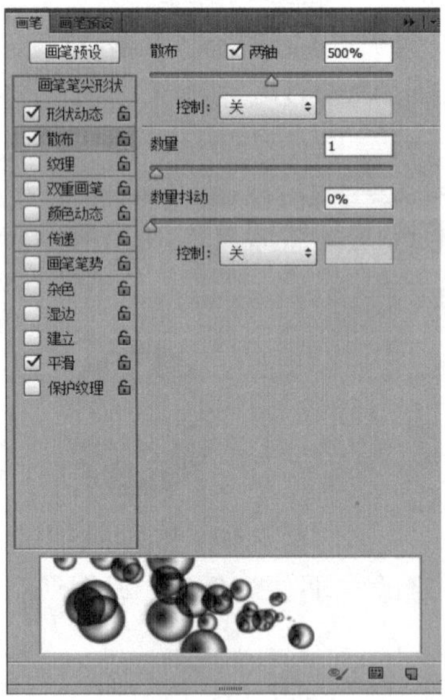

图 3-67　“散布”设置

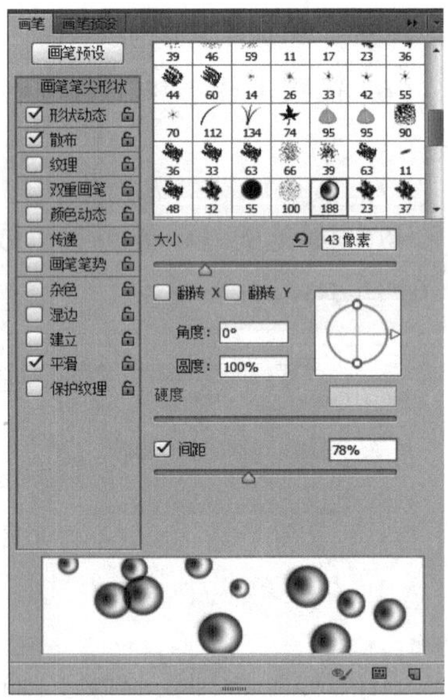

图 3-68　设置“间距”

5）在画笔选项栏中设置“不透明度”和“流量”均为 70%，如图 3-69 所示。

图 3-69　海洋气泡画笔选项设置

6）更改前景色为白色（RGB：255，255，255），根据图像大小调整画笔直径后，在图像上绘画，完成最终效果。

本 章 小 结

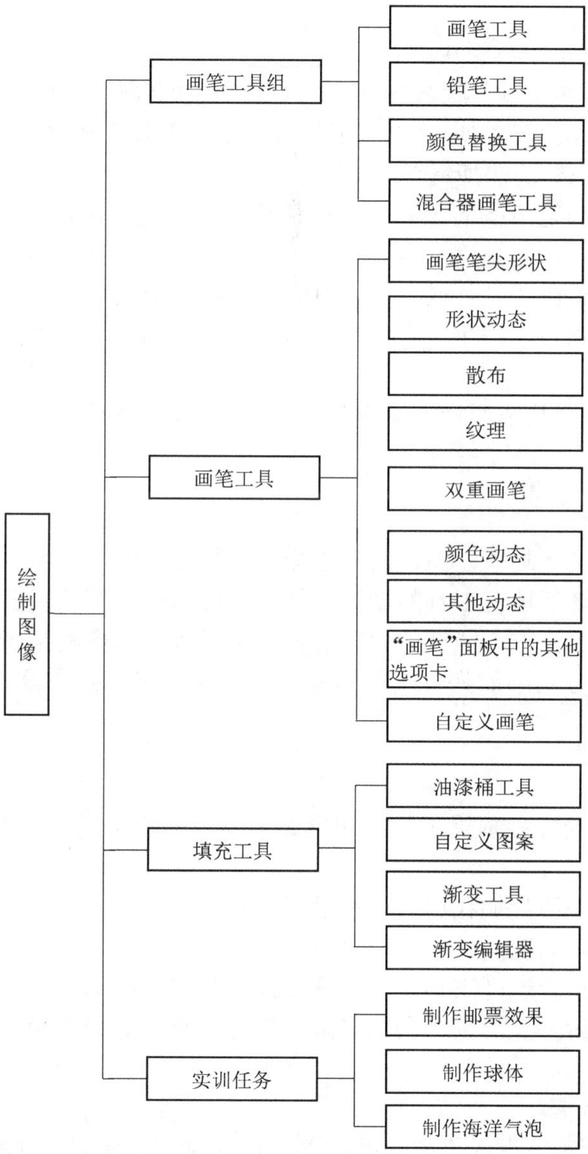

本章主要快捷键：

序　　号	操 作 命 令	快　捷　键	序　　号	操 作 命 令	快　捷　键
1	画笔工具组	<Shift+B>	4	“画笔”面板	<F5>
2	画笔直径变大	<]>	5	复制并新建图层	<Ctrl+J>
3	画笔直径变小	<[>	6	填充工具组	<Shift+G>

单 元 评 估

一、填空题

1．在 Photoshop 画笔工具组中提供了________、________和________3 种工具。

2. 在 Photoshop 中，英文输入状态下，按______键可以快速切换到画笔工具组，按下______键的同时按______键可以快速地实现“画笔工具”、“铅笔工具”和“颜色替换工具”的切换。

3．打开“画笔”面板的快捷键是______。

4．硬度用于设置画笔边缘的柔和度，取值范围是______之间的整数值，数值越小边缘越______。

5．油漆筒工具用于在______或______中填充颜色或图案。

6．在英文输入状态下，按下______键可以使画笔直径变大，按下______键可以快速将画笔直径变小。

7．Photoshop 渐变工具选项栏的渐变类型共有 5 种，分别是____、____、____、_____和____。

二、基本操作练习

1．掌握画笔工具及“画笔”面板的基本操作，能够运用画笔绘制简单的图形。

2．掌握油漆筒和渐变填充工具的操作，能够熟练掌握渐变编辑器来新建渐变样式。

3．掌握颜色替换的操作，能够使用颜色替换工具改变图像的某种颜色。

4．自选一种图案分别添加为自定义画笔和自定义图案，并在设计中应用自定义的画笔和图案。

三、能力拓展

1．分组交流，讨论各种画笔工具组和填充工具组的使用经验，并总结各种选区工具的使用技巧。

2．使用画笔工具为照片加花边或边框以修饰图片效果。

3．使用画笔工具，绘制两种卡通形象。

4．利用渐变工具结合选区工具，制作圆柱体和圆锥体图形。

5．搜集本地的旅游景点图片，利用选区和羽化工具，合成旅游景点的宣传海报。

6．项目实训

项目名称：制作贺卡。

项目准备：确定贺卡主题，根据主题收集节日素材，整理素材并将部分素材定义为“画笔”和“图案”。

内容与要求：贺卡主题鲜明，构图合理，页面美观，符合节日气氛。要求应用自定义画笔和自定图案两种操作。

第 4 章　修 饰 图 像

本章导读：

在日常生活和工作中，经常需要对一些已有的图像进行修饰和修改，Photoshop 提供了强大的图像修饰工具和功能。本章将主要学习 Photoshop 中各种修饰工具的使用方法和技巧，并能利用这些工具完成修饰图像的任务。

知识目标：

1）认识图像修饰工具。
2）认识仿制工具和记录工具。
3）认识擦除工具。

能力目标：

1）掌握图像修饰工具的使用方法和技巧。
2）掌握仿制和记录工具的操作方法和技巧。
3）掌握擦除工具的操作方法和技巧。
4）能够运用本章所学知识完成实训任务。

4.1　图像修饰工具

在 Photoshop 工具箱中有修复工具组、模糊工具组和减淡工具组共 3 组 11 个工具用于修饰图像，如图 4-1～图 4-3 所示。下面将介绍这些工具的基本操作和应用技巧。

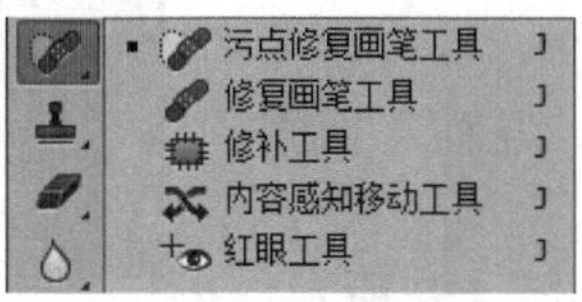

图 4-1　修复工具组

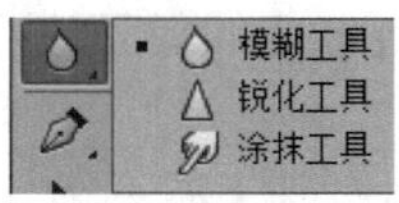

图 4-2　模糊工具组

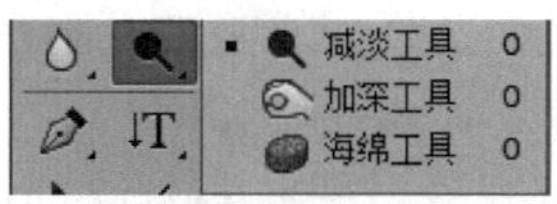

图 4-3　减淡工具组

4.1.1　污点修复画笔工具

污点修复画笔工具“”常用于快速修复图像中的污点或瑕疵。具体操作如下：

1）打开素材图像 D04-01.jpg，如图 4-4 所示，图中人物的皮肤上有 3 处污点。

2）在工具箱中选择污点修复画笔工具 污点修复画笔工具，其选项栏如图 4-5 所示。

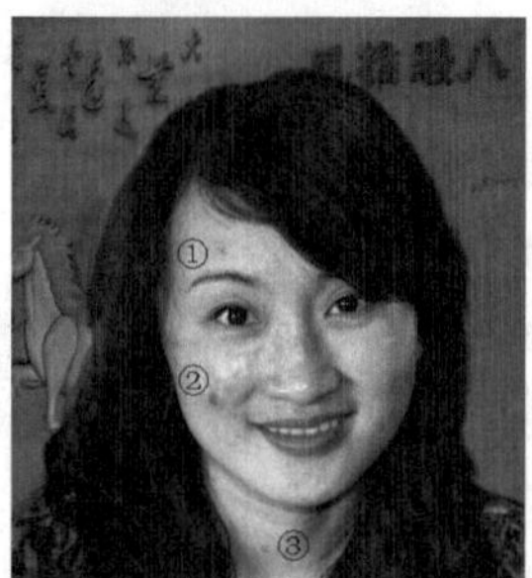
图 4-4　素材图像 D04-01.jpg

图 4-5　污点修复画笔工具的选项栏

选项栏中各选项的含义如下。

- 画笔选择器：用于设置画笔的直径、硬度和间距等。
- 模式：用于设置修复时的图像混合模式。
- 类型：有“近似匹配”、“创建纹理”和“内容识别”3个选项。

① 近似匹配：勾选此复选框，在修复没有选区的污点时，系统会自动选取污点周围的像素为样本；在修复已有选区的污点时，系统会选取选区周围的像素做样本。

② 创建纹理：勾选此复选框，会基于选区内的所有像素创建一个纹理，用于修复图像。

③ 内容识别：勾选此复选框，根据周围的像素，智能识别污点修复区域。

3）调整画笔直径大小，然后在污点处单击鼠标左键，即可修复图像。修复后的图像如图 4-6 所示。

图 4-6　修复后的图像效果

提示

当污点较严重时，可适当多次在污点处反复使用污点修复画笔，使用污点修复画笔修复污点时画笔直径要略大于污点。

4.1.2　修复画笔工具

修复画笔工具“”用于修复图像中的瑕疵或划痕。修复画笔是从被修复区域的周围或相似像素区域取样，然后使用样本进行绘画，并可将样本的纹理、光照、透明度及阴影等与所修复的像素进行匹配，从而不留修复的痕迹。具体操作如下：

1）打开素材图像 D04-02.jpg，图中石碑上有两处污迹，如图 4-7 所示。

图 4-7　素材图像 D04-02.jpg

2）在工具箱中选择修复画笔工具修复画笔工具，其选项栏如图 4-8 所示。

图 4-8　修复画笔工具的选项栏

选项栏中各选项的含义如下（前面介绍过的选项这里不再介绍）。

- 源：设置用于修复的像素源，有“取样”和“图案”两个选项。“取样”是指使用当前图像中的像素源作为修复的样本，选择此选项要按住<Alt>键来取样。“图案”，是指使用图案来修复图像，此选项不用取样，只需从图案库中选择图案即可。
- 对齐：勾选此复选框，则连续对像素进行取样，即使释放鼠标，也不会丢失当前的取样点。不勾选此复选框，则会在每次停止并重新开始绘制时，使用初始取样点中的样本像素。

- 样本：用于从指定的图层中进行数据取样。

3）取样。一般取样位置是在瑕疵或划痕附近的区域。将鼠标指向取样位置，然后按住<Alt>键，同时单击鼠标左键设置取样点。

4）取样后，在瑕疵或划痕位置单击鼠标进行修复，对于较严重的位置可以反复单击鼠标，最后达到修复图像的目的。修复后的图像如图 4-9 所示。

图 4-9　修复后的图像

图 4-10　素材文件 D04-03.jpg

练一练

打开素材文件 D04-03.jpg，如图 4-10 所示，图中既有明显的划痕也有污点，所以要利用污点修复画笔工具和修复画笔工具将图像中的划痕和污点进行修复。

4.1.3　修补工具

修补工具“”也是用于修补图像的，利用修补工具可以用其他区域或图案中的像素来修复选中的区域。同修复画笔工具一样，修补工具也会将样本像素的纹理、光照和阴影与源像素进行匹配。具体操作如下：

1）打开素材文件 d04-04.jpg，如图 4-11 所示，为图中左下角的兔子创建选区。

图 4-11　素材文件 d04-04.jpg

2）在工具箱选择修补工具 修补工具，其选项栏如图 4-12 所示。

图 4-12　修补工具的选项栏

选项栏中各选项的含义如下（前面介绍过的选项这里不再介绍）。

- 选区模式：创建用于修补的选区。
- 源：选中此单选按钮，则创建的选区是要修补的对象，在拖动鼠标时会用鼠标指向位置的像素来修补选区。
- 目标：选中此单选按钮，则与“源”相反，是以选区作为样本来修补其他位置的像素。在拖动鼠标时，会用选区来修补鼠标指向位置。
- 透明：勾选此复选框，则被修补区域与周围图像的边缘及内部纹理都会相融合；不勾选，则在修补时只融合边缘区域，内部纹理不会被融合。
- 使用图案：选择此功能前，要先在图案库中选择要使用的图案，然后再单击使用图案，则会用图案纹理来修补选区。

3）分别选中“源”和“目标”单选按钮，然后向左拖动鼠标到草地位置，修补图像，效果如图 4-13 和图 4-14 所示。

图 4-13　选中“源”单选按钮进行修补的效果

图 4-14　选中“目标”单选按钮进行修补的效果

提示

如果没有创建选区，则可使用修补工具创建选区，且按下<Shift>键添加到选区等功能均可以使用。

选择较小范围的选区修补效果一般会好于较大范围的选区。

练一练

打开素材文件 D04-09.jpg，如图 4-15 所示，利用“修补工具”复制图中桌子上的杯子，得到如图 4-16 所示的效果。

图 4-15　素材文件 D04-09.jpg

图 4-16　修补后的效果

4.1.4　内容感知移动工具

内容感知移动工具“✕”可以将选定的区域移动到图像中的任一位置，移动后的空隙位置，Photoshop 会智能修复，效果非常真实。具体操作如下：

1）打开素材文件 d04-04.jpg。

2）在工具箱中选择内容感知移动工具 内容感知移动工具，其选项栏如图 4-17 所示。

图 4-17　内容感知移动工具的选项栏

选项栏中部分选项的含义如下。

- 模式：有“移动”和“扩展”两个选项。“移动”用于移动选定的区域；“扩展”用于复制选定的区域。
- 适应：有“非常严格”、“严格”、“中”、“松散”和“非常松散”5 个选项，用于设置混合后边缘的融合程度，其中“非常松散”的效果较好。

3）单击鼠标左键并拖动画出选区，画出左下角的兔子区域，如图 4-18 所示。

4）在选项栏中设置“模式”为“扩展”，“适应”为“非常松散”。

5）在选区中单击鼠标左键并拖动，到目标位置后松开鼠标，则选定区域就会移动到新的位置，且原来的位置系统会智能修复。

6）按<Ctrl+D>快捷键取消选区，最终效果如图 4-19 所示。

图 4-18　选定区域

图 4-19　最终效果

练一练

1）打开素材文件 D04-14.jpg，如图 4-20 所示。

2）在工具箱中选择内容感知移动工具，创建如图 4-21 所示的选区。

3）按<Ctrl+J>快捷键，复制选区并创建“图层 1”。

4）在“图层”面板中选择新创建的“图层 1”。

5）在内容感知移动工具选项栏中设置“模式”为“移动”，“适应”为“非常松散”，勾选“对所有图层取样”复选框。

6）单击鼠标左键将选区内容拖动到目标位置，松开鼠标。

图 4-20　素材文件 D04-14.jpg

图 4-21　创建要复制的选区

7）在菜单栏中单击“编辑→变换→水平翻转”命令，将复制内容拖动到合适的位置，如图 4-22 所示。

8）在工具箱中选择矩形选框工具，在原选区位置绘制选区，如图 4-23 所示。

9）按<Delete>键，删除“图层 1”中系统生成的区域，得到最终效果，如图 4-24 所示。

图 4-22　拖动到合适位置

图 4-23　绘制选区

图 4-24　最终效果

4.1.5　红眼工具

红眼工具“”一般用于快速修复用闪光灯拍摄的人像或动物照片中的红眼，也可以修复用闪光灯拍摄的动物照片中的白色或绿色反光部分。具体操作如下：

1）在工具箱中选择红眼工具 红眼工具，其选项栏如图 4-25 所示。

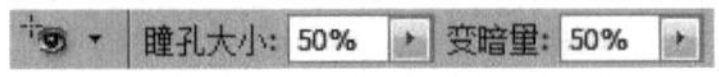

图 4-25　红眼工具的选项栏

选项栏中部分选项的含义如下（前面介绍过的选项这里不再介绍）。

- 瞳孔大小：增大或减小受红眼工具影响的区域，取值范围是 1%～100%。
- 变暗量：设置校正的暗度，取值范围是 1%～100%。

2）在照片中，红眼的眼睛上单击鼠标即可修复图像，可以调整选项参数或多次单击鼠标以达到最佳效果。

4.1.6　减淡工具和加深工具

减淡工具“”和加深工具“”，用于调整图像的亮调和暗调。用减淡或加深工具在某个区域的上方绘制的次数越多，该区域就会变得越亮或越暗。具体操作如下：

1）在工具箱中选择减淡或加深工具，其选项栏如图 4-26 所示（减淡和加深的选项栏选项一样）。

图 4-26　减淡或加深工具的选项栏

选项栏中各选项的含义如下。

- 范围：用于设置要修改的区域，有“中间调”、“阴影”和“高光”3 个选项。
- 曝光度：用于设置图像的曝光强度，取值范围是 1%～100%。
- 保护色调：勾选此复选框，在使用减淡或加深工具处理图像时，将对图像中存在的颜色进行保护，以防止色调发生偏移。

2）在要变亮或变暗的图像上，单击或拖动鼠标来实现减淡或加深的修饰效果。

4.1.7　海绵工具

海绵工具“海绵工具”一般用于精确地更改区域的色彩饱和度。当图像处于灰度模式时，该工具通过使灰阶远离或靠近中间灰色来增加或降低对比度。具体操作如下：

1）在工具箱中选择海绵工具，其选项栏如图 4-27 所示。

图 4-27　海绵工具的选项栏

选项栏中部分选项的含义如下。

- 模式：用于设置更改颜色的方式，有“降低饱和度”和“饱和”两个选项。
- 自然饱和度：勾选此复选框，在使用海绵工具进行修复时，会基于原图像中的颜色饱和度选择性地进行调整，从而形成更为优质的饱和度效果。

2）在图像上单击或拖动鼠标来实现修饰效果。

4.1.8　模糊工具

模糊工具“”通过降低像素之间的反差来柔化硬边缘或减少图像中的细节。具体操作如下：

1）在工具箱中选择模糊工具，其选项栏如图 4-28 所示。

图 4-28　模糊工具的选项栏

选项栏中各选项的含义如下（与前面功能相同的选项这里不再重复）。

- 模式：用于设置模糊的模式。
- 强度：用于设置模糊工具的模糊强度，取值范围是 1%～100%。数值越大，模糊效果越明显；数值越小，模糊效果越不明显。
- 对所有图层取样：勾选此复选框后，则在应用模糊工具时会针对所有可见图层取样。

2）在图像上单击或拖动鼠标来实现修饰效果。图 4-29 所示的是使用模糊工具前后的效果。

a）　　　　b）

图 4-29　模糊工具修饰图像效果对比
a）使用前　b）使用后

4.1.9　锐化工具

锐化工具“”与模糊工具达到的修饰效果正好相反，通过增加像素之间的反差，可以增加边缘的对比度，以达到清晰边线的效果。具体操作如下：

1）在工具箱中选择锐化工具，其选项栏如图 4-30 所示。

图 4-30　锐化工具的选项栏

锐化工具选项栏中的大多选项与模糊工具选项栏基本一致，但多出“保护细节”复选框，勾选后，可以增强细节并使因像素化而产生的不自然感最小化。若要得到夸张的锐化效果，不能勾选此复选框。

2）在图像上单击或拖动鼠标来实现修饰效果。图 4-31 所示的是使用锐化工具前后的效果。

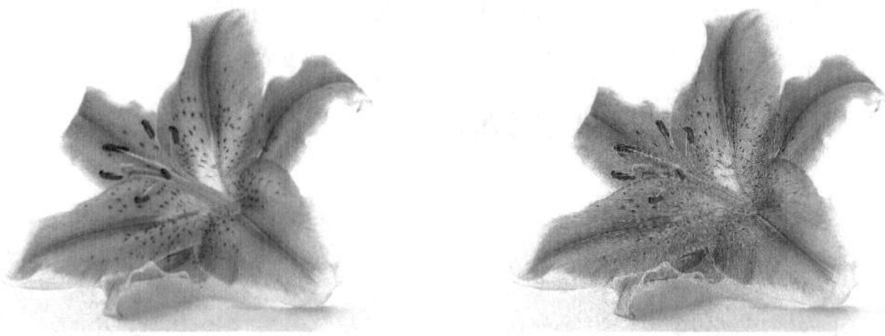

a）　　b）

图 4-31　锐化工具修饰图像效果对比

a）使用前　b）使用后

提示

使用模糊工具，原本清晰的边缘被淡化，整体就感觉变模糊了。锐化工具会将模糊的部分变得“清晰”，这里的“清晰”是相对的，它并不能使拍摄模糊的照片变得清晰，也不能将锐化和模糊作为互补工具使用。

4.1.10　涂抹工具

涂抹工具“”是模拟将手指拖过湿油漆时所看到的效果，该工具可拾取描边开始位置的颜色，并沿拖动的方向展开这种颜色。具体操作如下：

1）在工具箱中选择涂抹工具，其选项栏如图 4-32 所示。

图 4-32　涂抹工具的选项栏

选项栏中部分选项的含义如下（与前面功能相同的选项这里不再重复）。

- 强度：用于设置涂抹强度，取值范围是 1%～100%。
- 手指绘画：勾选此复选框，涂抹时会产生前景色与起始点颜色混合的效果，不勾选，则使用起始点的颜色进行涂抹。

2）在图像上拖动鼠标来实现涂抹效果。图 4-33 所示的是使用涂抹工具（没有勾选“手指绘画”复选框）前后的效果。

a）　　b）

图 4-33　涂抹工具修饰图像效果对比

a）使用前　b）使用后

4.2　图章工具组

在 Photoshop 工具箱中，图章工具组提供了仿制图章工具和图案图章工具，如图 4-34 所示。此外，还提供了“仿制源”面板，设计者通过这些工具可以轻松地完成仿制工作。

图 4-34　图章工具组

4.2.1　仿制图章工具

仿制图章工具“”主要用于复制对象或修复图像中的缺陷，是将图像的一部分绘制到同一图像的另一部分或绘制到具有相同颜色模式的任何打开的文档的另一部分，也可以将一个图层的一部分绘制到另一个图层。具体操作如下：

1）打素材文件 D04-08.jpg，如图 4-35 所示。

图 4-35　素材文件 D04-08.jpg

2）在工具箱中选择仿制图章工具 仿制图章工具，其选项栏如图 4-36 所示。

图 4-36　仿制图章工具的选项栏

选项栏中部分选项的含义如下（与前面功能相同的选项这里不再重复）。

- ：切换“仿制源”面板。
- 对齐：勾选此复选框，在连续对像素进行取样时，即使释放鼠标，也不会丢失当前的取样点。否则，会在每次停止并重新开始绘制时，使用初始取样点中的样本像素。
- 样本：用于设置取样的图层，有“当前图层”、“当前和下方图层”和“所有图层”3 个选项。
- ：用于设置在仿制时忽略调整图层。此工具在“样本”选项不是“当前图层”时被激活。

3）将鼠标指向要复制部分的起始点，即图中左侧竹子的左下角，按住<Alt>键并单击鼠标左键进行取样。

4）在目标位置按住鼠标左键并拖动，实现图像复制或修饰，效果如图 4-37 所示。

图 4-37　仿制图章复制效果

练一练

打开素材文件 D04-10.jpg，如图 4-38 所示，利用仿制图章工具，修复图像宝贝左侧的污迹部分。

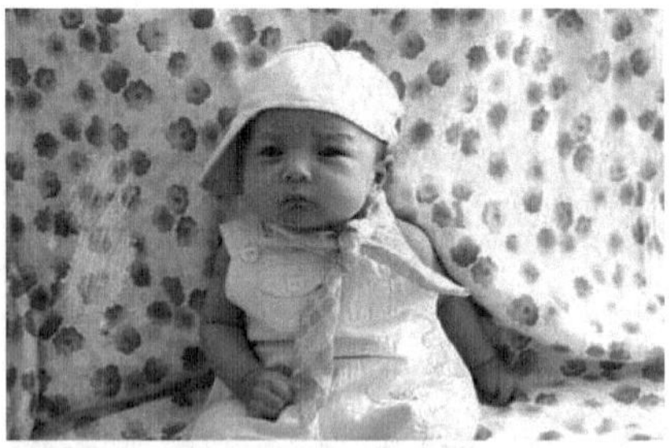

图 4-38　素材文件 C04-10.jpg

4.2.2　图案图章工具

在图章工具组中还提供了图案图章工具“”，使用图案图章工具可以将预设的图案复制到文档中。具体操作如下：

1）在工具箱中选择图案图章工具 图案图章工具，其选项栏如图 4-39 所示。

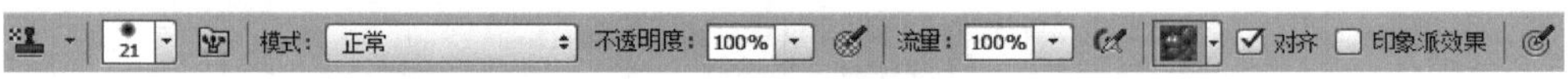

图 4-39　图案图章工具的选项栏

选项栏中部分选项的含义如下（与前面相同的选项这里不再重复）。

- 对齐：勾选此复选框后，能够保持图案与原始起点的连续性，即使松开鼠标后再继续绘画也不例外。否则，在每次停止并开始时重新启动图案。
- 印象派效果：勾选此复选框后，在复制图案时会产生具有印象派的效果。

2）在选项栏中选择相应的图案，在文档中拖动或单击鼠标均可复制图案到文档中。

4.2.3　“仿制源”面板

在“仿制源”面板中提供了可以复制、旋转和位移等多种图像编辑工具，“仿制源”面板还可以设置多个取样点。

在菜单栏中单击“窗口→仿制源”命令，可以打开“仿制源”面板，如图 4-40 所示。

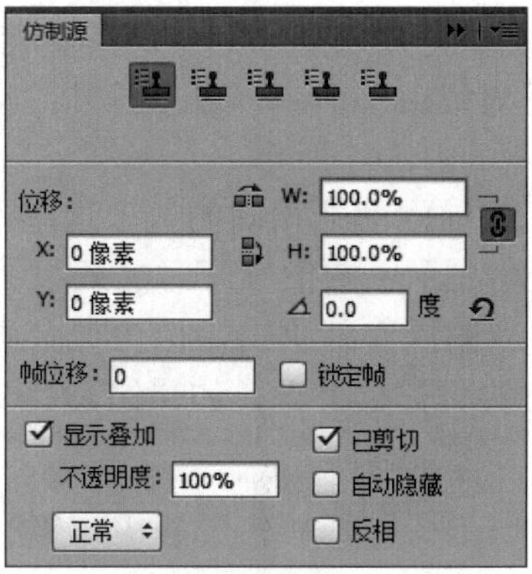

图 4-40　“仿制源”面板

面板中各选项的含义如下（与前面功能相同的选项这里不再重复）。

- 仿制源取样点：用来设置复制的取样点与仿制图章的使用方法相同，在面板中一共有 5 个取样点工具，所以最多可以设置 5 个取样点，使用时单击取样点即可。
- 位移：用于设置取样点和目标点在 X 轴和 Y 轴上的位移。
- 缩放：用于设置仿制后图像的缩放比例。
- 旋转和复位：“旋转”用于设置仿制后图像旋转的角度；单击“复位”按钮后可以清除旋转角度的设置。
- 帧位移和锁定帧：分别用于设置动画中帧的位移和被仿制的锁定。
- 显示叠加：勾选此复选框后，在仿制图像时会显示预览效果。
- 不透明度：用于设置仿制时取样图层的不透明度。
- 已剪切：勾选此复选框后，将叠加限制为画笔大小，不勾选将叠加整个源图像。
- 自动隐藏和反相：勾选“自动隐藏”复选框后，仿制时将叠加层隐藏。勾选“反相”复选框后，叠加层的效果为负片显示。

4.3　记录工具

在 Photoshop 中提供了记录工具用于记录操作步骤，通过这些工具可以恢复之前的操作步骤，可以最终恢复到文档本次打开的状态。这些工具有历史记录画笔工具、“历史记录”面板和历史艺术记录画笔工具。

4.3.1　历史记录画笔工具

历史记录画笔工具“”主要用于恢复图像的操作，可以恢复到图像打开时的状态，历史记录画笔就像橡皮擦工具一样，只不过它擦掉的是打开图像后的编辑操作。操作步骤如下：

1）在工具箱中选择历史记录画笔工具，其选项栏与画笔工具一样，使用方法也一样。

2）调整画笔直径及形状后，在图像上按住鼠标左键并拖动，即可恢复打开图像后的操作。

4.3.2　“历史记录”面板

在 Photoshop 的“历史记录”面板中记录了打开文件后的所有操作步骤（内存允许的情

况下），通过“历史记录”面板可以直接恢复到某一操作步骤。

在菜单栏中单击“窗口→历史记录”命令，可以打开“历史记录”面板，在面板中显示本次打开图像以来的所有操作，如图 4-41 所示。

面板中各选项的含义如下（与前面功能相同的选项这里不再重复）。

- 打开图像时的效果：缩略显示了图像打开时的效果。
- 历史记录画笔源：在相应的操作处单击，历史记录画笔源图框将出现在该操作前，表示该步骤为以下所有步骤的新的历史记录源，如果结合历史记录画笔工具，则可以将图像的操作恢复到当前历史记录源的位置。
- 当前操作记录：表示当前所在的操作步骤，单击或拖动可以直接恢复到某一操作步骤位置。

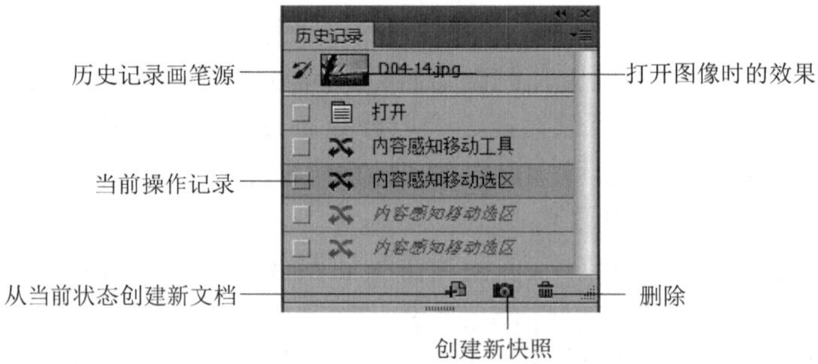

图 4-41 “历史记录”面板

- 从当前状态创建新文档：单击可以创建当前状态图像的新文档。
- 创建快照：单击可以为当前图像效果创建一个快照并保存在面板中。
- 删除：删除选定的操作步骤。

4.3.3 历史记录艺术画笔工具

历史记录艺术画笔工具的使用方法与历史记录画笔工具一样，只不过它不是恢复图像的某一操作步骤，而是根据历史记录状态转换为手绘图的效果。

4.4 图像擦除工具组

在 Photoshop 工具箱的图像擦除工具组中有橡皮擦工具、背景橡皮擦工具和魔术橡皮擦工具 3 种，如图 4-42 所示。在英文输入状态下，可按<E>键切换到图像擦除工具组，按<Shift+E>快捷键可以切换工具组中的不同工具。

图 4-42 图像擦除工具组

4.4.1 橡皮擦工具

橡皮擦工具“”主要用于擦除图像中的像素或图案，擦除后将以背景色填充被擦除区域。使用方法如下：

1）在工具箱中选择橡皮擦工具 橡皮擦工具，其选项栏如图 4-43 所示。

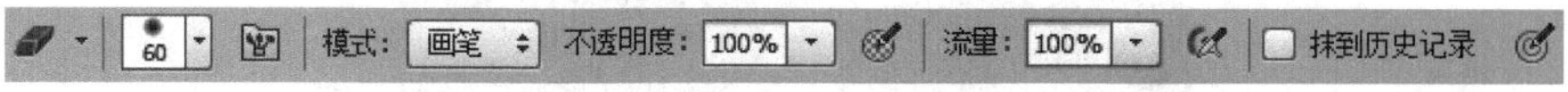

图 4-43 橡皮擦工具的选项栏

选项栏中部分选项的含义如下（与前面功能相同的选项这里不再重复）。

- 模式：用于选择擦除的模式，有“画笔”、“铅笔”和“块”3 个选项。“画笔”和“铅笔”模式可将橡皮擦设置为像画笔工具和铅笔工具一样地工作。“块”是指具有硬边缘和固定大小的方形，并且不使用“不透明度”、“流量”和“抹到历史记录”。图 4-44 所示的从左到右依次是“画笔”“铅笔”和“块”的擦除效果。

图 4-44 3 种模式的擦除效果

- 不透明度：在“画笔”和“铅笔”模式下可用。用于设置橡皮擦的不透明度，取值范围是 0～100%，当数值为 100%时将完全擦除，低于 100%时则部分擦除。
- 流量：在“画笔”模式下可用。用于设置擦除时橡皮擦的擦除频率，取值范围是 0～100%，数值越大，频率越高，擦除效果越好。
- 抹到历史记录：在“画笔”和“铅笔”模式下可用。在“历史记录”面板中选择“历史记录画笔源”，可将擦除部位恢复到当前历史记录源的位置。

2）设置完成后，单击鼠标左键并在图像中拖动，则可擦除相应的图像。

4.4.2 背景橡皮擦工具

背景橡皮擦工具“ ”用于擦除图像中指定的像素，擦除过的地方将变为透明，背景层的内容也可以擦除。具体操作如下：

1）在工具箱中选择背景橡皮擦工具 背景橡皮擦工具，其选项栏如图 4-45 所示。

图 4-45 背景橡皮擦的选项栏

选项栏中部分选项的含义如下（与前面功能相同的选项这里不再重复）。

- 取样 ：用于设置擦除图像颜色的方式，从左到右依次是“连续”、“一次”和“背景色板”。“连续”随着拖动连续采取色样，将鼠标经过的像素作为取样像素并对其进行擦除；“一次”只擦除包含第一次单击的颜色区域，一般是在需要擦除的颜色上单击鼠标并拖动，这样与单击位置颜色一样或相近的颜色会被擦除，注意在擦除结束时不要松开鼠标，否则会重新取样；“背景色板”只擦除包含当前背景色的区域。
- 限制：选择擦除时的限制条件，有“不连续”、“连续”和“查找边缘”3 个选项。“不连续”表示对鼠标经过的所有颜色取样并擦除；“连续”表示擦除与擦除区域相连接的颜色；“查找边缘”表示擦除的同时能更好地保留形状边缘的锐化程度。
- 保护前景色：勾选此复选框后，图像中与前景色颜色相同的不会被擦除。

2）设置完成后，单击鼠标左键并在图像上拖动，即可擦除相应的部分，效果如图 4-46 所示。

图 4-46 “背景橡皮擦”擦除图像后的效果

4.4.3 魔术橡皮擦工具

魔术橡皮擦工具“ ”可以擦除某一指定的颜色并使图层透明。在图层中单击鼠标时，可以将所有相似的像素变为透明。如果在背景中单击鼠标，则可以将背景转换为图层并将所有相似的像素更改为透明。

4.5 实训任务

通过本章的学习，可以对 Photoshop 中的图像修饰工具有一定的认识和了解，掌握了修饰工具的基本操作方法与技巧。现在将使用这些修饰工具来完成两个实训任务，即“写真皮肤处理”和“制作火焰龙珠”。

4.5.1 实训任务一：写真皮肤处理

1. 任务分析

本任务是对照片进行处理，以实现写真皮肤效果，图 4-47 所示的是皮肤处理前后的效果对比。通过修复照片来掌握 Photoshop 中修饰工具的操作方法和技巧。

图 4-47 皮肤处理前后的效果对比

本任务的知识点：污点修复工具、仿制图章工具、涂抹工具和滤镜等。其中，污点修复工具去斑，仿制图章工具修复黑眼圈，滤镜磨皮，涂抹工具调整外形。

2. 任务实施

1）打开需要修改的照片文件 sx-04-01.jpg，如图 4-48 所示。

2）选择放大镜工具，在脸部中间位置单击鼠标，将画面放大到能够观察人物脸部的细节，可以观察到脸部有几处斑点，如图 4-49 所示。

图 4-48 打开图片

图 4-49 放大画面仔细观察

3）选择工具箱中的污点修复工具，在选项栏中设置画笔“直径”为 19px，“硬度”为 0，“间距”为 25%，具体如图 4-50 所示。

4）用污点修复工具在人物的面部单击，将面部的痘痘以及黑痣逐个细致地消掉，效果如图 4-51 所示。

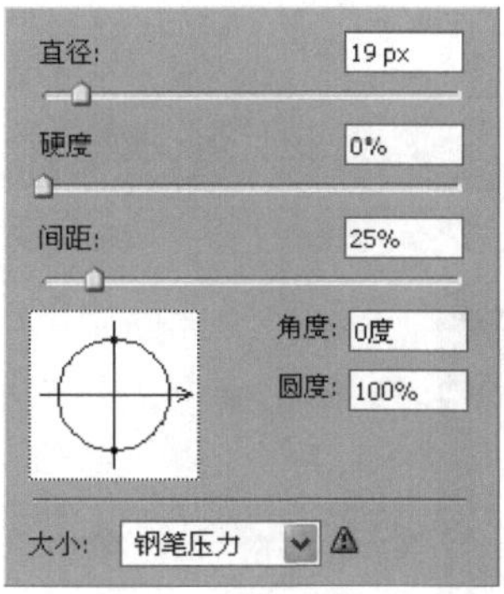

图 4-50 具体设置

图 4-51 修复后的效果

5）在工具箱中选择仿制图章工具，调节仿制图章笔尖属性，设置笔尖大小为 50，柔角笔尖，“不透明度”为 30%，具体如图 4-52 所示。

图 4-52 设置仿制图章工具

6）用鼠标指向图 4-53 中的 1 号位置，按<Alt>键的同时单击鼠标左键进行取样，然后将鼠标指向图中的 2 号位置，单击鼠标左键进行修复，效果如图 4-54 所示。

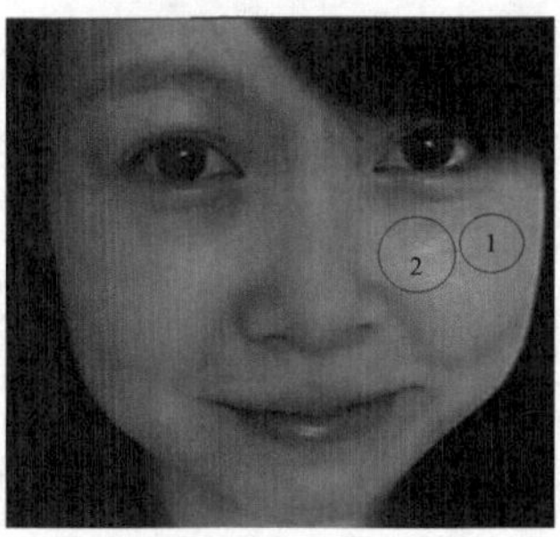

图 4-53 在 1 号位置取样 2 号位置修复

图 4-54 去除油光后的效果

7）利用仿制图章工具，在图 4-55 中的 3 号位置取样，在 4 号位置修复。将人物黑眼圈颜色变淡，效果如图 4-56 所示。修复过程中，根据画面修复的需要，可以调整画笔直径或反复单击，以达到较好的修复效果。

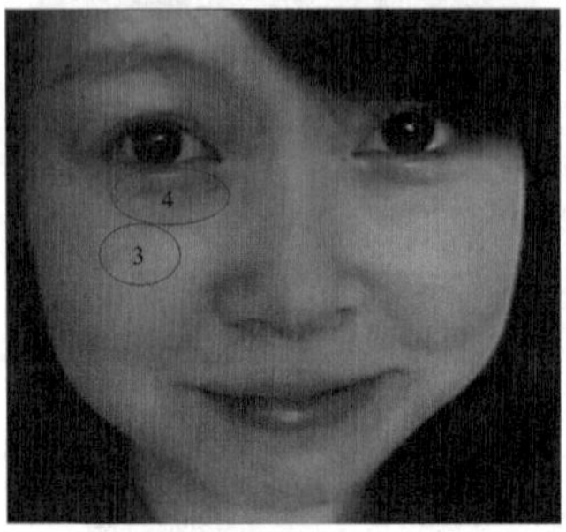

图 4-55　在 3 号位置取样 4 号位置修复

图 4-56　黑眼圈修整后的效果

8）在工具箱中选择涂抹工具，在选项栏中设置直径为 80，“硬度”为 0 的圆形柔角笔尖，“强度”为 100%，如图 4-57 所示。然后，在人物脸部的边缘进行涂抹，以调整人物脸形，使脸形边缘自然、圆润，效果如图 4-58 所示。

图 4-57　涂抹工具选项设置

图 4-58　修改脸形后的效果

9）选择仿制图章工具，通过前面取样修复的方法，将画面中头发的边缘以及墙面上的杂物去掉。取样位置越靠近要修复的区域，修复效果越好，如果单击一次效果不明显，则可反复单击进行修复，修复后的效果如图 4-59 所示。

10）在工具箱中选择涂抹工具，再次调节人物外形，效果如图 4-60 所示。

图 4-59　修整部分细节

图 4-60　再次修整人物外形

11）在菜单栏中单击“滤镜→模糊→表面模糊”命令，设置“半径”为 3 像素，“阈值”为 11，具体设置如图 4-61 所示。单击“确定”按钮应用滤镜，效果如图 4-62 所示。

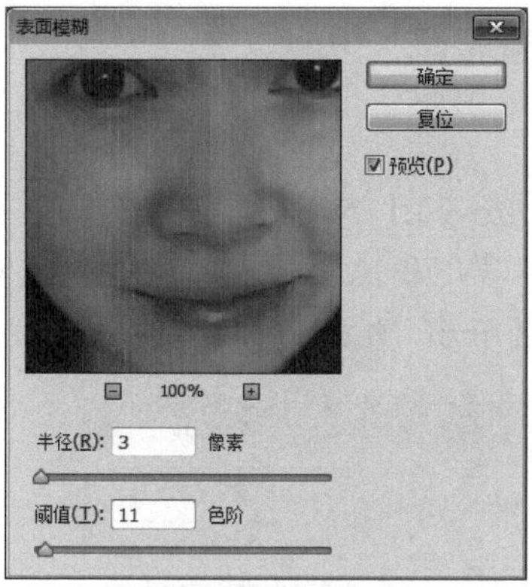

图 4-61 具体设置

图 4-62 表面模糊完成效果

12）在菜单栏中单击“窗口→通道”命令，打开“通道”面板，按住<Ctrl>键的同时单击 RGB 通道图层，载入 RGB 通道选区，如图 4-63 所示。

13）在菜单栏单击“窗口→图层”命令，打开“图层”面板，单击新建图层按钮，新建“图层 1”并设置“图层 1”的混合模式为“柔光”，“图层”面板设置如图 4-64 所示。

图 4-63 拾取 RGB 通道选区

图 4-64 “图层”面板的具体设置

14）在菜单栏中单击“编辑→填充”命令，用背景色（白色）填充“图层 1”的选区。执行<Ctrl+D>快捷键，取消选区，完成照片的修复。

4.5.2 实训任务二：制作火焰龙珠

1. 任务分析

本任务是利用 Photoshop 来制作火焰效果，完成后的效果如图 4-65 所示。火焰在画面中可以生产热烈、神秘、幻想的效果，经常用于各种影视、游戏和海报的宣传中。通过本任务的完成，可以更好地掌握涂抹和橡皮擦等工具的使用技巧。

图 4-65 火焰龙珠效果

本任务的知识点：橡皮擦工具、涂抹工具、图像置入和滤镜等。

2．任务实施

1）在菜单栏中单击“文件→新建”命令（或按<Ctrl+N>快捷键），新建一个名为“火焰龙珠”的文档，大小为1024×768像素，“分辨率”为72像素/英寸，“颜色模式”为RGB颜色 8位，“背景内容”为“白色”，具体设置如图4-66所示。

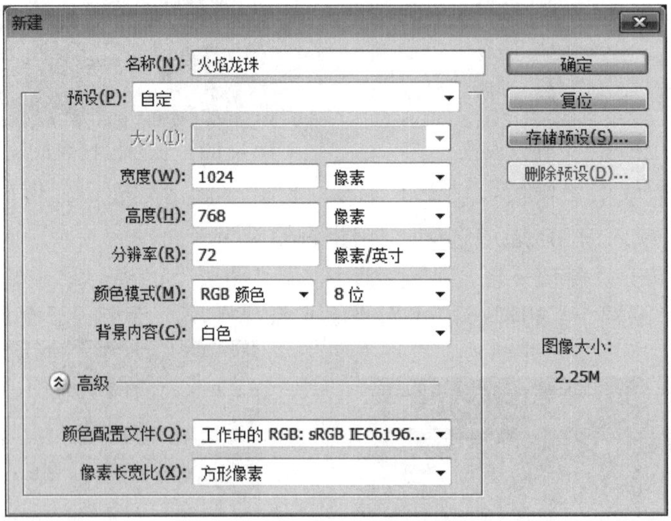

图4-66 “火焰龙珠”文档设置

2）在工具箱中选择椭圆选框工具，按住<Shift>键的同时拖动鼠标，在文档中绘制正圆形选区。

3）设置前景色为黑色（RGB：0，0，0），在“图层”面板中新建“图层1”，按<Alt+Delete>快捷键，用前景色（黑色）填充“图层1”的圆形选区，完成效果如图4-67所示。

4）新建“图层2”，利用椭圆选框工具在黑色圆形上绘制椭圆形选区，如图4-68所示。按<Ctrl+Delete>快捷键，用背景色（白色）填充椭圆形选区。按<Ctrl+D>快捷键，取消选区，如图4-69所示。

图4-67 填充黑色

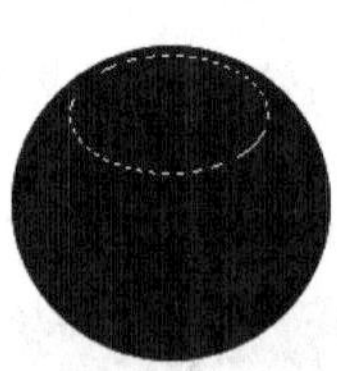
图4-68 绘制椭圆形选区

图4-69 填充白色

5）选择橡皮擦工具，在选项栏中选择200像素的“柔角”笔尖，具体设置如图4-70所示。在白色椭圆形的下半部擦抹和单击鼠标，擦出“半月形”的效果，如图4-71所示。

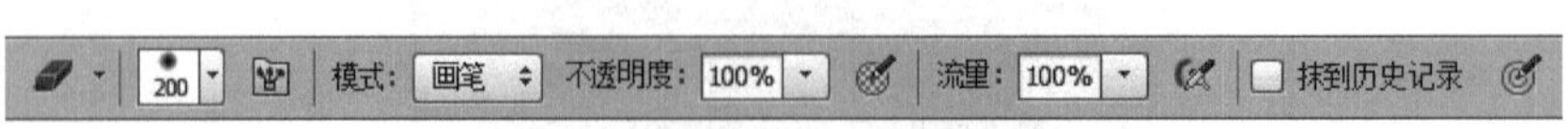

图4-70 设置橡皮擦属性

6）新建“图层 3”，再次利用椭圆选框工具绘制圆形选区，如图 4-72 所示。按<Ctrl+Delete>快捷键，用前景色（白色）填充圆形选区，如图 4-73 所示。

图 4-71　“半月形”效果

图 4-72　绘制圆形选区

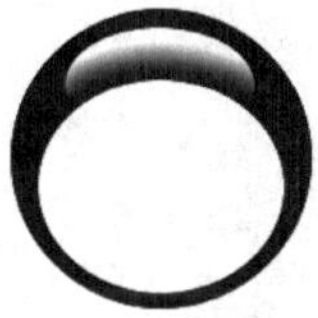
图 4-73　填充白色

7）在工具箱中选择橡皮擦工具，选项栏中选项的设置与第 5 步相同。擦掉白色圆形的上半部分，以形成半月形，如图 4-74 所示。

8）在菜单栏中单击“图层→向下合并”命令，将“图层 3”与“图层 2”合并，合并后在“图层”面板中设置“图层 2”的“不透明度”为 35%，效果如图 4-75 所示。

9）在菜单栏中单击“文件→置入”命令，打开“置入”对话框，将素材文件 sx-04-02.jpg 中的龙图腾置入到文档中，将龙图腾拖动到图像中心位置，按住<Alt+Shift>快捷键的同时拖动置入图形的四角，缩小龙图腾图案到适合的大小，效果如图 4-76 所示，按<Enter>键确认修改。

图 4-74　擦掉圆形的上半部分

图 4-75　降低不透明度后的效果

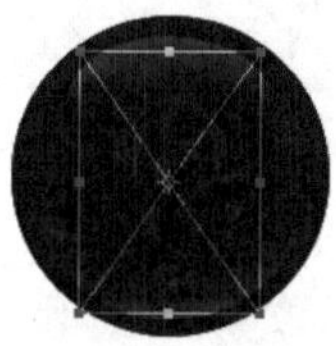
图 4-76　缩放龙图腾到龙珠中

10）在“图层”面板中选择背景图层，为其填充背景色（黑色）。

11）在“图层”面板中，按住<Ctrl>键的同时单击“图层 1”，载入“图层 1”的选区，如图 4-77 所示。

图 4-77　取选区后的画面效果

12）在背景图层上新建“图层 3”，按<Ctrl+Delete>快捷键，用前景色（白色）填充选区，这一步在画面中是没有效果的，需要注意图层里的结构变化，白色填充的“图层 3”在背景图层与“图层 1”之间，如图 4-78 所示。

13）在菜单栏上单击“图像→图像旋转→顺时针 90 度”命令，效果如图 4-79 所示。

图 4-78　图层 3 的位置

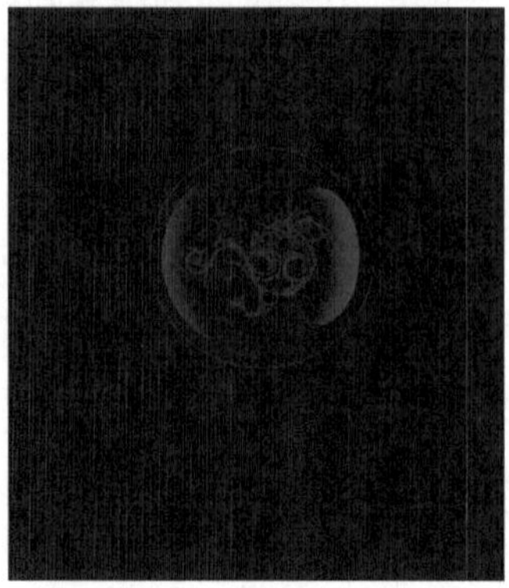

图 4-79　顺时针旋转 90 度

14）在菜单栏上单击“滤镜→风格化→风”命令，打开“风”对话框，选中“风”和“从左”单选按钮，如图 4-80 所示，单击“确定”按钮。

15）再重复使用两次风滤镜，效果如图 4-81 所示。

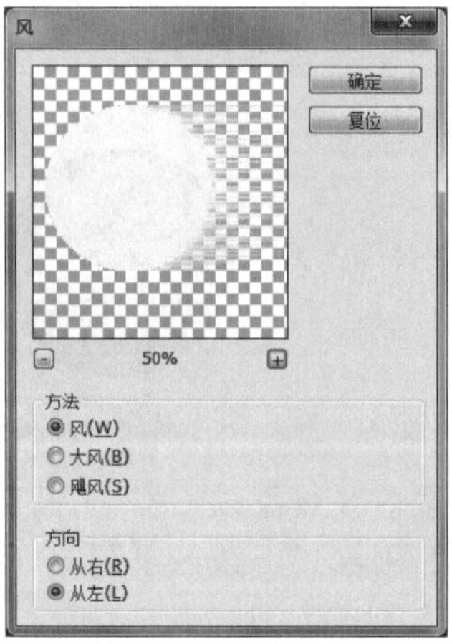

图 4-80　风滤镜的设置

图 4-81　3 次风滤镜效果

16）在菜单栏中单击“滤镜→模糊→高斯模糊”命令，打开“高斯模糊”对话框，设置“半径”为 3 像素，如图 4-82 所示，单击“确定”按钮退出对话框，效果如图 4-83 所示。

图 4-82　“高斯模糊”对话框

图 4-83　高斯模糊后的效果

17）在菜单栏中单击“图像→图像旋转→逆时针 90 度”命令，效果如图 4-84 所示。

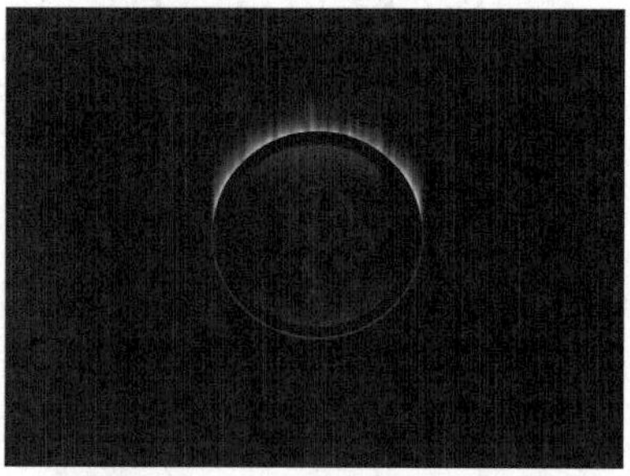

图 4-84　逆时针旋转 90 度

18）在“图层”面板中选择最顶端的“龙图腾素材”图层，再单击“图层”面板下方的“调整图层选项”按钮，选择“色彩平衡”，设置“色调”为“高光”，其他设置如图 4-85 所示，效果如图 4-86 所示。

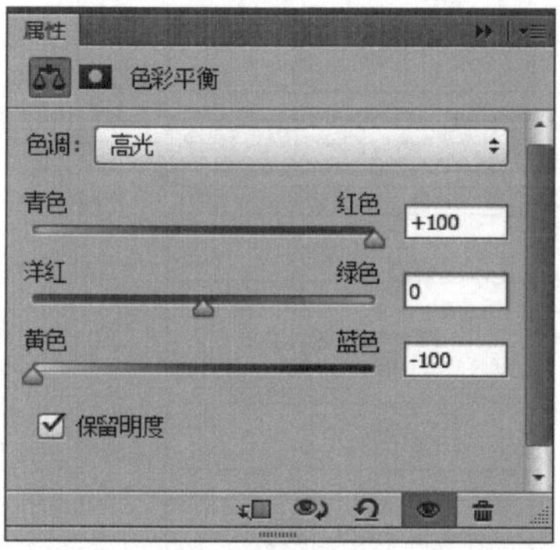

图 4-85　“色彩平衡”设置

图 4-86　色彩平衡完成效果

19）在工具箱中选择涂抹工具，在选项栏中选择圆形、柔角、45 像素的笔刷，“强度”为 50%，取消勾选“对所有图层取样”复选框，如图 4-87 所示。

图 4-87　涂抹工具选项栏设置

20）在“图层”面板中单击“图层 3”，在火焰尖端部分进行涂抹，涂抹时应注意火焰形态的掌握，涂抹出火焰的效果，如图 4-88 所示。

图 4-88　涂抹后的画面效果

21）在菜单栏中单击“文件→置入”命令，打开“置入”对话框，将素材文件 sx-04-02.jpg 置入文档中，并调整位置和大小，即可得到最终的效果图像。

本章小结

- 修饰图像
  - 图像修饰工具
    - 污点修复画笔工具
    - 修复画笔工具
    - 修补工具
    - 内容感知移动工具
    - 红眼工具
    - 减淡工具和加深工具
    - 海绵工具
    - 模糊工具
    - 锐化工具
    - 涂抹工具
  - 图章工具组
    - 仿制图章工具
    - 图案图章工具
    - “仿制源”面板
  - 记录工具
    - 历史记录画笔工具
    - “历史记录”面板
    - 历史记录艺术画笔工具
  - 图像擦除工具组
    - 橡皮擦工具
    - 背景橡皮擦工具
    - 魔术橡皮擦工具
  - 实训任务
    - 写真皮肤处理
    - 制作火焰龙珠

本章主要快捷键：

序　号	操作命令	快捷键	序　号	操作命令	快捷键
1	擦除工具切换	<Shift+E>	3	图章工具组切换	<Shift+S>
2	减淡工具切换	<Shift+O>	4	记录工具切换	<Shift+Y>

单 元 评 估

一、填空题

1．修补工具选项栏中如果选中“源”单选按钮，则创建的区域是____________；如果选中“目标”单选按钮，则是以____________作为样本来修补其他位置的像素。

2．红眼工具一般用于快速修复________拍摄的人像或动物照片中的_______，也可以修复用________拍摄的动物照片中的________或________反光部分。

3．海绵工具一般用于精确地更改区域的____________。

4．使用模糊工具时，若在选项栏中勾选________复选框，则在应用模糊工具时会针对所有可见图层取样。

5．历史记录画笔工具主要用于恢复图像的操作，可以恢复到___________的状态。

6．橡皮擦工具主要用于擦除图像中的像素或图案，擦除后将以__________填充被擦除区域。

7．背景橡皮擦工具用于擦除图像中指定的像素，擦除过的地方将变为_______，背景层内容也可以擦除。

二、基本操作练习

1．掌握污点修复画笔工具、修复画笔工具和修补工具的操作，能够根据要修复的内容选择合适的修复工具。

2．掌握内容感知移动工具的基本操作。

3．掌握减淡工具、加深工具和海绵工具的基本操作。

4．掌握仿制图章工具和图案图章工具的基本操作。

5．掌握橡皮擦工具、背影橡皮擦工具和魔术橡皮擦工具的基本操作，能够根据要擦除的内容熟练地选择擦除工具。

三、能力拓展

1．分组交流，讨论各种修饰工具的使用经验，并总结各种修饰工具的使用技巧。

2．收集自己或朋友和家人的旧照片，或拍照效果不太好的照片，利用本章所学的修饰工具修复照片。

3．修复图像。去掉素材文件 4-11.jpg 中的五只羊后面的杆子（如图 4-89 所示），修复素材文件 4-12.jpg 中的水面垃圾（如图 4-90 所示）。

图 4-89　素材文件 4-11.jpg

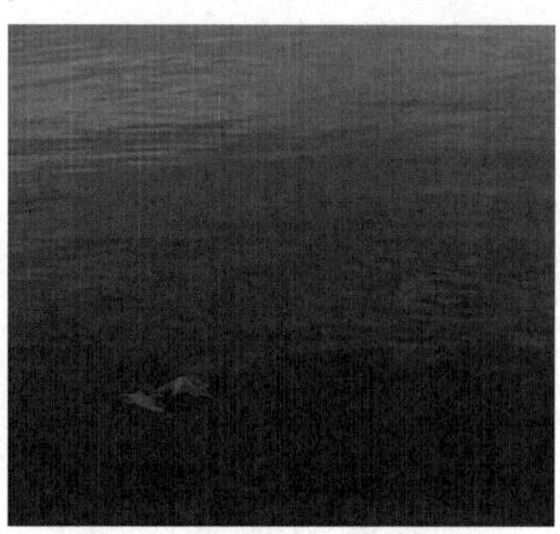

图 4-90　素材文件 4-12.jpg

4．项目实训

项目名称：制作艺术照效果图像。

项目准备：掌握图章工具组的基本操作和使用技巧，收集并整理素材备用。

内容与要求：制作两个艺术照，必须应用仿制图章工具。

1）利用给定素材 D04-09.jpg，在仿制图章工具选项栏中，设置“不透明度”为 50%，使用柔角画笔，复制部分图像，实现如图 4-91 所示的艺术照效果。

2）自己收集素材制作艺术照。

图 4-91　艺术照效果

第 5 章　图像色彩与色调的调整

本章导读：

在图像处理的过程中，经常需要调整图像的色彩与色调，在 Photoshop 中提供了强大的图像色彩与色调调整工具。本章将主要学习 Photoshop 中常用的色调、色彩处理和调整工具，并能利用这些工具完成本章的实训任务。

知识目标：

1）了解“颜色”面板和“色板”面板。

2）了解图像的“色彩”与“色调”。

能力目标：

1）掌握“颜色”面板和“色板”面板的使用方法和技巧。

2）掌握图像“色彩”与“色调”的调整方法和技巧。

3）能够运用本章所学知识完成实训任务。

5.1　认识“颜色”面板和“色板”面板

Photoshop 中提供的“颜色”面板和“色板”面板主要用于设置颜色，通过这两个面板可以设置自己所需的颜色。

5.1.1　“颜色”面板

“颜色”面板可以显示当前文档的前景色和背景色，也可以编辑和调整前景色或背景色。在菜单栏中单击“窗口→颜色”命令（或按<F6>快捷键），可以打开“颜色”面板，如图5-1所示。

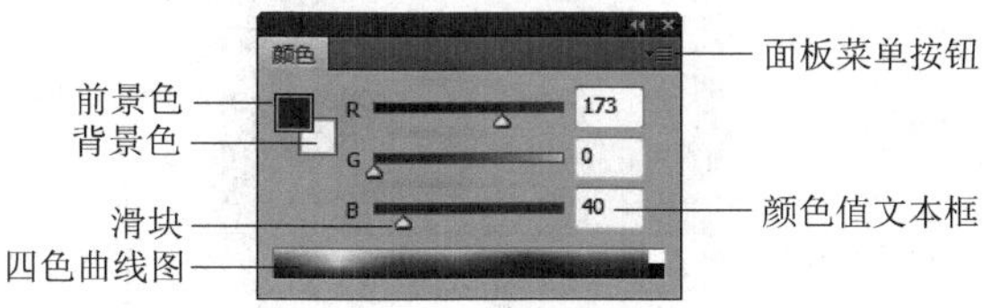

图 5-1　“颜色”面板

面板中部分选项的含义如下（前面介绍过的选项这里不再介绍）。

● 前景色/背景色：显示当前文档的前（背）景颜色，单击相应的色块可以激活前（背）景色（处于激活状态的色块会有黑色边框，如图 5-1 中前景色处于激活状态）。激活后，在“颜色”面板中可以拖动滑块以设置前（背）景色，也可以在四色曲线图中设置前（背）景色。双击或单击当前色块可以打开“拾色器”对话框，设置前（背）景色。

- 滑块：拖动滑块可以直接设置前（背）景色。
- 四色曲线图：在相应的颜色位置单击可以设置前（背）景色。
- 颜色值文本框：用于显示当前前（背）景色的原色数值。如果图 5-1 中所示的是 RGB 色谱对应的 R、G、B 3 种原色对应的数值，那么更改文本框中的数值也可以设置前（背）景色。
- 面板菜单按钮：单击可以打开“颜色”面板的菜单，如图 5-2 所示。在菜单中可以选择不同的颜色模式，不同的颜色模式对应不同的“颜色”面板。

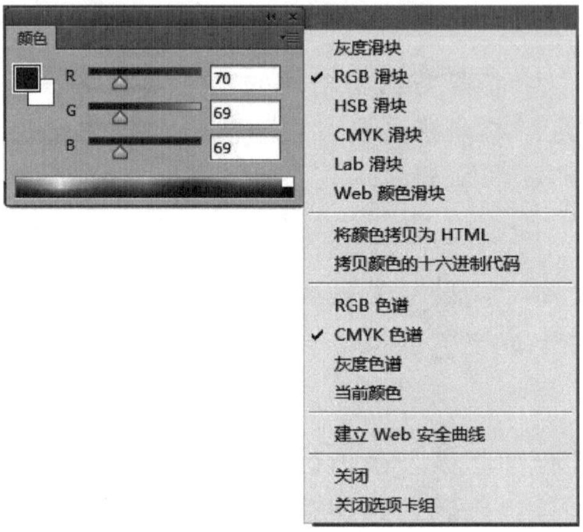

图 5-2 “颜色”面板菜单

提示

在“颜色”面板四色曲线图中，按下<Ctrl>键并单击可以快速设置前景色；按下<Alt>键并单击可以快速设置背景色；按<Shift>键并单击可以快速更改四色曲线图的色谱。

5.1.2 “色板”面板

“色板”面板可以存储经常使用的颜色，可以在面板中添加或删除颜色，还能为不同的项目显示不同的颜色库。在菜单栏中单击“窗口→色板”命令，可以打开“色板”面板，如图5-3所示。

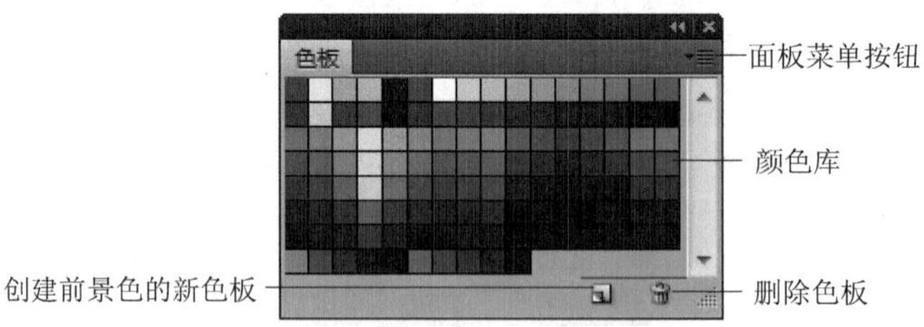

图 5-3 “色板”面板

面板中部分选项的含义如下（前面介绍过的选项这里不再重复）。

- 颜色库：在相应的颜色上单击可以直接设置前景色。
- 创建前景色的新色板：单击该按钮可以用前景色创建新色板。将鼠标移到面板底行的空白处，当鼠标指针变成油漆桶工具后单击，可以创建前景色色板并打开“色板名称”对话框，输入新颜色的名称后单击“确定”按钮即可。
- 删除色板：将色板中的某种颜色拖到此按钮上即可将这种颜色删除。按住<Alt>键的同时将鼠标指向某种颜色，当鼠标指针变成剪刀状时单击也可删除。

- 面板菜单按钮：单击可以打开面板菜单，在菜单中可以选择其他的颜色库。

5.1.3　使用吸管工具选取颜色

工具箱中的吸管工具可以直接在当前文档中选择相应的颜色作为前景或背景色，具体操作步骤如下：

1）在工具箱中选择吸管工具，选项栏中的“取样大小”有“取样点”和“3×3 平均”两个选项。“取样点”是读取单击像素的精确值；“3×3 平均”是读取单击区域内指定数量像素的平均值。

2）用吸管工具设置前景色，执行以下操作之一：

- 在图像上单击即可选取单击处的颜色为前景色。
- 按下鼠标左键并在窗口中拖动，前景色选择框会随着拖动不断变化，松开鼠标即可拾取新颜色为前景色。

3）用吸管工具设置背景色，执行以下操作之一：

- 按住<Alt>键，在图像上单击即可选取单击处的颜色为背景色。
- 按住<Alt>键，按下鼠标左键并在屏幕上拖动，背景色选择框会随着拖动不断变化，松开鼠标即可拾取新颜色为背景色。

5.2　图像色彩、色调的快速调整

在 Photoshop 中有很多可以快速调整色彩、色调的命令及工具，可以实现对图像色彩和色调的快速调整。

5.2.1　自动色调

自动色调主要用于调整图像的明暗度，是通过定义每个通道中最亮和最暗的像素作为白和黑，并按比例重新分配像素值来调整图像，具体操作如下：

1）打开要调整的图像。

2）在菜单栏中单击“图像→自动色调”命令（或按<Shift+Ctrl+L>快捷键），即可执行“自动色调”命令来调整图像。图 5-4 和图 5-5 所示的分别是原始图像和使用“自动色调”调整后的图像。

5.2.2　自动颜色

自动颜色是通过搜索图像来标识阴影、中间调和高光，从而调整图像的对比度和颜色。在默认情况下，“自动颜色”使用 RGB128 灰色这一目标颜色来中和中间调，并将阴影和高光像素剪切 0.5%（更改默认选项需要在“自动颜色校正选项”对话框中进行设置），具体操作如下：

1）打开要调整的图像。

2）在菜单栏中单击“图像→自动颜色”命令（或按<Shift+Ctrl+B>快捷键），即可执行“自动颜色”命令调整图像，图 5-6 所示的是图 5-4 应用了“自动颜色”命令后的效果。

图 5-4　原始图像

图 5-5　应用自动色调

图 5-6　应用自动颜色

5.2.3　自动对比度

自动对比度是剪切图像中的阴影和高光值，然后将图像剩余部分的最亮和最暗像素映射到纯白和纯黑，从而使高光部分看上去更亮，阴影部分看上去更暗，以此来增加图像的对比度。打开图像后，在菜单栏中单击“图像→自动对比度”命令（或按<Alt+Shift+Ctrl+L>快捷键），即可执行“自动对比度”命令调整图像。

5.2.4　去色

使用 Photoshop 中的“去色”命令可以将图像中的色相和饱和度降到最低，将彩色图像转换为灰度图像，但图像的颜色模式保持不变。打开图像后，在菜单栏中单击“图像→调整→去色”命令（或按<Shift+Ctrl+U>快捷键）即可。

提示

“去色”命令不能将图像的颜色模式改为灰度模式。如果处理是多图层图像，则“去色”命令仅转换所选的图层。

5.2.5　反相

Photoshop 中的“反相”命令可以反转图像或选区中的颜色。打开图像或创建选区后，在菜单栏中单击“图像→调整→反相”命令（或按<Ctrl+I>快捷键）即可。

5.2.6　变化

Photoshop 中的“变化”命令用于调整图像的色彩平衡、对比度和饱和度，此命令对于不需要精确颜色调整的平均色调图像最为有用。注意，此命令不适用于索引颜色图像或 16 位/通道的图像。在菜单栏中单击“图像→调整→变化”命令，即可打开“变化”对话框，如图 5-7 所示。

对话框中部分选项的含义如下（前面介绍过的选项这里不再重复）。

- 阴影/中间调/高光：调整较暗区域、中间区域或较亮区域。

图 5-7 “变化”对话框

- 饱和度：调整图像中的饱和度，如果超出了最大的颜色饱和度，则颜色可能被剪切。
- 精细/粗糙：用来控制每次调整的幅度，滑块移动一格可使调整量双倍增加。
- 显示修剪：勾选此复选框，当图像颜色超出范围时，图像将以反色显示。
- 取消/复位：对话框中的“取消”按钮在按下<Alt>键时会变为“复位”按钮，松开<Alt>键会变回“取消”按钮。“取消”按钮用于关闭对话框且不执行本次调整操作；“复位”按钮用于恢复所做的调整操作，复位图像到本次调整之前的状态。

5.2.7 黑白

Photoshop 中的“黑白”命令可以将彩色图像转为黑白效果图像或不同单色的效果图像，具体操作如下：

1）打开要调整的图像，在菜单栏中单击“图像→调整→黑白”命令（或按<Alt+Shift+Ctrl+B>快捷键），打开“黑白”对话框，如图 5-8 所示。

对话框中部分选项的含义如下（前面介绍过的选项这里不再重复）。

- 预设：在下拉列表框中可以选择预先设定好的模式。
- 自动：根据图像的颜色值设置灰度混合，并使灰度值的分布最大化。
- 颜色调整：对话框中包括红色、黄色、绿色、青色、蓝色和洋红 6 种颜色的调整，调整时只需拖动每种颜色的滑块或输入具体的数值即可调整该颜色。
- 色调：勾选此复选框后，才可使用下面的“色相”和“饱和度”来调整、制作单色效果。

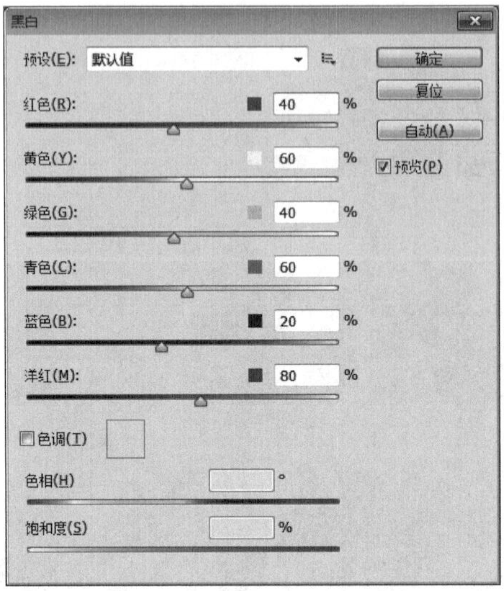

图 5-8 “黑白”对话框

2）单击“自动”按钮，然后单击“确定”按钮退出对话框。图 5-10 所示的是图 5-9 中的原始图像应用了“黑白”对话框中的“自动”后的效果。

图 5-9　原始图像

图 5-10　应用“黑白”命令调整后的效果

5.3　图像色彩、色调的其他调整

除了上一节中的图像色彩、色调调整工具以外，Photoshop 还提供了一些功能更细致、更具体的调整工具，下面将详细介绍这些工具的使用方法和技巧。

5.3.1　色阶

利用“色阶”命令可以调整图像的阴影、中间调和高光的强度级别，从而校正图像的色调范围和色彩平衡，具体操作如下：

1）打开要调整的图像，在菜单栏中单击“图像→调整→色阶”命令（或按<Ctrl+L>快捷键），打开“色阶”对话框，如图 5-11 所示。

对话框中部分选项的含义如下（前面介绍过的选项这里不再重复）。

- 通道：在下拉列表框中选择不同的颜色通道来调整图像。

● 输入色阶：用于调整图像的色调对比度。在输入色阶中有 3 个滑块，从左到右依次是：阴影、中间调和高光滑块。使用时拖动滑块或直接输入数值就可以调整图像的色调，往右色调将变暗，反之变亮。

● 输出色阶：用于调整图像的亮度，左侧的黑色滑块用于调节图像中最暗像素的亮度，右侧的白色滑块用于调整图像中最亮像素的亮度。使用时拖动滑块或直接输入数值即可。

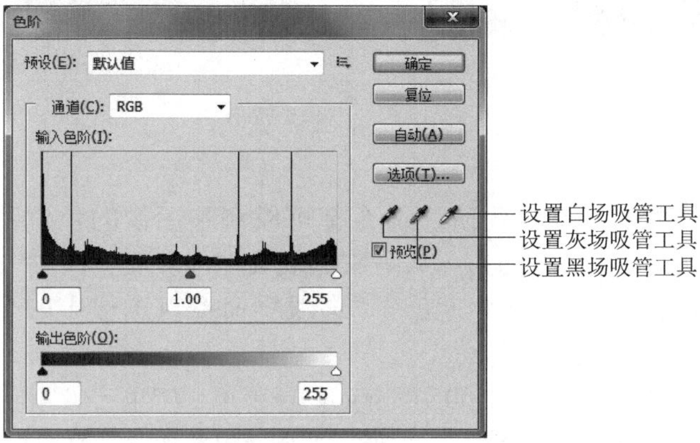

图 5-11 “色阶”对话框

● 选项：单击可以打开“自动颜色校正选项”对话框，如图 5-12 所示，在对话框中可以设置阴影和高光所占的比例。

● 自动：单击可以根据“自动颜色校正选项”对话框中的设置来自动调整图像。

● 设置黑场吸管工具：单击选择设置黑场吸管工具后，在图像中单击取样，则取样点的像素颜色均变为黑色。

● 设置灰场吸管工具：单击选择设置灰场吸管工具后，在图像中单击取样，则取样点的像素颜色均变为灰色。

● 设置白场吸管工具：单击选择设置白场吸管工具后，在图像中单击取样，则取样点的像素颜色均变为白色。

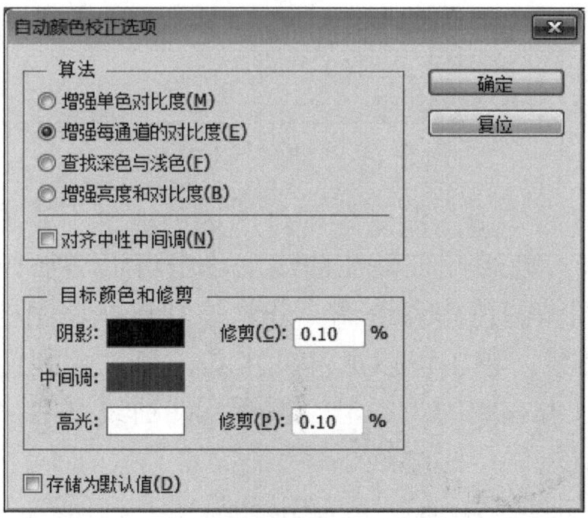

图 5-12 “自动颜色校正选项”对话框

2）在输入色阶中设置阴影、中间调和高光分别为 20、0.50 和 255 后，单击“确定”按钮退出对话框。图 5-13 和图 5-14 所示的是调整前后的效果。

图 5-13　原始图像

图 5-14　调整后的图像

5.3.2　曲线

Photoshop 中的“曲线”和“色阶”命令都可以调整图像的色调范围，但“曲线”命令可以调整图像整个色调范围内的点（从阴影到高光），而“色阶”命令只有 3 个调整（即白场、黑场和灰度系数）。同时也可以使用“曲线”命令对图像中的个别颜色通道进行精确调整。具体操作如下：

1）打开要调整的图像（素材文件 d05-08.jpg），在菜单栏中单击“图像→调整→曲线”命令（或按<Ctrl+M>快捷键），打开“曲线”对话框，如图 5-15 所示。在打开对话框时，曲线默认是一条 45° 的斜线，通过调整这条线可以调整图像的色彩和色调。

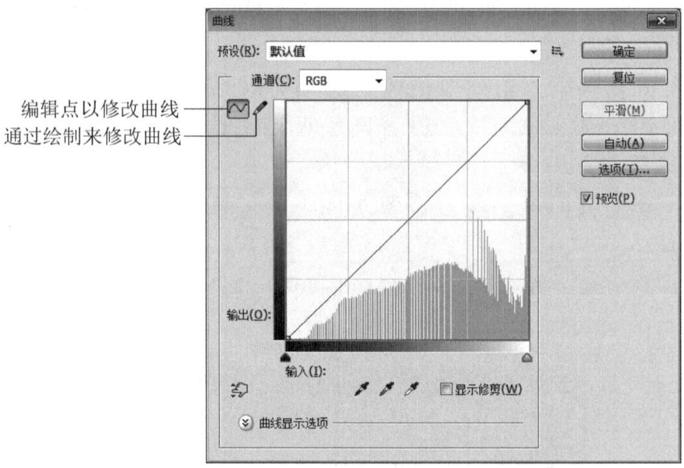

图 5-15　“曲线”对话框

对话框中部分选项的含义如下（前面介绍过的选项这里不再重复）

● 编辑点以修改曲线：使用此工具在曲线上单击可以增加控制点，拖动控制点可以改变曲线的形状，从而修改图像的色彩和色调。若将控制点拖离网格可以删除控制点。

● 通过绘制来修改曲线：单击可以激活此工具，可以绘制任意曲线，从而调整图像的色彩、色调。绘制后可以单击右侧的“平滑”按钮，使曲线平滑。若同时按住<Shift>键，则可以绘制直线。

● 输入和输出：调整曲线后，输入和输出会显示光标所在位置的数值，也可以直接修改数值来调整曲线的形状。

● ：单击激活此工具后，在图像上移动鼠标指针，鼠标指针会变成吸管状，在图像上找到要调整的色调并单击，然后向上、向下垂直拖动可以调整曲线。

2）在“曲线”对话框中设置“通道”为 RGB、“输出”为 129、“输入”为 192，然后单击“确定”按钮退出对话框。图 5-16 所示的为调整前的图像，图 5-17 所示的为调整后的图像。

图 5-16　调整前的图像

图 5-17　曲线调整后的图像

5.3.3　亮度/对比度

“亮度/对比度”命令用于调整图像的亮度和对比度。在菜单栏中单击“图像→调整→亮度/对比度”命令，打开“亮度/对比度”对话框，如图5-18所示。

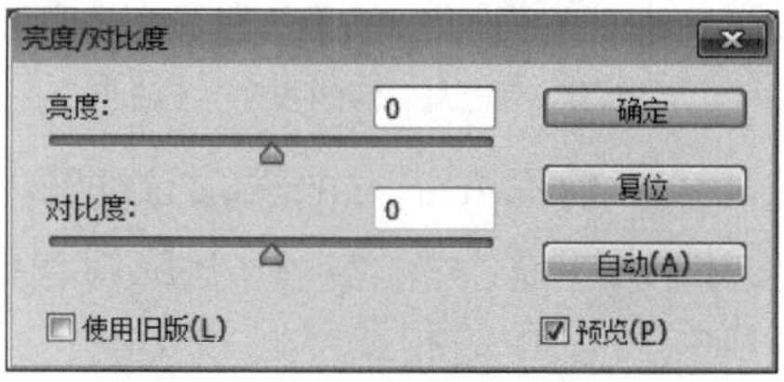

图 5-18　“亮度/对比度”对话框

在对话框中拖动亮度或对比度滑块可以改变图像的亮度和对比度，也可以在右侧的文本框中直接输入数值来改变亮度或对比度。

5.3.4　阈值

“阈值”命令可以将彩色或灰度图像转换为对比度较高的黑白图像效果。在菜单栏中单击“图像→调整→阈值”命令，可以打开“阈值”对话框，如图5-19所示。

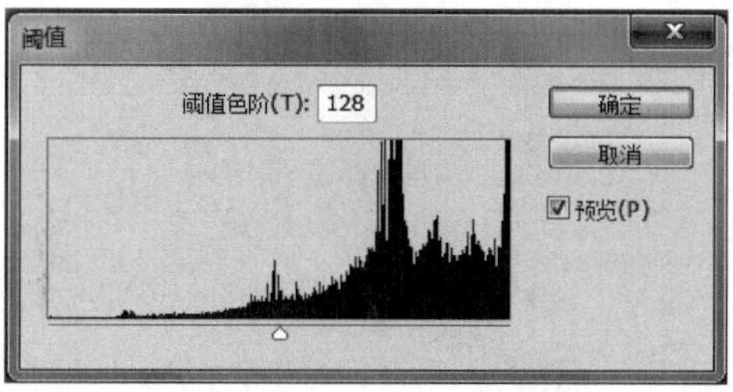

图 5-19　“阈值”对话框

在对话框中拖动滑块或直接输入“阈值色阶”的数值即可实现黑白效果。数值越大，黑色越多；数值越小，白色越多。

5.3.5 色相/饱和度

“色相/饱和度”命令可以调整图像或图像中某个颜色的色相、饱和度和亮度。在菜单栏中单击“图像→调整→色相/饱和度”命令，可以打开“色相/饱和度”对话框，如图5-20所示。

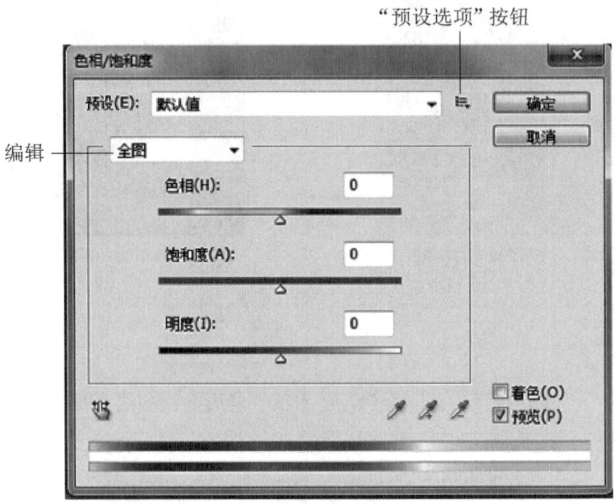

图 5-20 “色相/饱和度”对话框

对话框中部分选项的含义如下（前面介绍过的选项这里不再重复）。

● 预设：系统预存的“色相/饱和度”预设，在下拉列表框中可以选择相应的预设。单击后面的“预设选项”按钮可以载入、存储和删除预设。

● 编辑：在下拉列表框中选择要调整的色彩范围。

● ：按图像选取点调整图像的饱和度，按住<Ctrl>键可以改变色相。

5.3.6 自然饱和度

“自然饱和度”命令是调整饱和度以便在颜色接近最大饱和度时最大限度地减少修剪，该调整是增加与已饱和的颜色相比不饱和的颜色的饱和度。设置“自然饱和度”还可防止肤色过度饱和。在菜单栏中单击“图像→调整→自然饱和度”命令，可以打开“自然饱和度”对话框，如图5-21所示。

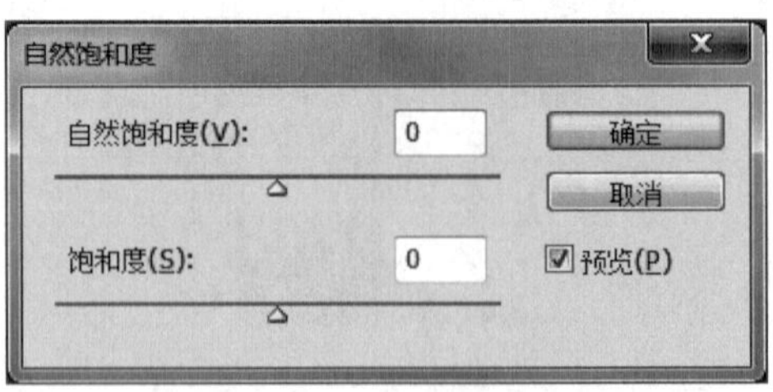

图 5-21 “自然饱和度”对话框

对话框中部分选项的含义如下（前面介绍过的选项这里不再重复）。

● 自然饱和度：用于图像从灰色色调到饱和度色调的调整，拖动滑块或输入数值即可调整图像色调的饱和度。

- 饱和度：用于调整颜色的纯度，拖动滑块或输入数值即可。

5.3.7　色彩平衡

利用“色彩平衡”命令可以调整图像中所有颜色的混合，可以单独调整阴影、中间调和高光，从而调整图像的色彩和色调，改变图像的整体颜色。具体操作如下：

1）打开要调整的图像，在菜单栏中单击“图像→调整→色彩平衡”命令（或按<Ctrl+B>快捷键），打开“色彩平衡”对话框，如图 5-22 所示。

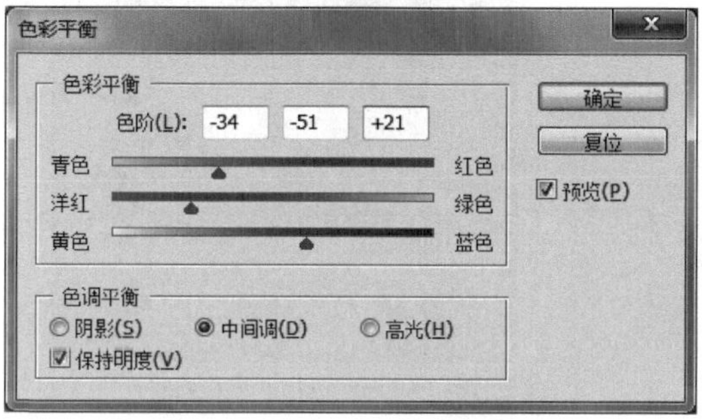

图 5-22　“色彩平衡”对话框

对话框中部分选项的含义如下（前面介绍过的选项这里不再重复）。

- 色彩平衡：通过拖动相应的滑块或在对应的文本框中输入数值即可调整图像的色彩。
- 色调平衡：用于选取图像中的阴影、中间调和高光进行调整。
- 保持明度：勾选此复选框，在调整色彩平衡时会保持图像的亮度不变。

2）按图 5-22 所示的进行对话框中选项的设置。图 5-23 和图 5-24 所示的是调整前后的效果。

图 5-23　原始图像

图 5-24　应用“色彩平衡”命令调整后的图像

5.3.8　替换颜色

“替换颜色”命令是通过色相、饱和度和明度来调整图像的。打开要调整的图像，在菜单栏中单击“图像→调整→替换颜色”命令（或按<Ctrl+B>快捷键），打开“替换颜色”对话框，如图5-25所示。

对话框中部分选项的含义如下（前面介绍过的选项这里不再重复）。

- 吸管工具：用于在预览窗口或图像中选取颜色。
- 颜色容差：拖动滑块可以设置选取的颜色范围。数值越大，选取的颜色范围越大；数值越小，选取的颜色范围越小。

图 5-25 “替换颜色”对话框

- 替换：通过拖动滑块来调整选取的颜色，也可以单击后面的色块打开“选择目标颜色”对话框选择颜色。

练一练

打开素材文件 D05-06.jpg，如图 5-26 所示，利用“替换颜色”命令进行如下调整：

1）改变绿色的叶子的亮度和颜色，使叶子的颜色更明亮。

2）将花的颜色替换为其他颜色。

图 5-26 素材文件 D05-06.jpg

5.3.9 渐变映射

“渐变映射”命令可以将所引用的渐变样式映射到相应的图像范围中，可以将相等的图像灰度范围映射到指定的渐变填充色。若指定双色渐变填充，图像中的阴影映射到渐变填充的一个端点颜色，高光映射到另一个端点颜色，则中间调映射到两个端点颜色之间的渐变。利用纯色到白色的渐变映射可以将彩色图像制作出单色的效果。在菜单栏中单击“图像→调整→渐变映射”命令，可以打开“渐变映射”对话框，如图5-27所示。

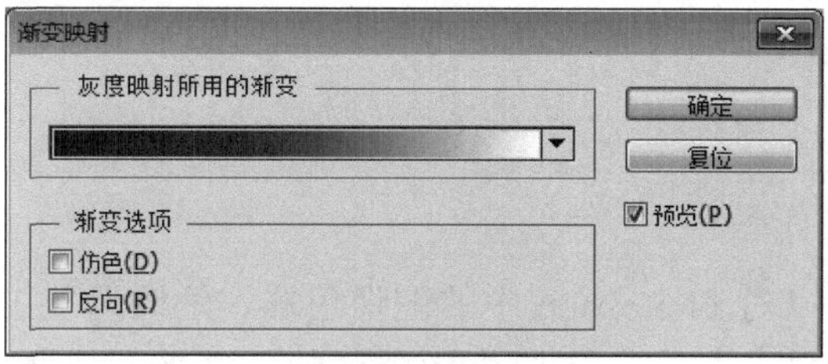

图 5-27　“渐变映射”对话框

对话框中部分选项的含义如下（前面介绍过的选项这里不再重复）。

- 灰度映射所用的渐变：单击渐变条右侧的三角可以打开下拉列表框，可以选择系统预设的渐变类型。单击渐变色条可以打开“渐变编辑器”对话框，可编辑渐变的颜色和透明度等，从而选择想要的渐变类型。
- 渐变选项：有“仿色”和“反向”两个复选框。勾选“仿色”复选框可以添加随机杂色以平滑渐变填充的外观并减少带宽效应。勾选“反向”复选框可以切换渐变填充的方向，从而反向渐变映射。

5.3.10　通道混合器

“通道混合器”命令是调整每个颜色通道中所占有的百分比，来创建高品质的灰度图像、棕褐色调图像或其他色调的图像。在菜单栏中单击“图像→调整→通道混合器”命令，打开“通道混合器”对话框，如图5-28所示。

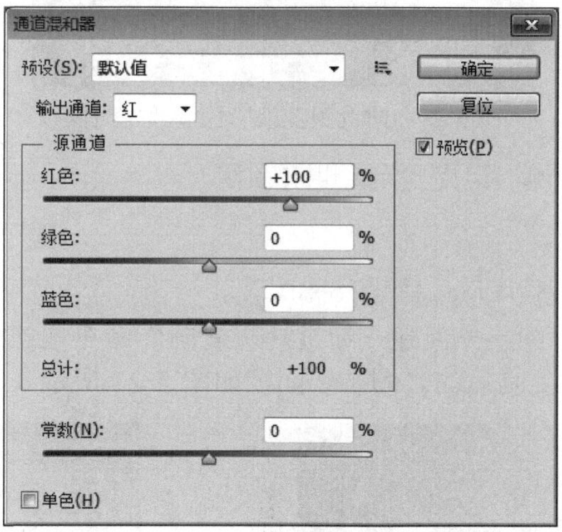

图 5-28　“通道混合器”对话框

对话框中部分选项的含义如下（前面介绍过的选项这里不再重复）。

- 输出通道：可以在下拉列表框中选择调整的图像通道。
- 源通道：不同的色彩模式出现的颜色通道不一样，图 5-28 所示的是 RGB 模式的颜色通道，通过拖动滑块或输入数值可以调整每个颜色通道中所占有的百分比。
- 常数：用于调整输出通道的灰度值。对于 RGB 模式的图像来说，正值时将增加更多的白色，负值时将增加更多的黑色。当该值为–200%时，可使输出通道为全黑；当该值为+200%

时，可使输出通道为全白。CMYK 模式的图像则与之相反。

- 单色：勾选此复选框后，可将彩色图像变为单色图像，但图像的亮度和颜色模式不变。

5.4 实训任务

通过本章的学习，可以对 Photoshop 中的图像色彩、色调调整工具有一定的认识和了解，掌握了这些工具的使用方法与技巧。本节将运用这些工具来完成两个实训任务，即“制作时尚银灰淡彩色调效果”和“照片时尚色彩润色处理”。

5.4.1 实训任务一：制作时尚银灰淡彩色调效果

1. 任务分析

本任务是利用 Photoshop 制作出时尚的银灰淡彩色调效果的照片，完成效果如图 5-29 所示。通过本任务的实现可以更好地掌握调整色彩和色调的操作和技巧。

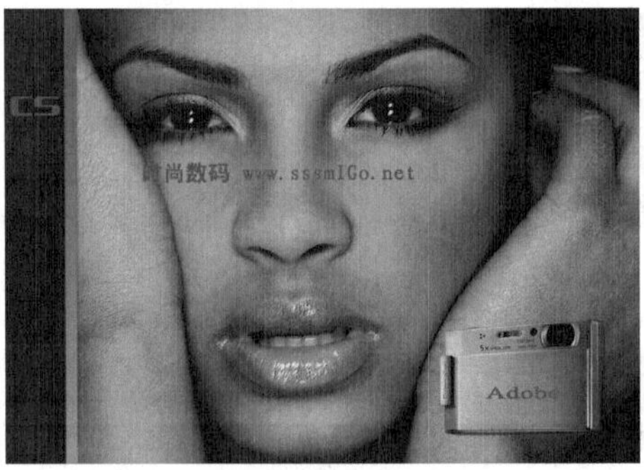

图 5-29 时尚银灰淡彩色调效果图像

本任务的知识点：去色、选区、渐变和图层等。

2. 任务实施

1）打开素材文件 sx-05-01.jpg，如图 5-30 所示。

2）在菜单栏中单击“图层→新建→通过拷贝复制”命令（或按<Ctrl+J>快捷键），复制背景图层得到“图层 1”，复制后的“图层”面板如图 5-31 所示。

图 5-30 素材文件 sx-05-01.jpg

图 5-31 复制后的“图层”面板

3）在“图层”面板中选择“图层 1”，在菜单栏中单击“图像→调整→去色”命令（或按<Shift+Ctrl+U>快捷键），去色后的效果如图 5-32 所示。

4）再次在菜单栏中单击“图层→新建→通过拷贝复制”命令，复制“图层 1”得到“图层 1 副本”图层，复制后的“图层”面板如图 5-33 所示。

图 5-32　去色后的效果

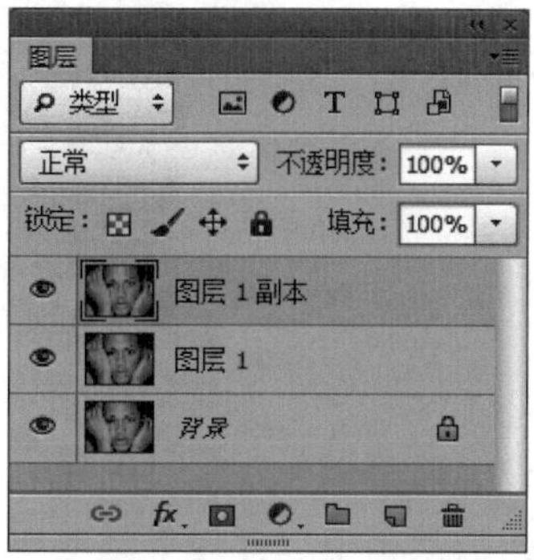

图 5-33　复制后的“图层”面板

5）在“图层”面板中选择“图层 1 副本”，将图层的混合模式调整为“叠加”，叠加后的“图层”面板如图 5-34 所示，叠加后的画面效果如图 5-35 所示。

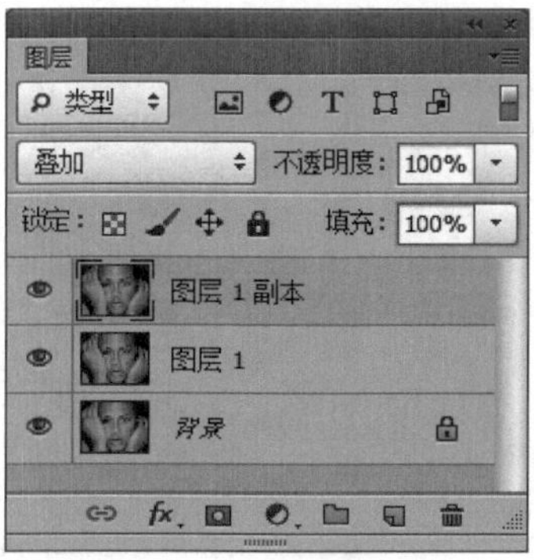

图 5-34　叠加后的“图层”面板

图 5-35　叠加后的画面效果

6）在菜单栏中单击“图层→向下合并”命令，将“图层 1 副本”合并到“图层 1”，合并后的“图层”面板如图 5-36 所示。

7）在“图层”面板中设置“图层 1 副本”的“不透明度”为 50%，设置后的“图层”面板如图 5-37 所示，画面效果如图 5-38 所示。

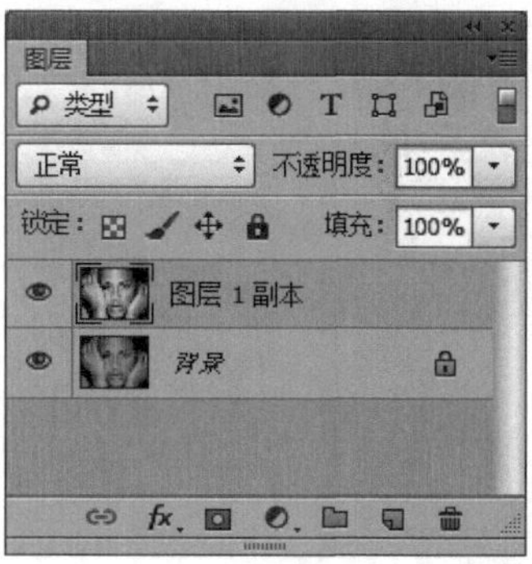

图 5-36　合并后的“图层”面板

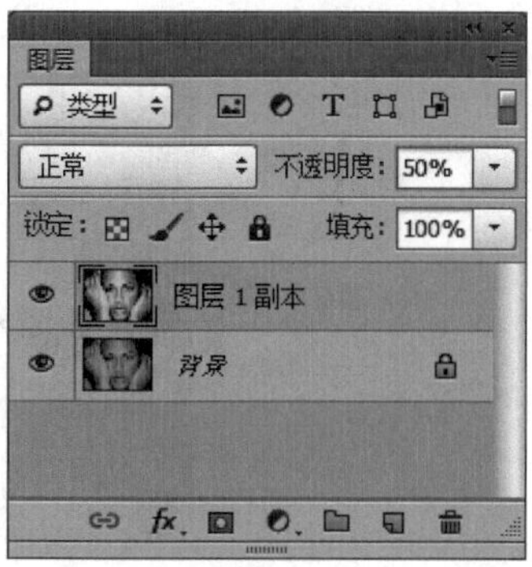

图 5-37　降低“图层 1 副本”的不透明度

图 5-38　画面处理后的效果

8）设置前景色为灰色（RGB：76，72，72）。

9）在工具箱中选择矩形选框工具，在图像左侧绘制矩形选区。按<Alt+Delete>快捷键，用前景色填充选区，填充后的效果如图 5-39 所示。

10）在“图层”面板中新建“图层 1”，在“图层 1”上新建“图层 2”。

11）再次使用矩形选框工具，绘制宽度小于“图层 1”的选区，如图 5-40 所示。

图 5-39　填充后的效果

图 5-40　绘制选区

12）设置前景色为浅灰色（RGB：161，157，157），设置背景色为略深于前景色的灰色（RGB：155，155，155）。

13）在工具箱中选择渐变工具，在选项栏中选择“线性渐变”类型，在“图层 2”的选区中由下向上拖动鼠标，用渐变填充选区，效果如图 5-41 所示。

图 5-41　填充“图层 2”的效果

14）打开素材文件 sx-05-02.psd，将相机素材和文字素材复制到文档中并缩放到合适的大小，摆放到合适的位置，完成最终效果。

5.4.2　实训任务二：照片时尚色彩润色处理

1．任务分析

本任务是利用 Photoshop 对照片进行润色效果处理，使照片具有时尚效果，如图 5-42 所示。通过本任务的实现可以更好地掌握调整色彩和色调的操作和技巧。

图 5-42　照片时尚色彩润色

本任务的知识点：曲线、图层、文字工具和滤镜等。

2．任务实施

1）打开素材文件 sx-05-03.jpg，如图 5-43 所示。

2）在菜单栏中单击“选择图层→新建→通过拷贝的图层”命令，复制背景图层得到“图层 1”，复制后的“图层”面板如图 5-44 所示。

图 5-43　素材文件 sx-05-03.jpg

图 5-44　复制背景图层

3）在菜单栏中单击“滤镜→模糊→高斯模糊”命令，打开“高斯模糊”对话框，设置“半径”为 3.0 像素，如图 5-45 所示。单击“确定”按钮退出对话框，设置后的效果如图

5-46 所示。

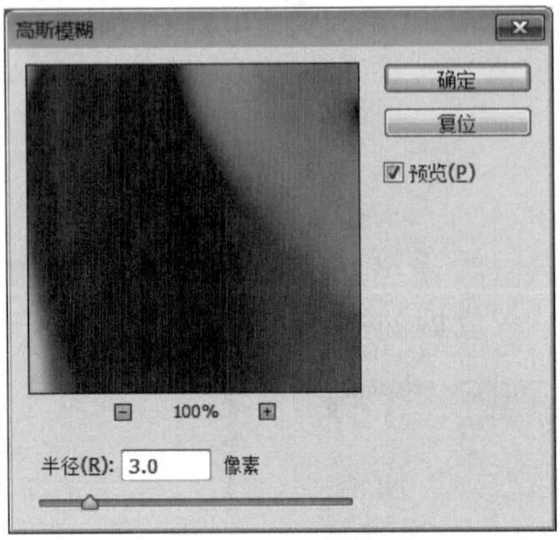

图 5-45 “高斯模糊”对话框

图 5-46 高斯模糊后的画面效果

4）在“图层”面板中将“图层 1”的混合模式设置为“柔光”，如图 5-47 所示。

5）在菜单栏中单击“图像→调整→曲线”命令，打开“曲线”对话框，在通道中选择“蓝”通道，在曲线上单击鼠标增加两个调色点，左侧调色点：输出 131、输入 70；右侧调色点：输出 207、输入 210，具体如图 5-48 所示。

6）在通道中选择“红”通道，增加两个调色点，左侧调色点：输出 60，输入 108；右侧调色点：输出 213，输入 198，具体如图 5-49 所示。

图 5-47 混合模式设置为“柔光”

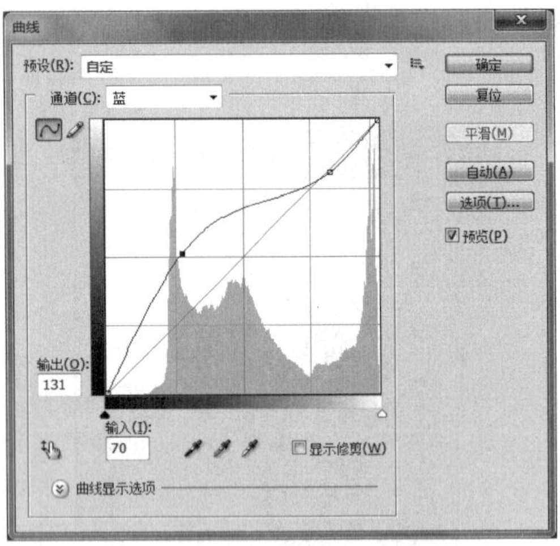

图 5-48 设置“蓝”通道

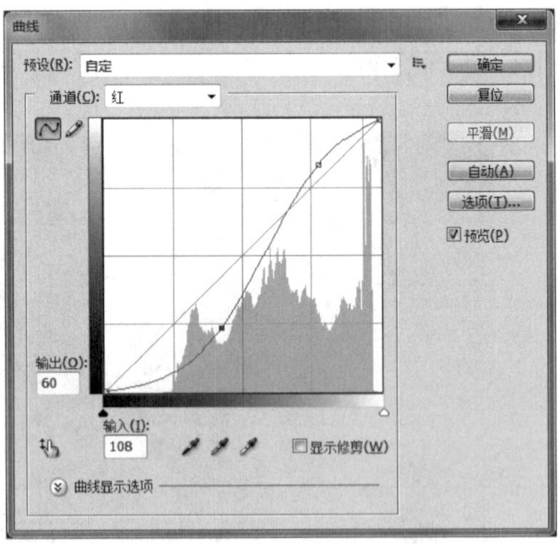

图 5-49 设置“红”通道

7）单击“确定”按钮退出“曲线”对话框，效果如图 5-50 所示。

8）在工具箱中选择文字工具**T**，输入“Photoshop”和“摄影”，设置英文字体为“Brush Script Std”，中文字体为“汉仪长美黑”，并调整字号大小，完成最终效果。

图 5-50　润色后的效果

本 章 小 结

- 图像色彩、色调的调整
  - 认识“颜色”面板和“色板”面板
    - “颜色”面板
    - “色板”面板
    - 使用吸管工具选取颜色
  - 图像色彩、色调的快速调整
    - 自动色调
    - 自动颜色
    - 自动对比度
    - 去色
    - 反相
    - 变化
    - 黑白
  - 图像色彩、色调的其他调整
    - 色阶
    - 曲线
    - 亮度/对比度
    - 阈值
    - 色相/饱和度
    - 自然饱和度
    - 色彩平衡
    - 替换颜色
    - 渐变映射
    - 通道混合器
  - 实训任务
    - 制作时尚银灰淡彩色调效果
    - 照片时尚色彩润色处理

本章主要快捷键：

序　号	操作命令	快捷键	序　号	操作命令	快捷键
1	颜色面板	<F6>	7	自动颜色	<Shift+Ctrl+B>
2	色彩平衡	<Ctrl+B>	8	自动对比度	<Alt+Shift+Ctrl+L>
3	反相	<Ctrl+I>	9	黑白	<Alt+Shift+Ctrl+B>
4	色阶	<Ctrl+L>	10	去色	<Shift+Ctrl+U>
5	曲线	<Ctrl+M>	11	自动色调	<Shift+Ctrl+L>
6	替换颜色	<Ctrl+B>			

单 元 评 估

一、填空题

1．在“颜色”面板的四色曲线图中，按下________键并单击可以快速设置前景色；按下________键并单击可以快速设置背景色；按下________键并单击可以快速更改四色曲线图的色谱。

2．工具箱中的吸管工具可以直接在当前文档中选择相应的颜色作为前景或背景色。选择吸管工具后，直接在图像上单击即可选取单击处的颜色为________；按住______键，在图像上单击即可选取单击处的颜色为背景色。

3．Photoshop 中的“去色”命令可以将图像中______和_______降到最低，将_____图像转换为_______图像，但图像的颜色模式_______。

4．Photoshop 图像调整除了可以使用菜单命令外，还提供了许多快捷键，如“去色”命令的快捷键是__________；“反相”命令的快捷键是________；“自动色调”命令的快捷键是_________；“色阶”命令的快捷键是_________。

5．“替换颜色”命令是通过_______、________ 和________来调整图像的。

6．“色阶”命令可以调整图像的_______、______和_________的强度级别，从而校正图像的色调范围和色彩平衡。

7. 利用“色彩平衡”命令可以调整图像中所有的____，可以单独调整_____、_____和______，从而调整图像的色彩和色调，改变图像的整体颜色。

二、基本操作练习

1．掌握“颜色”面板和“色板”面板的基本操作和技巧。

2．掌握“自动色调”、“自动颜色”和“自动对比度”命令的基本操作。

3．掌握“去色”、“反相”、“变化”和“黑白”命令的基本操作。

4．掌握“色阶”、“曲线”和“阈值”命令的基本操作。

5．掌握“亮度/对比度”、“自然饱和度”、“替换颜色”和“渐变映射”命令的基本操作。

三、能力拓展

1．分组交流，讨论调整图像色彩、色调的技能和技巧，并总结各种工具的使用技巧。

2．搜集自己或同学的生活照，利用 Photoshop 对照片进行润色和调整，制作出时尚效果照片。

3．项目实训

项目名称：平面宣传海报。

项目准备：掌握本章所学的知识与技能，收集并整理电子产品或数码产品的素材。

内容与要求：

1）以真实的数码公司或电子产品公司的产品为宣传产品，并对产品进行一定的市场调研和素材搜集。

2）利用 Photoshop 中的图像色彩、色调调整工具制作产品的平面宣传海报。

第 6 章　文本的编辑与处理

本章导读：

图形图像虽然从视觉上来说更直观一些，但在很多设计中文字都是必不可少的利用 Photoshop 可以很好地编辑、处理广告及平面作品中的文字。本章将对 Photoshop 提供的各种文字操作及技巧作详细的介绍。

知识目标：

1）认识文本工具组中的各种工具。

2）了解路径与文本结合的方法。

能力目标：

1）掌握文本创建、编辑的操作和技巧。

2）掌握路径文字创建、编辑的操作和技巧。

3）利用文本及相关工具完成本章的实训任务。

6.1　文本工具组

6.1.1　文本工具

Photoshop 中的文本工具组包括横排文字工具“T”、直排文字工具“↓T”、横排文字蒙版工具“T”和直排文字蒙版工具“↓T”，如图 6-1 所示（快捷键为<T>键，反复按<Shift+T>快捷键可以切换文本工具）。

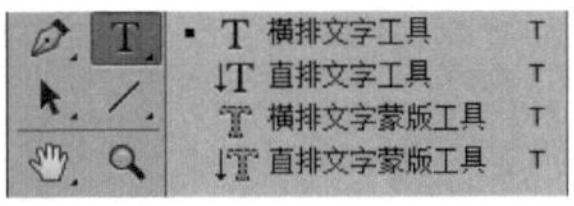

图 6-1　文本工具组

6.1.2　横排文字工具

横排文字工具“T”是使用最广泛的文本工具之一，用于在水平方向创建文本。

在工具箱中选择横排文字工具 T 横排文字工具，其选项栏如图 6-2 所示。

选项栏中各选项的含义及作用如下。

- 更改文字方向：用于文字在水平和垂直方向上的转换。
- 字体：用于设置文字的字体。
- 字体样式：根据已选择的字体会有对应的样式选项。设计者可以根据设计需要进行选择。例如，当选择英文字体 Agency FB 时，在字体样式选项中会有两种样式，如图 6-3 所示，选择不同的样式会产生不同的文字效果。

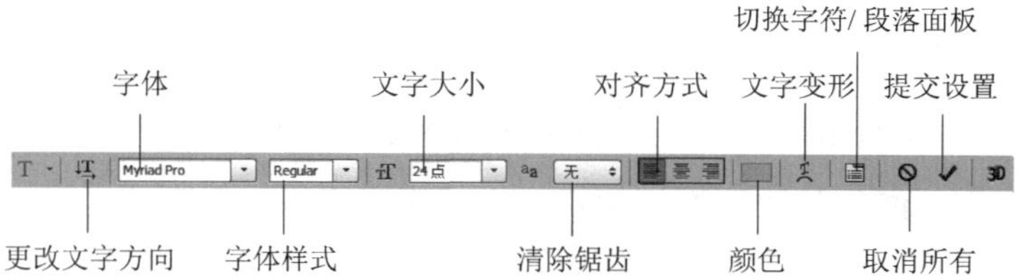

图 6-2　横排文字工具的选项栏

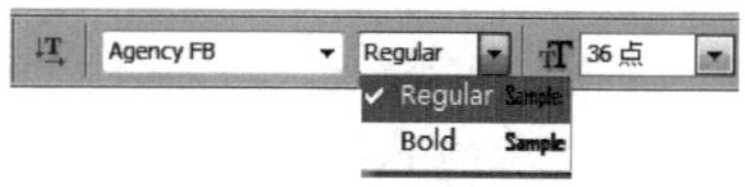

图 6-3　字体样式选项

- 文字大小：用于设置文本的大小，常用的大小在下拉列表框中即可选择，也可以直接在文本框中输入数值来设置文本的大小。
- 消除锯齿：有“无”、“锐利”、“犀利”、“浓厚”和“平滑”5 个选项，设置这些不同的选项可以通过部分的填充边缘像素来产生不同边缘的文字效果。
- 对齐方式：用于设置文本的对齐方式，有“左对齐”、“居中对齐”和“右对齐”3 个选项。
- 颜色：用于设置文本的颜色，单击可以打开“颜色”面板以选择颜色。
- 文字变形：用于设置文本变形的样式，输入文字后，单击可以打开“变形文字”对话框，如图 6-4 所示。图 6-5 所示的是按图 6-4 所示设置的文字变形效果。

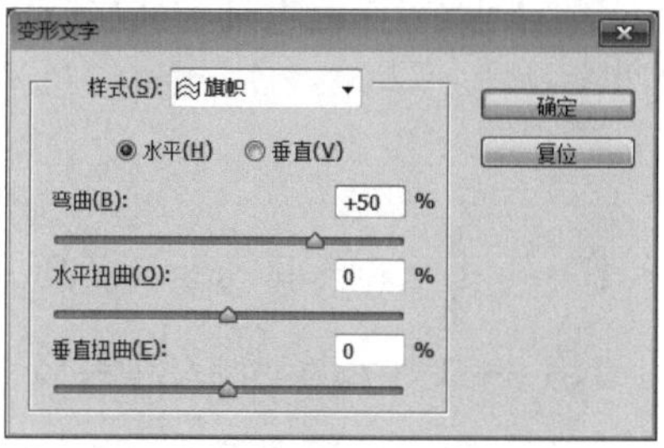

图 6-4　“变形文字”对话框

图 6-5　文字变形效果

- 取消所有/提交设置：用于恢复此次修改的选项设置和提交文字图层。
- 切换字符/段落面板：在横排文字工具的选项栏中单击按钮，可以打开“字符”或“段落”面板，“字符”面板如图 6-6 所示。

“字符”面板中部分选项的含义及作用如下。

- 行距：用于设置文本的行间距，可以选择下拉列表框中的数值，也可以直接输入数值，数值越大行间距就越大。

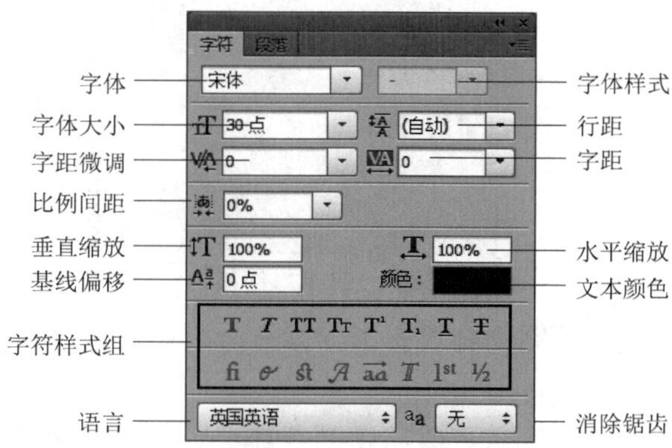

图 6-6　“字符”面板

提示

行距的留白是阅读和美观的需要，但行距的设置尽量不要小于字符大小，否则容易造成两行字重叠的状况。

- 垂直缩放/水平缩放：用于设置字符在垂直和水平方向的缩放比例。
- 比例间距：输入数值可以实现按比例间距指定的百分比值减少字符周围的空间。
- 字距：用于设置选中字符的间距，数值越大，字符之间距离就越大。
- 字距微调：仅在字符光标插入文字中时，输入数值，以设置光标距前一个字符的间距。
- 基线偏移：用于在选中字符的状态下，设置基线值，正数向上偏移，负数向下偏移。在图 6-7 中，“动”和“音”的基线偏移为“10”；“符”的基线偏移为“ –10”。
- 字符样式组：用于设置选中字符的样式。第一行从左到右依次是粗体、斜体、全部大写、小型大写、上标、下标、下划线和删除线。其中，“全部大写”和“小型大写”只对字母有效。第二行是可以用于 OpenType 字体的字符样式，从左到右依次是标准连字、上下文替代、自由连字、花饰字、替代样式、标题替代样式、序数字、分数字。图 6-8 所示的是字体为 Adobe Arabic（标准连字）和 Adobe Caslon Pro 的部分样式应用效果。

图 6-7　基线偏移的设置效果

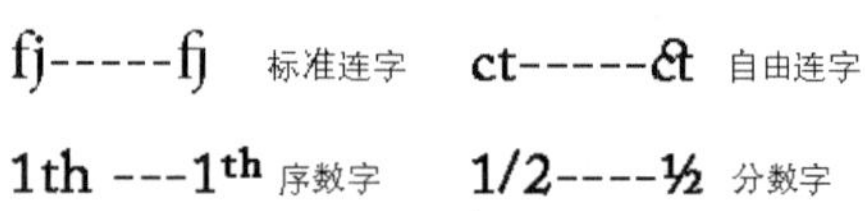

图 6-8　字符样式应用效果

“段落”面板（如图6-9所示）中部分选项的含义及作用如下。

- 对齐方式：用于设置段落及段落文字的对齐方式，从左到右依次是左对齐（直排为顶对齐）、居中对齐、右对齐（直排为底对齐）、最后一行左对齐、最后一行居中对齐、最后一行右对齐和全部对齐。

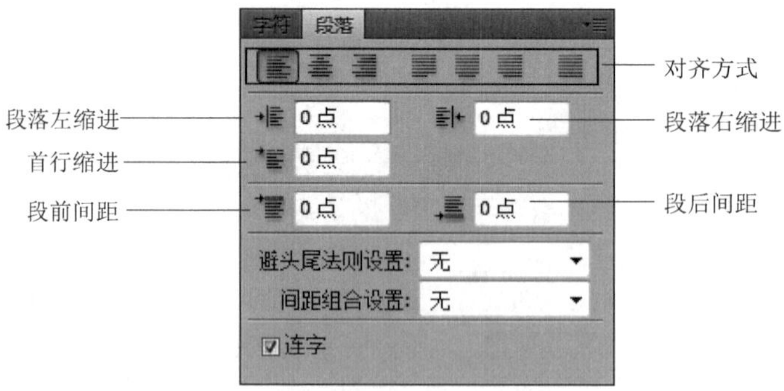

图 6-9　“段落”面板

- 段落左缩进和段落右缩进：输入数值，设置段落相对左或右边界的缩进量，数值越大，缩进量越大。
- 段前间距和段后间距：输入数值，设置当前段落与前后段落的距离。
- 连字：设置手动断字或自动断字，仅适用于罗马字符。

6.1.3　直排文字工具

直排文字工具“IT”也是常用的一种文本工具，用于在垂直方向创建文本，其选项栏和横排文字工具基本一样。图 6-10 所示的为使用直排文字工具在图像中输入文字。

图 6-10　使用直排文字工具输入文字

6.1.4　横排文字与直排文字的转换

利用 Photoshop 中的横排和直排文字工具可以在水平方向和垂直方向创建文本，但是这两种方式创建的不同方向的文本是可以相互转换的，方法如下。

选择要转换文本的图层，执行下列操作之一：

- 在工具箱中选择文字工具，然后单击选项栏中的“文本方向”按钮，如图 6-11 所示。
- 在菜单栏中单击“图层→文字→水平（或垂直）”命令。

图 6-11　横排文字和直排文字的转换

6.2　创建文字选区

在 Photoshop 中除了提供创建文字的工具，还提供了创建文字形状的选区的工具，与文字工具相对应的分别是横排文字蒙版工具“T”和直排文字蒙版工具“IT”。利用文字蒙版工具创建的文字形状的选区与其他选区工具创建的选区是一样的，用途及各种操作也与其他选区一样。与其他选区工具创建所不同的是：文字蒙版工具创建选区时是在蒙版状态下进行的，创建结束后，单击“提交”按钮或按<Enter>键即可产生文字形状的选区。

6.2.1　横排文字蒙版工具

利用横排文字蒙版工具“T”可以在水平方向创建文字形状的选区，各项设置与横排文字工具一样，只是最后生成的不是文字是文字形状的选区，具体操作如下：

1）在工具箱中选择横排文字蒙版工具 横排文字蒙版工具，在选项栏中设置相应的字体、字号等参数，如设置字体为“汉仪雪峰简”、加粗、36 号。

2）在工具箱中单击快速蒙版按钮，转换为蒙版视图，输入文字“跳动的音符”。

3）单击文本工具选项栏中的“提交”按钮✔或单击工具栏中的移动工具，退出蒙版编辑生成文字选区，效果如图 6-12 所示。

图 6-12　文字形状的选区

提示

若要改变位置，则可在提交之前按住<Ctrl>键，然后用鼠标拖动即可。若要改变文本的形状也是要在提交前进行操作。提交后将不能作为文本进行修改或进行其他文本类的操作。

6.2.2　直排文字蒙版工具

利用直排文字蒙版工具可以在垂直方向创建文字形状的选区，操作与横排文字蒙版工具一样，图 6-13 所示的为直排文字蒙版工具创建的文字形状的选区。

图 6-13　利用直排文字蒙版工具创建的文字形状的选区

6.3　创建路径文字

利用路径可以将文本按任何封闭和不封闭的线路排列，操作非常简单，只要在文档中创建了路径就可以将文本沿路径轨迹输入，且输入后还可以根据需要进行修改。

6.3.1　不封闭的路径上添加文字

在不封闭的路径上添加文字，文字的位置是在路径的上部或外侧，操作步骤如下：

1）打开素材文件 D06-01.jpg，在工具箱中选择钢笔工具 钢笔工具，绘制固定形状的路径，如图 6-14 所示。

图 6-14　绘制固定形状的路径

2）在工具箱中选择横排文字工具，在选项栏中设置字体为华文新魏、字号为 48、粗体、颜色为#a00400，将鼠标靠近路径，当鼠标指针变为时（如图 6-15 所示的形状），单击鼠标即可输入沿路径排列的文字，如图 6-16 所示。

图 6-15　鼠标靠近路径时的光标

图 6-16　沿路径输入的文字

提示

输入文本后的路径仍然可以利用路径工具进行修改，且在路径修改后文字也会随之变化。

6.3.2　路径内添加文字

在路径内添加是指在封闭的路径中可以在路径内添加文字，操作方法与在不封闭的路径上添加文字相同。

1）在文档中使用路径工具绘制一个封闭的路径，如图 6-17 所示。

2）在工具箱中选择横排文字工具，在选项栏中设置字体为 museo、字号为 54、粗体、颜色为#a00400，将鼠标靠近路径，当鼠标指针变为时，单击鼠标即出现固定宽度的文本定界框，如图 6-18 所示。

图 6-17　绘制封闭路径

图 6-18　文本定界框

3）输入文本“Happy Valentine's Day!!!”，文本则位于路径内的固定区域内，如图 6-19 所示。

图 6-19　封闭路径内的文本

利用封闭路径在路径里面输入的文本是出现在一定的定界框内的，如果文本超出了文本定界框的大小，就会在右下角出现超出范围的图标⊞。

提示

选择文字工具，如果将鼠标移到路径的外部，鼠标指针变为，则此时输入的文本是沿路径的外部排列的；如果将鼠标移动到封闭路径的内部，鼠标指针变为，则输入的文本就是在路径内的一定区域的文本。

6.4 段落文字

利用 Photoshop 中的文本工具，不但可以输入点文字，还可以创建段落文字。段落文字与点文字的区别是，段落文字在输入时会根据定界框的尺寸自动换行，且可以进行段落格式的设置，而点文字每字都可以是独立的，行的长度随文字的长度进行缩放不会自动换行，要换行必须使用<Enter>键才可以。

6.4.1 创建段落文字

创建段落文字的操作步骤如下：

1）在工具箱中选择文字工具，在一定的位置按住鼠标左键并拖动，即可产生一个文本定界框，如图 6-20 所示。

2）输入一段文字，当文字到达定界框边缘时会自动换行，如图 6-21 所示。

3）拖动文本定界框的同时按住<Alt>键，则会出现一个设置段落文字大小的对话框，如图 6-22 所示，可以设置定界框的固定大小。

4）当输入的段落文本超出定界框时，右下角会出现一个超出范围的图标，如图 6-23 所示。

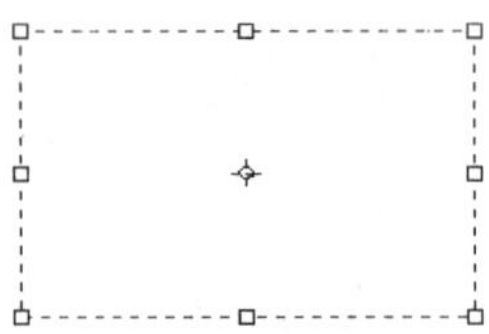

图 6-20 文本定界框

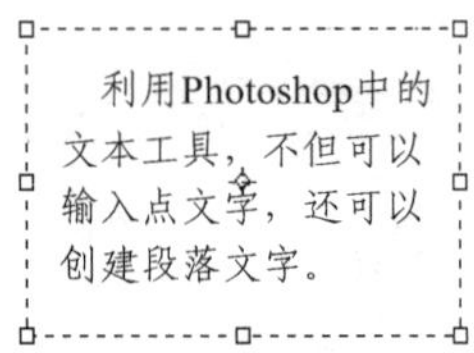

图 6-21 自动换行

图 6-22 设置文本定界框的固定大小

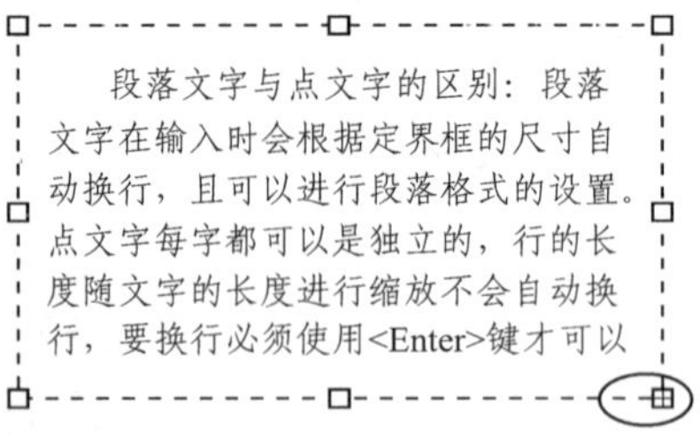

图 6-23 文本内容超过定界框区域

6.4.2 变换段落文字

在 Photoshop 中创建段落文字后，通过拖动定界框的控制点可以改变定界框和段落，具体操作步骤如下：

1）选择文本工具，单击已创建的段落文本，定界框的四周会出现 8 个控制点，拖动任何一个控制点都可以改变定界框的大小，段落文字也会随之改变，效果如图 6-24 所示。

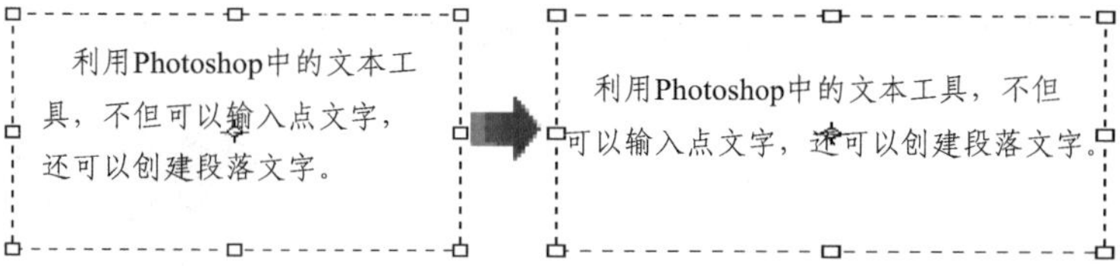

图 6-24　改变定界框的大小

2）当鼠标位于控制点上且变为旋转符号时，可以将定界框旋转，文字也会随之旋转，效果如图 6-25 所示。

3）当按住<Ctrl>键时，鼠标在控制点上会变为斜切图标，此时拖动鼠标可以将定界框进行斜切处理，文字也会随之变形，效果如图 6-26 所示。

图 6-25　旋转段落文字

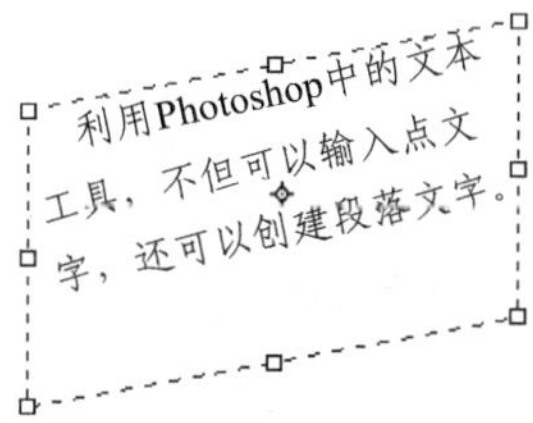

图 6-26　倾斜段落文字效果

6.5　实训任务

通过本章的学习，可以对 Photoshop 中的文字工具有一定的认识和了解，掌握了这些工具的使用方法和操作技巧。本章将运用这些工具来完成 3 个实训任务，即“制作龙年贺卡”、“制作名片”和“制作班旗”。

6.5.1　实训任务一：制作龙年贺卡

1．任务分析

本任务是制作龙年贺卡，最终效果如图 6-27 所示。通过本任务的实现可以更好地掌握文字工具的操作方法和技巧。

本任务的知识点：文字工具、选区、渐变映射和图层等。其中，各种字体、字号、颜色等配合使用，增加贺卡的可视性，同时再配以不同的颜色及图案。

2．任务实施

（1）制作贺卡左侧部分

1）打开素材文件 sx-06-01.jpg，在文档左侧标尺内按住鼠标左键并向右拖动，在文档中间位置增加一条垂直辅助线，如图 6-28 所示。

图 6-27　龙年贺卡

图 6-28　增加一条垂直辅助线

2）在菜单栏中单击“文件→置入”命令，打开“置入”对话框，将龙图案素材（sx-06-01.psd）置入文档中，缩放并拖动到左侧中间位置，完成效果如图 6-29 所示，此时的“图层”面板如图 6-30 所示。

图 6-29　置入素材文件

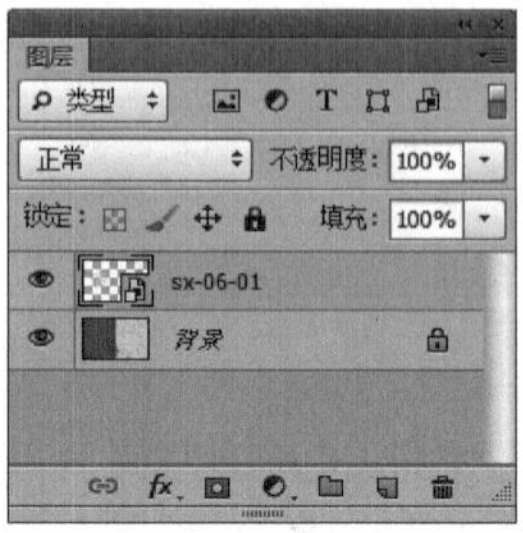

图 6-30　置入后的“图层”面板

3）在菜单栏中单击“图层→栅格化→图层”命令，将置入的图层栅格化。

4）在菜单栏中单击“图像→调整→渐变映射”命令，打开“渐变映射”对话框，在预设中选择“橙，黄，橙渐变”，如图 6-31 所示，单击“确定”按钮退出“渐变映射”对话框，效果如图 6-32 所示。

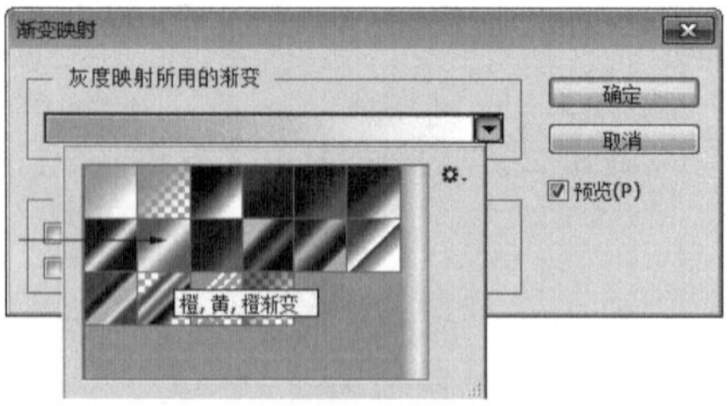

图 6-31　“渐变映射”对话框

图 6-32　应用渐变映射后的效果

5）在“图层”面板中选择背景图层，单击“新建图层”按钮，在背景图层上面新建“图层 1”。

6）在工具箱中选择椭圆选框工具并在选项栏中设置“羽化”为 10，在“图层 1”中绘制略大于“龙图案”的选区。设置前景色为淡黄色（CMYK：3，7，40，0），并按<Alt+Delete>快捷键，用前景色填充选区，效果如图 6-33 所示。

7）再次选择横排文字工具，设置字体为“汉仪雁翎体简”、字号为 30 点、颜色为红色（CMYK：0，96，97，0），输入数字“2012”并拖到相应的位置，如图 6-34 所示。

8）选择横排文字工具，设置字体为“草檀毛泽东字体”、字号为 48 点、颜色为红色（CMYK：0，96，97，0），输入文字“龙”并拖到相应的位置，如图 6-35 所示。

图 6-33　贺卡中的龙图案

图 6-34　输入数字“2012”

图 6-35　输入文字“龙”

9）在“图层”面板中单击“2012”文字图层，在菜单栏中单击“图层→图层样式”命令，打开“图层样式”对话框，然后勾选“投影”复选框，如图 6-36 所示。采用默认设置，单击“确定”按钮应用图层样式。

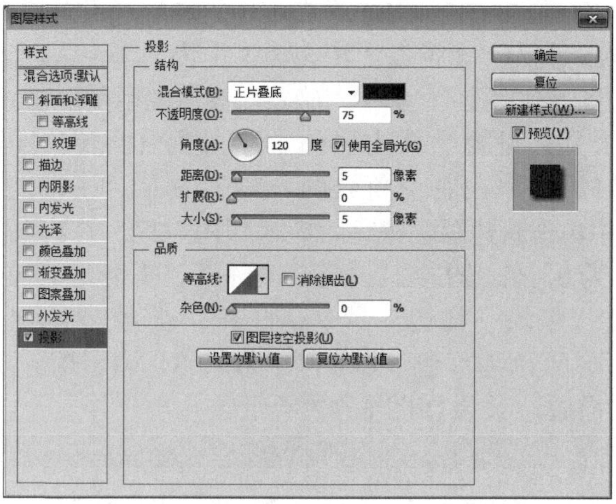

图 6-36　“图层样式”对话框（投影设置）

10）重复上述步骤，设置“龙”文字图层的图层样式，即可完成贺卡左侧部分的制作，效果如图 6-37 所示。

（2）制作贺卡右侧部分

1）在工具箱中选择横排文字工具，设置字体为“汉仪粗篆繁”、字号为 50 点、颜色为红色（CMYK：0，93，91，0），输文字“贺”，如图 6-38 所示。

2）再次选择横排文字工具，设置字体为楷体、字号为 36 点、颜色为红色（CMYK：0，93，91，0），输入文字“新春”并调整字间距，效果如图 6-39 所示。

图 6-37　贺卡左侧部分的最终效果

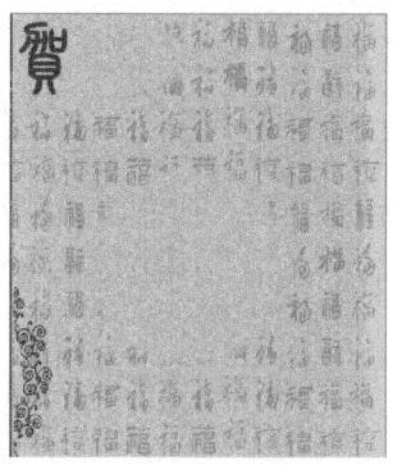

图 6-38　输入文字“贺”

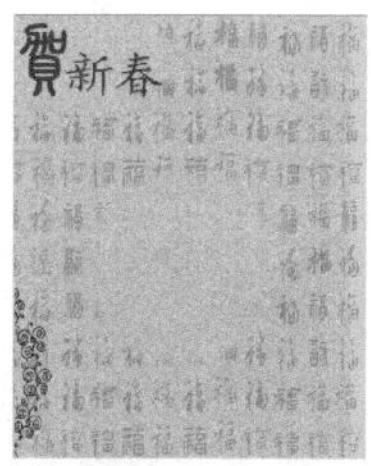

图 6-39　输入文字“新春”

3）选择横排文字工具，设置字体为“宋体”、字号为 14 点、颜色为红色（CMYK：0，93，91，0），在“新春”上方输入“2　12”（注意中间有空格），调整水平缩放与间距，使之与文字“新春”的宽度相适应，如图 6-40 所示。

4）在工具箱中选择直排文字工具，设置字体为楷体、字号为 48 点、颜色为黄色（CMYK：0，0，83，0），在右侧中间位置输入文字“龙年吉祥”，如图 6-41 所示。

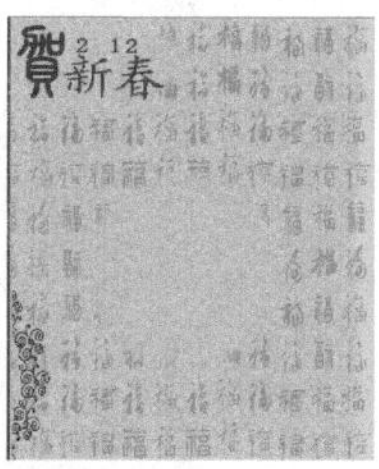

图 6-40　输入“2　12”

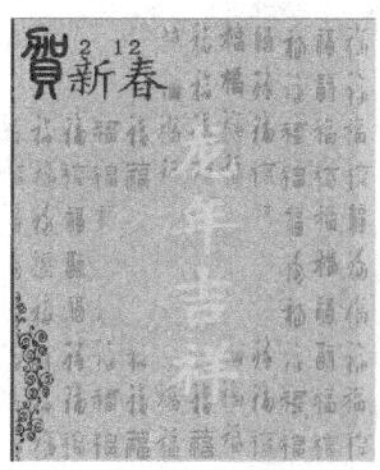

图 6-41　输入文字“龙年吉祥”

5）在“图层”面板中选择“龙年吉祥”文字图层，在菜单栏中单击“图层→图层样式”命令，打开“图层样式”对话框，然后勾选“描边”复选框，设置“大小”为“8像素”、“位置”为“外部”、“混合模式”为“正常”、“填充类型”为“颜色”、颜色为红色（CMYK：0，93，91，0），具体设置如图6-42所示，单击“确定”按钮应用图层样式，效果如图6-43所示。

6）选择横排文字工具，设置字体为黑体、字号为12点、行距为12点、颜色为红色（CMYK：0，93，91，0），在右下角分两行输入文字“壬辰龙年”，如图6-44所示。

7）在“图层”面板中单击新建图层按钮，新建“图层2”。在工具箱中选择矩形选框工具并在选项栏中设置“羽化”为0，在“图层2”中绘制略大于“壬辰龙年”的选区，如图6-45所示。

8）在菜单栏中单击“编辑→描边”命令，打开“描边”对话框，如图6-46所示，设置“宽度”为“4像素”、颜色为红色（CMYK：0，93，91，0），其他采用默认设置，单击“确定”按钮为选区描边，效果如图6-47所示。

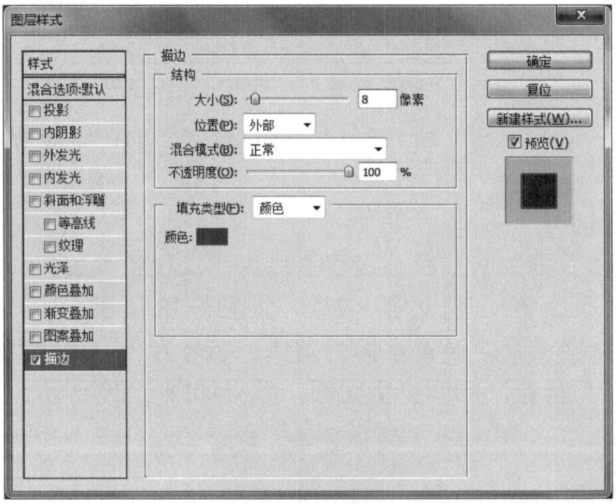

图6-42 “图层样式”对话框（描边设置）

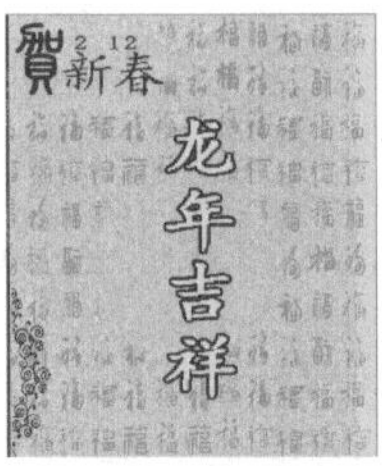

图6-43 文字描边效果

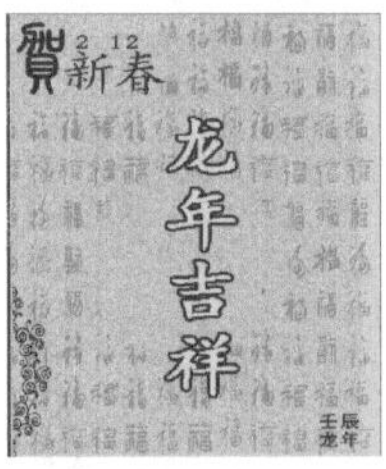

图6-44 输入文字“壬辰龙年”

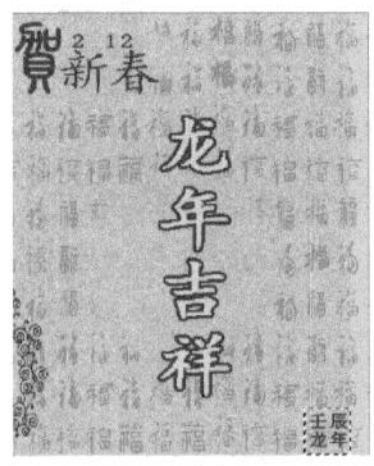

图6-45 绘制矩形选区

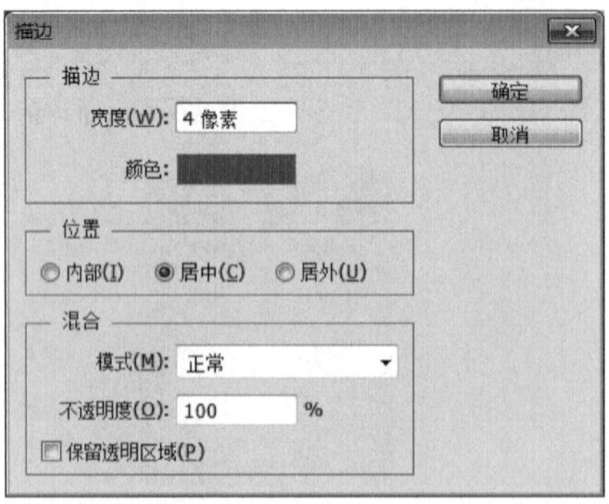

图6-46 “描边”对话框

图6-47 描边效果

9）打开素材文件 sx-06-02.pds，将文件中的“小福”、“大福”和“中国结”3 个图层分别复制到文件中。其中，“小福”图案放在“2　12”中间的空格位置；“中国结”图案放在贺卡的右上角；“大福”图层拖到“龙年吉祥”文字图层的下方，完成贺卡的全部制作。

6.5.2　实训任务二：制作名片

1．任务分析

本任务是为“吉林省中鼎汽车零部件有限公司”总经理周洪岩制作名片，包括正、反两面，如图 6-48 和图 6-49 所示。名片是公司和人物的标志，要包括必要的公司标志、名称、主要业务、通信方式以及姓名、职务等信息。通过本作任务的实现可以更好地理解和掌握文字工具的使用技巧。

本任务的知识点：文字工具和图层等。

图 6-48　名片正面效果

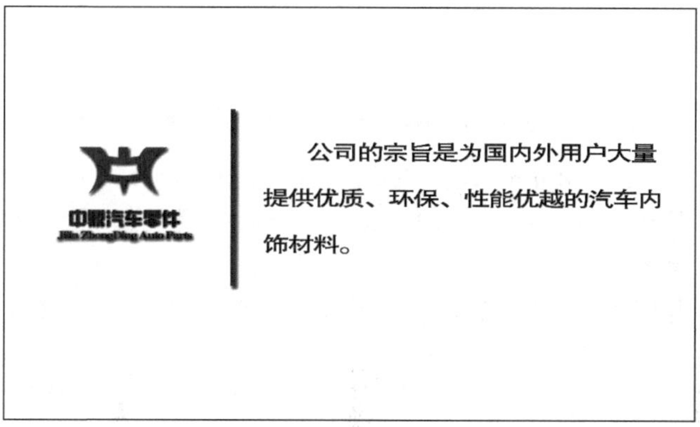

图 6-49　名片反面效果

2．任务实施

（1）制作名片正面

1）在菜单栏中单击“文件→新建”命令（或按<Ctrl+N>快捷键），新建一个名为“周洪岩名片正面”的文档。设置“大小”为 92×56 毫米，“分辨率”为“300 像素/英寸”，“颜色模式”为“CMYK 颜色　8 位”，“背景内容”为“白色”，具体设置如图 6-50 所示。

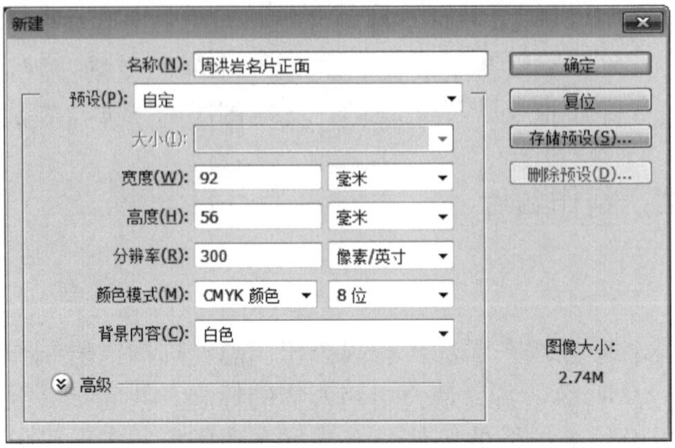

图 6-50　新建“周洪岩名片正面”文档

2）在菜单栏中单击“编辑→首选项”命令，打开“首选项”对话框，选择“单位与光标”选项，设置“标尺单位”为“毫米”。

3）按<Ctrl+R>快捷键，调出标尺，使用鼠标在文档四周拖出 4 条辅助线，辅助线距图像边缘距离为 3mm，如图 6-51 所示。名片的文字、图像和标志等内容要位于辅助线之内。

图 6-51　文档辅助线

提示

本名片成品尺寸为：54×90mm，设置大小为 56×92mm 是在图片的四周各增加 1mm 的出血位；辅助线距离图片边缘 3mm（包括 1mm 的出血位）是为了避免印刷后的裁切误差。因此设计时，文字、图像等信息和内容不能超出辅助线。

4）设置前景色为蓝色（CMYK：84，53，0，0），按<Shift+Ctrl+N>快捷键，新建“图层 1”。

5）在工具箱中选择直线工具，在选项栏中设置工具模式为“像素”、“粗细”为“8 像素”，具体设置如图 6-52 所示。

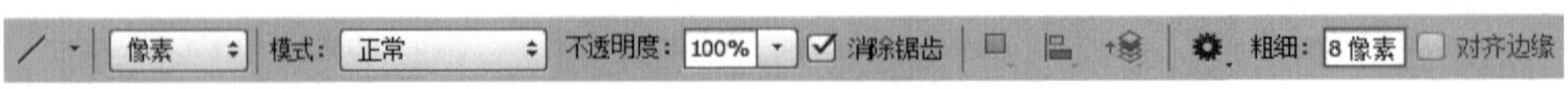

图 6-52　直线工具选项栏设置

6）按住<Shift>键的同时，按下鼠标左键，在画布垂直居中位置拖动，绘制一条从左到右的横线。

7）切换为选择工具，在“图层”面板中按住<Shift>键的同时，分别单击背景图层和“图层

1”，同时选择两个图层，在菜单栏中单击“图层→对齐→垂直居中”命令，使直线位于画布中间。

8）在“图层”面板中选择“图层 1”（直线所在图层），在菜单栏中单击“图层→图层样式”命令，打开“图层样式”对话框，勾选“投影”复选框，保持默认设置，具体设置如图 6-53 所示，单击“确定”按钮应用图层样式。

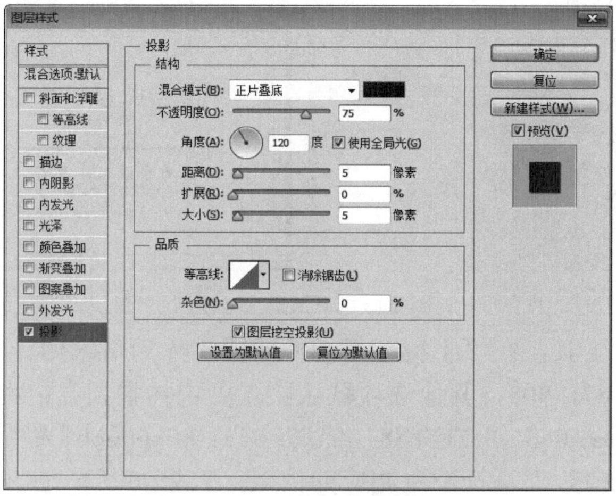

图 6-53 “图层样式”对话框（投影设置）

9）在工具箱中选择横排文字工具，设置字体为仿宋、字号为 10 点、颜色为黑色（CMYK：75，68，67，90），在直线的右上方分别输入“13337777777”和“总经理”，生成两个文字图层。

10）选择横排文字工具，设置字体为华文行楷、字号为 18 点、字间距为 -50、颜色为蓝色（CMYK：100，98，25，24），“字符”面板如图 6-54 所示。输入“周洪岩”并生成新的文字图层，“图层”面板如图 6-55 所示，效果如图 6-56 所示。

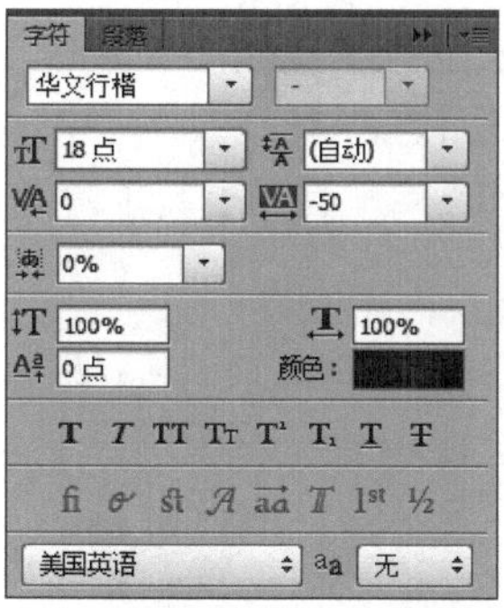

图 6-54 “字符”面板

图 6-55 “图层”面板

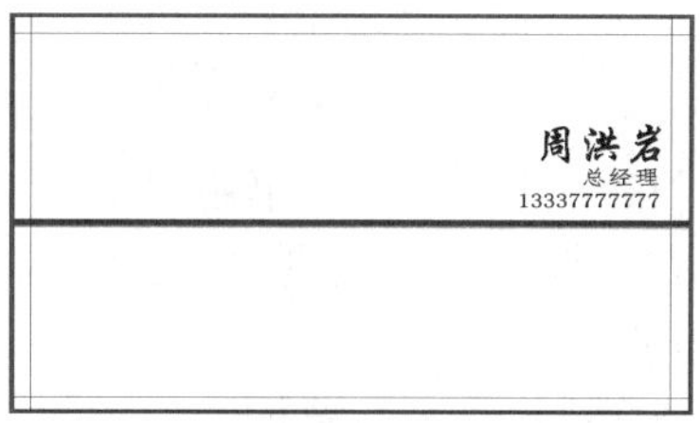

图 6-56 正面效果

11）选择横排文字工具，设置字体为“迷你行楷简”、字号为 14 点、字间距为-75、垂直缩放 85%、颜色为黑色（CMYK：75，68，67，90），“字符”面板如图 6-57 所示。在横线下方输入文字“吉林省中鼎汽车零部件有限公司”并生成新的文字图层。

12）选择横排文字工具，在“字符”面板中设置字号为 10 点，其他设置与第 11 步相同，在“吉林省中鼎汽车零部件有限公司”下面输入“Jilin ZhongDing Auto Parts Co., Ltd.”并生成新的文字图层。

13）选择横排文字工具，在“字符”面板中设置字体为仿宋体、字号为 8 点、颜色为黑色

（CMYK：75，68，67，90），其他选项默认，在“Jilin ZhongDing Auto Parts Co., Ltd.”下面输入“吉林省长春市南关区西三道街722号”并生成新的文字图层，完成后的效果如图6-58所示。

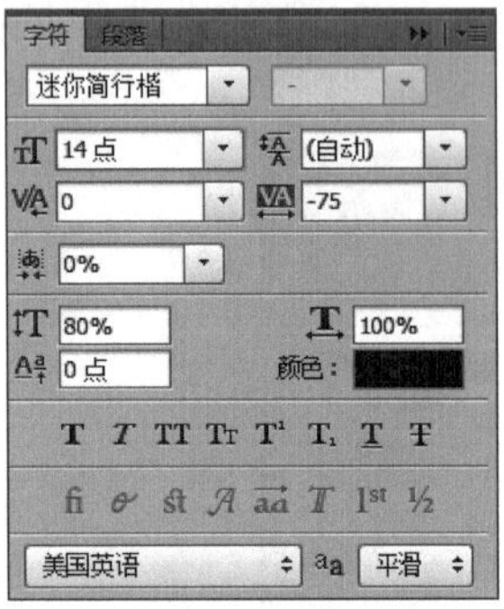

图6-57 “字符”面板

图6-58 正面完成效果

14）选择横排文字工具，在“字符”面板中设置字体为仿宋体、字号为6点、颜色为黑色（CMYK：75，68，67，90），其他选项默认。在“吉林省长春市南关区西三道街722号”的下方分两行输入“电话：0431-88888888　传真：0431-86666666”和“邮编：130042　E-Mail: Lind66666@Hotmail.com”，然后拖放到相应的位置，效果如图6-59所示。

15）选择横排文字工具，在“字符”面板中设置字体为方正小标宋简体、字号为5点、字间距为-75、垂直缩放85%、颜色为黑色（CMYK：75，68，67，90），其他选项默认。然后，在直线的左上方和下方分两行输入“Jilin Zhongding Auto Parts”。

16）在菜单栏中单击“图层→图层样式”命令，勾选“投影”复选框，采用默认设置，为“Jilin Zhongding Auto Parts”文字图层添加投影图层样式，效果如图6-60所示。

图6-59 加入其他基本信息

图6-60 投影图层样式效果

17）在菜单栏中单击“文件→置入”命令，置入素材文件“中鼎标志.pad”（如图6-61所示），缩放并拖动到“Jilin Zhongding Auto Parts”的上方，完成名片正面的制作。

图6-61 公司标志

（2）制作名片背面

1）重复上述步骤1～4，新建一个名为“周洪岩名片背面”的文档。

2）重复上述步骤5。

3）按住<Shift>键的同时单击鼠标左键，在画布水平居中偏左位置拖动，绘制一条竖线。

4）重复上述步骤8，为直线添加投影效果，完成效果如图6-62所示。

5）选择横排文字工具，在“字符”面板中设置字体为方正黑体简体、字号为10点、字间距为-75、垂直缩放85%、颜色为黑色（CMYK：75，68，67，90），其他选项默认。单击鼠标左键，在直线右侧拖动一个矩形文本定界框，输入“公司的宗旨是为国内外用户大量提供优质、环保、性能优越的汽车内饰材料。"，移动到相应的位置，完成效果如图 6-63 所示。

6）重复上述步骤 15～17，输入文字并置入公司标志，完成名片背面的制作。

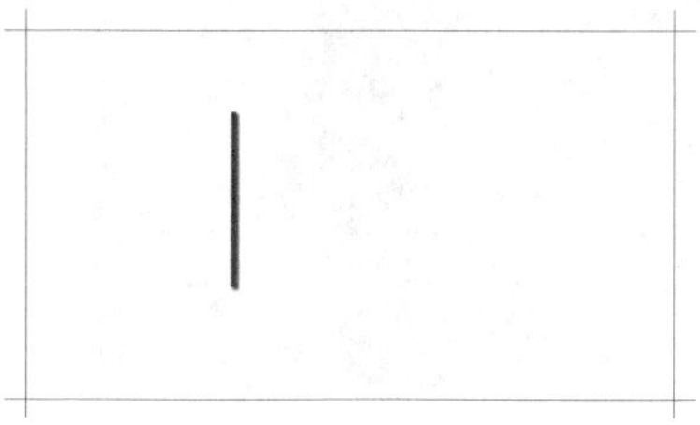

图 6-62　绘制垂直线

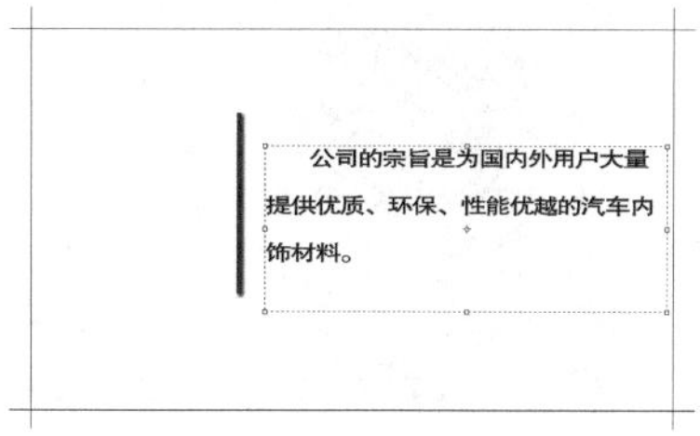

图 6-63　输入定界文本

6.5.3　实训任务三：制作班旗

1．任务分析

本任务是为"吉林省经济管理干部学院"的"吉林省农村信用合作社联合社"委托培养的班级制作班旗，最终效果如图 6-64 所示。通过本任务的实现可以更好地理解和掌握 Photoshop 文字工具的使用方法和技巧。

本任务的知识点：文字工具、图层等。

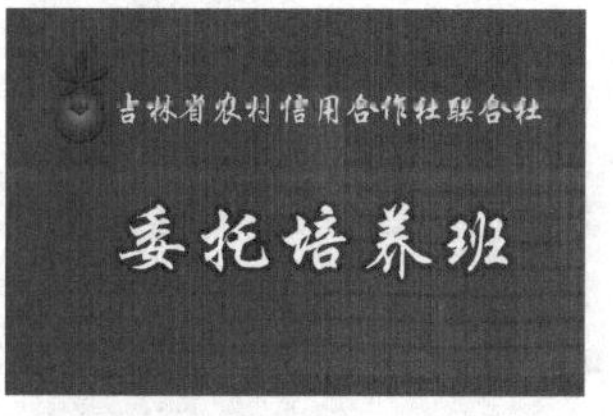

图 6-64　农信委托班班旗

2．任务实施

1）在菜单栏中单击"文件→新建"命令（或按<Ctrl+N>快捷键），新建一个名为"农信委托班班旗"的文档，大小为 1280×1920 毫米，"分辨率"为"150 像素/英寸"，"颜色模式"为"CMYK 颜色　8 位"，"背景内容"为"白色"，具体设置如图 6-65 所示。

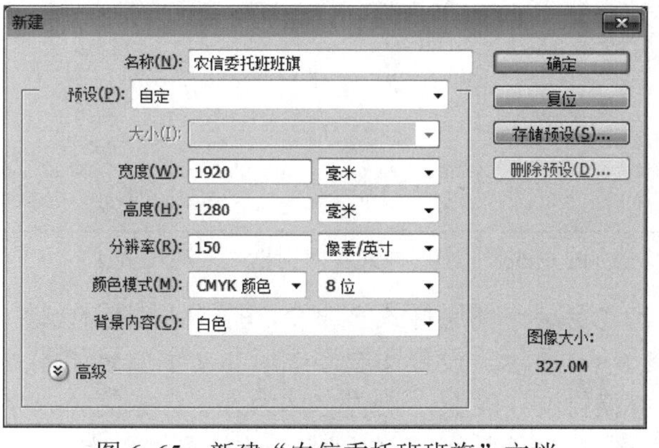

图 6-65　新建"农信委托班班旗"文档

2）设置背景色为蓝色（CMYK：69，29，0，0），前景色为白色（CMYK：0，0，0，0）。按<Ctrl+Delete>快捷键，用背景色填充背景图层。

3）在工具箱中选择横排文字工具，在菜单栏中单击"窗口→字符"命令，打开"字符"面板，设置字体为华文行楷简、字号为 750 点，输入文字"委托培养班"，自动生成文本图层，"图层"面板如图 6-66 所示。

4）将文本拖放到文档中间偏下的位置，效果如图 6-67 所示。

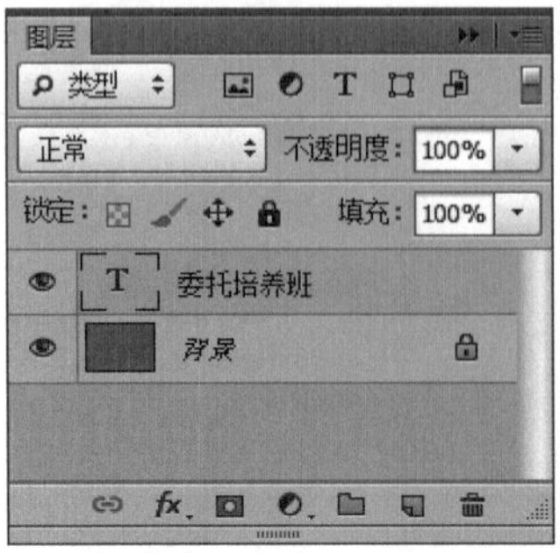

图 6-66 “图层”面板

图 6-67 放入文本后的效果

5）在菜单栏中单击“窗层→图层样式”命令，打开“图层样式”对话框，勾选“描边”复选框，设置“大小”为“52 像素”、颜色为绿色（CMYK：83，21，100，7），具体设置如图 6-68 所示。

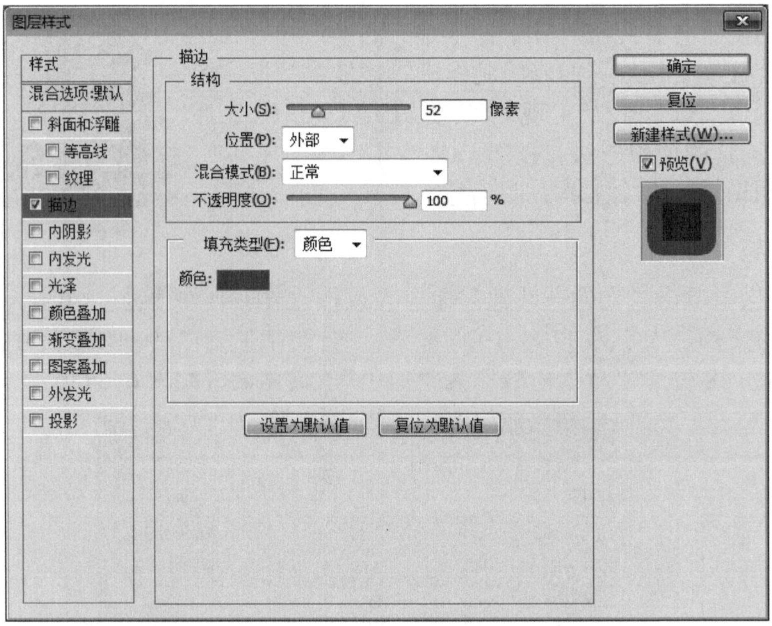

图 6-68 “图层样式”对话框（描边设置 1）

6）在菜单栏中单击“窗层→图层样式”命令，打开“图层样式”对话框，勾选“投影”复选框，具体设置如图 6-69 所示。设置图层样式后的文字效果如图 6-70 所示。

7）在工具箱中选择横排文字工具，设置字体为方正行楷简体、字号为 340 点、字间距为-75，“字符”面板如图 6-71 所示。在画面偏上的位置输入文字“吉林省农村信用合作社联合社”，如图 6-72 所示，同时在“图层”面板自动生成文本图层，如图 6-73 所示。

8）在菜单栏中单击“窗层→图层样式”命令，打开“图层样式”对话框，勾选“描边”复选框，设置“大小”为“3 像素”、颜色为绿色（CMYK：13，71，99，3），具体设置如图 6-74 所示。

9）执行操作步骤 6，设置图层投影样式。设置图层样式后的文字效果如图 6-75 所示。

10）在菜单栏中单击“文件→置入”命令，置入“吉林省农村信用合作社联合社”标志

（素材文件为“农信标.psd”），缩放标志到合适的大小并拖放到画面的左上方，完成班旗的制作。

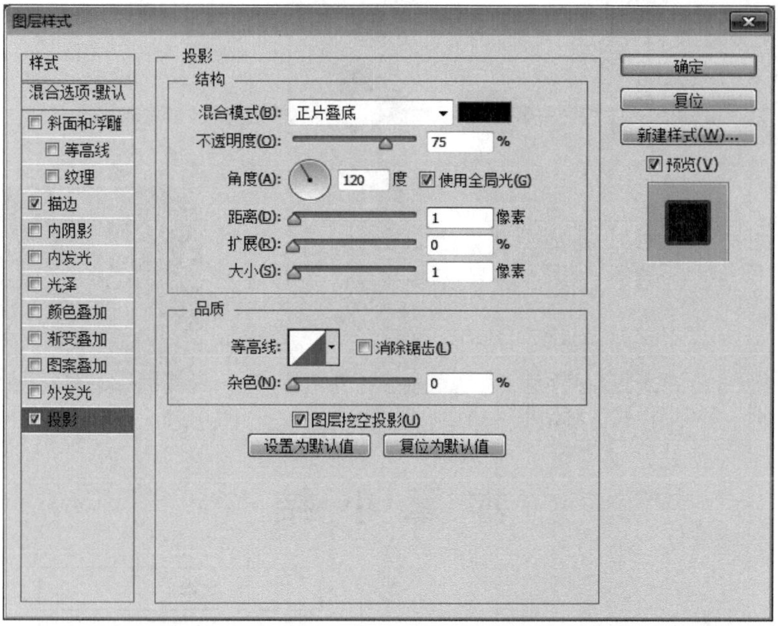

图 6-69 “图层样式”对话框（投影设置 1）

图 6-70 文字描边效果

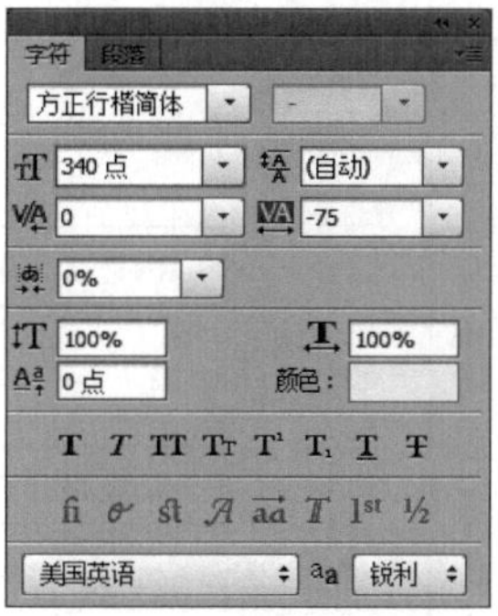

图 6-71 “字符”面板

图 6-72 输入其他信息

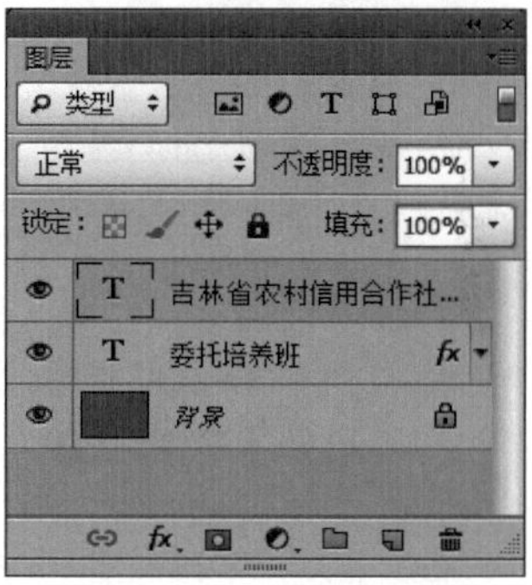

图 6-73 “图层”面板

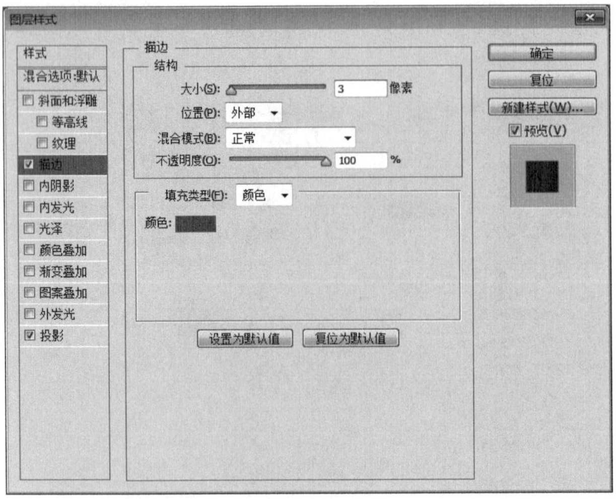

图 6-74 “图层样式”对话框（描边设置 2）

图 6-75 设置图层样式后的文字效果

本 章 小 结

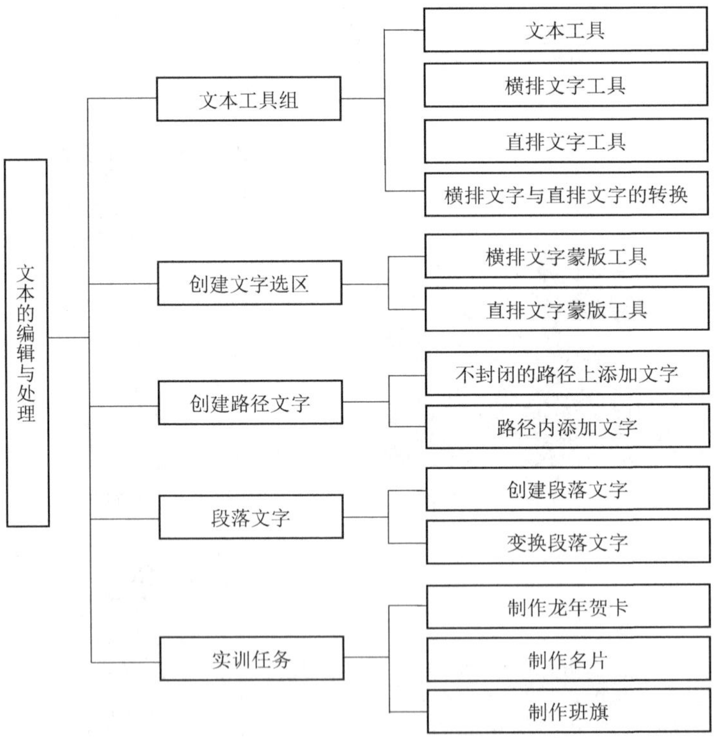

单 元 评 估

一、填空题

1. Photoshop 的文字工具选项栏中，“消除锯齿”有 5 个选项，分别是：________、_________、

______、______和______，设置这些选项可以通过部分的填充边缘像素来产生不同边缘的文字效果。

2．Photoshop 中文字的基线偏移是用于在选中字符的状态下，设置基线值。当值为正数时是向______偏移，值为负数时是向______偏移。

3．利用文字蒙版工具可以创建选区，但若要修改选区则最好在提交前进行修改。如果想要改变位置，则要在提交之前按住______键，用鼠标拖动即可；提交后将不能作为______来修改或进行其他文本类的操作。

4．Photoshop 中段落文字与点文字的区别是：段落文字在输入时会根据______的尺寸自动换行，且可以进行______的设置。点文字每字都可以是______的，行的长度随文字的长度进行______不会______，要______必须使用______键才可以。

二、基本操作练习

1．掌握横排和竖排文字工具及其选项栏的基本操作和技巧。

2．练习利用不封闭和封闭路径的路径工具输入文字。

3．掌握“字符”面板和“段落”面板的基本操作。

三、能力拓展

1．分组交流，讨论文本工具、“字符”面板和“段落”面板的操作技巧。

2．利用文字变形操作，制作至少 3 种以上的变形文字效果。

3．选取多张自己或朋友的生活照，利用文字路径等文字工具，为生活照添加个性文字，制作时尚艺术相册。

4．项目实训一

项目名称：贺卡。

项目准备：掌握本章所讲的知识与技能，确定贺卡主题，收集并整理素材。

内容与要求：

1）贺卡设计美观、布局和颜色搭配合理，符合主题节日的氛围。

2）以文字工具为主要工具。

3）使用路径文字。

5．项目实训二

项目名称：名片。

项目准备：掌握本章所讲的知识与技能，收集并整理名片设计所需要的素材，为某公司或个人设计名片。

内容与要求：

1）名片版面设计美观、实用、大方。

2）以文字工具为主要工具。

3）积极和名片使用者沟通，符合使用者的要求。

第7章　图　　层

本章导读：

图层是 Photoshop 处理图像时最基础和重要的工具，也是最常用的工具。通过图层，除了可以分类管理和编辑不同图层中的图像，还可以通过图层的叠放顺序和图层样式等操作，制作各种效果的平面设计。本章主要学习图层的创建、编辑的操作方法和技巧，图层样式、混合模式和不透明度操作的运用及技巧。最后，能够运用图层工具进行图像编辑和平面设计。

知识目标：

1）认识图层和“图层”面板。

2）了解图层的基本操作。

3）了解图层样式和混合模式。

能力目标：

1）掌握“图层”面板的使用方法和技巧。

2）掌握图层样式和图层混合模式的操作方法和技巧。

3）运用本章知识完成实训任务。

7.1　图层的基本概念

7.1.1　图层及图层原理

Photoshop 中的图层就像一层透明纸，每个图层中可以放置不同的图像或内容，且不受其他图层的影响。更改图层的不透明度可以使内容部分透明，以透过图层的透明区域看到下面的图层。处理图像时，可以把不同的图像内容放在不同的图层中，不同图层的编辑操作互相不受影响，还可以通过对这些图层的堆栈关系来实现不同的设计效果。

7.1.2　“图层”面板

多数关于图层的操作，如图层混合模式、新建图层和删除图层等均可以在“图层”面板中实现。在菜单栏中单击“窗口→图层”命令（或按<F7>快捷键），可以打开“图层”面板，如图 7-1 所示。

面板中各选项的含义及作用如下。

● 图层面板菜单：单击可以打开“图层”面板的菜单，菜单中有图层编辑的操作命令。

● 图层搜索：通过不同的搜索分类可以快速地在多图层的复杂文档中找到需要的图层，其中有类型、名称、效果、模式、属性和颜色 6 种不同的搜索分类。最右的侧按钮▮用于打开或关闭图层搜索。

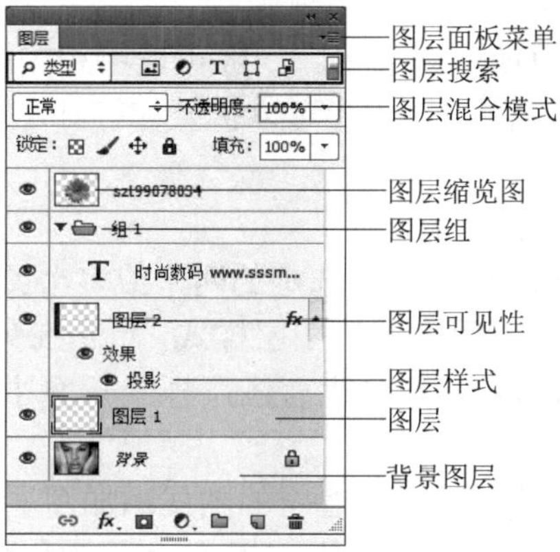

图 7-1 “图层”面板

① 类型：图 7-1 即是选择了“类型”搜索图层，“类型”右侧的 5 个按钮从左到右依次是像素图层、调整图层、文字图层、形状图层和智能对象图层 5 种方式。

② 名称：输入图层名称或名称中包含的文字来搜索图层。

③ 效果：通过图层应用的图层样式来搜索图层。

④ 模式：通过图层的混合模式来搜索图层。

⑤ 属性：通过图层的属性，如可见、锁定、空、链接、已剪切、混合和蒙版等，来搜索图层。

⑥ 颜色：通过图层的颜色来搜索图层。

● 图层混合模式：图层的混合模式用于设置当前图层像素与下一图层像素进行混合的模式。在下拉列表框中可以选择想要的混合模式，使用混合模式可以创建各种特殊效果。

● 不透明度：用于设置当前图层整体的不透明度。图层的不透明度决定它遮蔽或显示其下方图层的程度，数值越大，图层越不透明、对下一图层的遮蔽就越大。当不透明度为 1%时，图层看起来几乎是透明的，而不透明度为 100%的图层则是完全不透明。

● 锁定：有 4 个锁定按钮，即锁定透明像素、锁定图像像素、锁定位置和全部锁定。

① 锁定透明像素：锁定图层的透明区域，编辑范围限制只能针对图层的不透明部分。

② 锁定图像像素：防止使用绘画工具修改图层的像素。可以移动和变换图层内的图像，但不能进行填充、调整或应用滤镜等其他操作。

③ 锁定位置：用于锁定图层的位置，防止图层的像素被移动，但可以进行其他编辑操作。

④ 全部锁定：用于锁定当前图层的全部编辑操作。

提示

对于文字和形状图层，“锁定透明度”和“锁定图像”选项在默认情况下处于选中状态，而且不能取消选择。

● 填充：用于设置图层填充的不透明度。

● 图层缩览图：图层图像缩略显示，单击“图层”面板菜单中的“面板”选项，可以更改缩览图的设置，关闭缩览图可以提高性能、节省显示器空间。

- 图层可见性👁：用于设置图层在文档中的可见性，当有“眼睛”图标时，表示图层为可见的，无“眼睛”图标则表示图层为隐藏的。
- 图层组：由多个图层组成的图层组。一般可以将相关的多个图层组成一个组，以便于操作。单击组文件夹图标左侧的三角形可以折叠或打开图层组，折叠时可以节省“图层”面板的空间。
- 背景图层：文档的背景图层。
- “链接图层”按钮：用于链接选定的两个或多个图层或组。
- “添加图层样式”按钮fx：用于添加图层样式，单击在列表中可以选择图层样式。“图层”面板中已添加图层样式的图层的右侧也有图层样式折叠/打开按钮，用于折叠/展开图层样式，展开时会显示图层应用的样式名称。
- “添加图层蒙版”按钮：用于为选定的图层添加图层蒙版。
- “创建新的填充或调整图层”按钮：用于为选定的图层新建填充或调整图层。
- “新建图层”按钮或“新建组”按钮：用于新建图层或组。
- “删除图层”按钮：单击可以删除选定的图层或组。

7.1.3 常见的图层类型

在 Photoshop 中不同类型的图层可以承载不同的内容，同时，操作和设计效果也不同，图 7-2 所示的为图层中常见的类型。

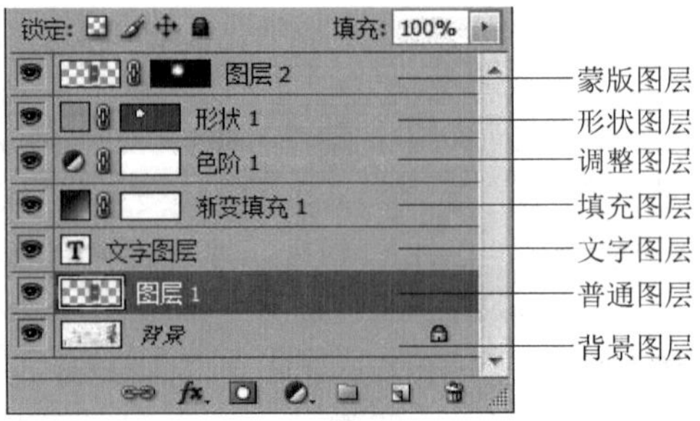

图 7-2　各种类型的图层

- 背景图层：位于“图层”面板的最下面。一个文档图像只能有一个背景图层，且不能更改背景图层的堆栈顺序、混合模式或不透明度。背景层只有转换为普通图层后才可进行相应的编辑操作。
- 普通图层：在 Photoshop 中，大多数的图层都是普通图层，在“图层”面板中单击“新建图层”按钮、复制和粘贴图像以及在两个文档中拖动图层时，均可新建普通图层。
- 图层组：多个图层的集合。移动图层组时，组内的图层也一起移动。它和计算机中文件夹的功能类似，借助图层组可以便于设计者组织和管理图层，也可避免因图层过多造成的混乱。
- 文字图层：指写有文字的图层。使用工具箱中的文字工具输入文字可创建文字图层，文字图层对文字有保护性作用，只有当文字图层转换为普通图层后，才可以进行和普通图层一样的编辑操作。
- 填充图层：利用填充图层可以在不改变原图层图像的基础上，叠加纯色、渐变或图案，且可以设置填充图层的不透明度和混合模式。

● 调整图层：利用调整图层，设计者可以在不改变原图层图像的基础上，对图层进行“色阶”、“曲线”和“亮度/对比度”等的调整。

除了上述的图层种类以外，Photoshop 中还有样式图层和蒙版图层。

7.2 图层的基本操作

在 Photoshop 的“图层”面板中，可以进行图层的新建、移动、复制、删除、对齐和合并等基本操作，这些基本操作也是编辑和处理图像必须掌握的知识。

7.2.1 新建图层

1. 新建图层

执行以下操作之一可以新建图层：

1）在菜单栏中单击“图像→新建→图层”命令（或按<Ctrl+Shift+N>快捷键），打开“新建图层”对话框，如图 7-3 所示。

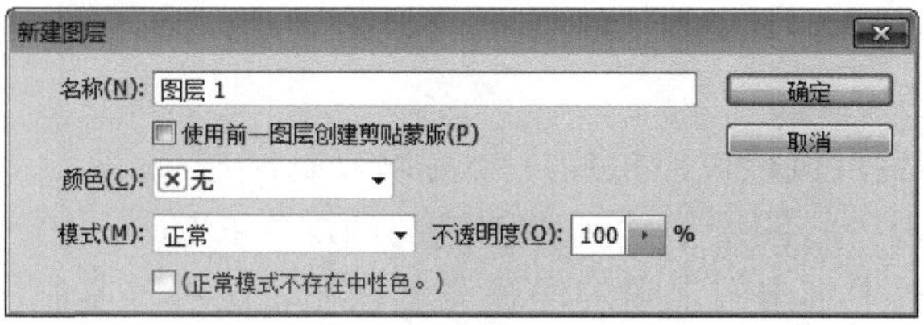

图 7-3 “新建图层”对话框

对话框中各选项的含义如下。

● 名称：指定新图层的名称。可以勾选“使用前一图层创建剪贴蒙版”复选框，但此复选框不能用于组。

● 颜色：单击可以选择新图层的颜色。

● 模式：单击选择图层的混合模式。

● 不透明度：设置图层的不透明度。

2）单击“图层”面板右上方的面板菜单按钮，在弹出的菜单中单击“新建图层”命令也可以打开“新建图层”对话框。

3）在“图层”面板中单击面板底部的“新建图层”按钮，可以在当前图层的上面新建图层。

2. 背景图层与普通图层的转换

● 将背景图层转换为普通图层：在“图层”面板中双击背景图层的名称或在菜单栏中单击“图层→新建→图层背景”命令，可以打开“图层”对话框，设置图层选项后，单击“确定”按钮即可将背景图层转换为普通图层。

● 将普通图层转换为背景图层：在“图层”面板中选择要转换为背景图层的图层，在菜单栏中单击“图层→新建→图层背景”命令，可将普通图层转换为背景图层。如果原图层中包括透明像素，则透明像素将被转换为背景色，转换后的背景图层将放置到图层堆栈的底部。

7.2.2 选择与排列图层

1. 选择图层

在“图层”面板中单击某一图层即可选择该图层，按住<Shift>键并单击可以选择包括两次单击图层在内的连续的多个图层，按住<Ctrl>键的同时单击，可以选择多个不连续的图层。

2. 排列图层顺序

“图层”面板中，图层的不同排列顺序会产生不同的图像效果，调整图层排列顺序可以执行以下操作：

- 在“图层”面板中按下鼠标左键并拖动想要移动的图层，到新位置时松开鼠标，图层将移动到新的位置。
- 选择图层后，在菜单栏中单击“图层→排列”命令，在弹出的菜单中可以单击“置为顶层”、“前移一层”、“后移一层”、“置为底层”和“反向”，以排列选择中的图层。

7.2.3 复制与删除图层

1. 复制图层

选择要复制的图层后，执行以下操作之一可以复制图层。

- 在“图层”面板中将图层拖动到“创建新图层”按钮。
- 在“图层”面板中单击右上角的面板菜单按钮，选择“复制图层”或“复制组”，输入图层或组的名称，然后单击“确定”按钮即可。
- 在菜单栏中单击“图层→复制图层”命令，打开“复制图层”对话框，如图 7-4 所示，在对话框中选择复制图层的目标位置即可。其中，文本下拉列表框中包含新建文档和当前打开的所有文档，用以选择新图层的目标位置。

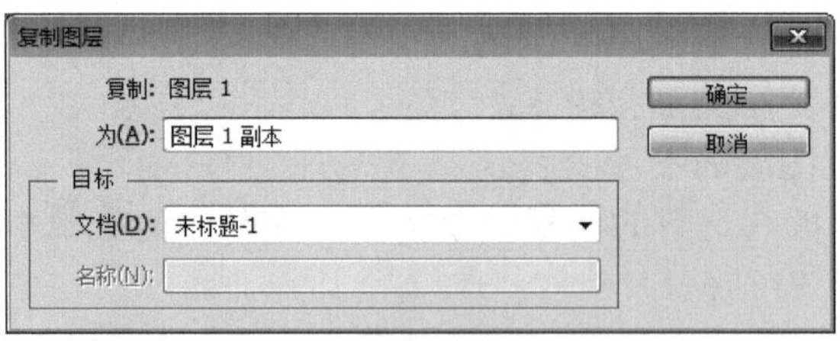

图 7-4 “复制图层”对话框

2. 删除图层

选中图层后，执行以下操作之一可以删除图层。

- 在菜单栏中单击“图层→删除→图层”命令，可以删除选中的图层。若要删除隐藏图层，则需要单击“图层→删除→隐藏图层”命令。
- 在“图层”面板中将图层拖动到“删除图层”按钮上，松开鼠标，即可删除选中的图层。
- 按下<Delete>键可以删除选中的图层。

7.2.4 显示与隐藏图层

显示/隐藏图层时，可以执行以下操作之一：

- 在“图层”面板中单击图层或组左侧的“图层可见性图标”，可以隐藏其内容。再次单击则会重新显示图层内容。
- 在“图层”面板中选中图层后，在菜单栏中单击“图层→显示图层（隐藏图层）”命令可以显示或隐藏图层。
- 按下鼠标左键并在“图层可见性图标”列中拖动，可改变“图层”面板中多个图层的可见性。

提示

按住<Alt>键并单击一个图层对应的眼睛图标，则只显示该图层的内容，隐藏其他图层；按住<Alt>键的同时再次单击同一眼睛图标，即可恢复原来各图层的可见性状态。

7.2.5 对齐与分布图层

利用对齐与分布图层命令，可以对多个图层的图像进行对齐和分布操作，具体步骤如下：

1）在“图层”面板中选择多个图层，执行“对齐”操作至少要选择两个图层，执行“分布”操作至少要选择3个图层。

2）在菜单栏中单击“图层→对齐”或“图层→分布”命令，并在级联菜单中选择对齐或分布的方式，也可选择工具箱中的移动工具，然后单击选项栏中的对齐与分布按钮，具体介绍如下：

- 对齐。

① 顶边对齐：将选定图层的顶端像素与所有选定图层最顶端的像素对齐，或与选区边框的顶边对齐。

② 垂直居中对齐：将每个选定图层的垂直中心像素与所有选定图层的垂直中心像素对齐，或与选区边界的垂直中心对齐。

③ 底边对齐：将选定图层的底端像素与选定图层最底端的像素对齐，或与选区边界的底边对齐。

④ 左边对齐：将选定图层左端像素与最左端图层的左端像素对齐，或与选区边界的左边对齐。

⑤ 水平居中对齐：将选定图层的水平中心像素与所有选定图层的水平中心像素对齐，或与选区边界的水平中心对齐。

⑥ 右边对齐：将链接图层的右端像素与所有选定图层的最右端像素对齐，或与选区边界的右边对齐。

- 分布。

① 顶边：从每个图层的顶端像素开始，间隔均匀地分布图层。

② 垂直居中：从每个图层的垂直中心像素开始，间隔均匀地分布图层。

③ 底边：从每个图层的底端像素开始，间隔均匀地分布图层。

④ 左边：从每个图层的左端像素开始，间隔均匀地分布图层。

⑤ 水平居中：从每个图层的水平中心像素开始，间隔均匀地分布图层。

⑥ 右边：从每个图层的右端像素开始，间隔均匀地分布图层。

7.2.6 链接图层

1）在“图层”面板中，选择两个或两个以上的多个图层，单击“图层”面板中的“链接图层”按钮，可以链接选定的图层。

2）取消图层链接可以执行以下操作之一。

- 取消图层链接：选择一个或多个链接的图层，然后单击“图层”面板底部的链接图标。
- 临时停用链接：按住<Shift>键并单击链接图层右侧的链接图标，然后图层的链接图标上会出现一个红色的“X”，表示图层链接停用。按住<Shift>键再次单击图层右侧的链接图标则可恢复停用的链接。

7.2.7 合并图层

合并后的图层中，原图层的图像将不能被单独编辑，所以合并图层操作一般是在最终确定了图层的内容后才进行。

1. 合并图层

在合并图层时，顶部图层上的数据会替换它所覆盖的底部图层上的任何数据。在合并后的图层中，所有透明区域的重叠部分都会保持透明。合并图层的具体操作步骤如下：

1）在“图层”面板中选择想要合并的多个图层。

2）在菜单栏中单击“图层→合并图层”命令，或者在“图层”面板的面板菜单中单击“合并图层”命令。

当只选择一个图层时，“合并图层”命令显示为“向下合并”命令，即将当前图层与下一图层合并。

2. 合并所有可见图层

合并所有可见图层，会将“图层”面板中的所有可见性图层（有眼睛图标的图层）合并，在菜单栏中单击“图层→合并所有可见图层”命令即可。

3. 盖印多个图层

图层合并后，原图层中的各个图像不能进行编辑，但除了合并图层外，还可以盖印图层。盖印可以将多个图层的内容合并为一个新的目标图层，同时使原有图层保持完好。操作时，首先选择多个图层，然后按<Ctrl+Alt+E>快捷键即可。

提示

不能将调整图层或填充图层用做合并的目标图层。存储合并的文档不能恢复到未合并时的状态，即图层的合并是永久行为。

7.2.8 图层组的基本操作

对于多图层文档的处理，可将多个相关或有关联的图层组成一个图层组，这样可以便于操作。

1）新建图层组：在“图层”面板中新建一个图层组，用于存放图层。执行以下操作之一可以新建图层组。

- 在“图层”面板中单击“新建组”按钮。
- 在菜单栏单击中“图层→新建→组”命令。
- 在图层面板菜单中单击“新建组”命令。

2）图层组的操作如下。

- 图层移入和移出图层组：在“图层”面板中，将图层拖动到“图层组”名称处或拖入到图层组内的图层中，松开鼠标，即可将图层移入图层组；在“图层”面板中，将图层组中的图层拖到组外的图层中或当前组的上方，松开鼠标，即可将图层移出图层组。
- 创建图层编组：创建图层编组，可以在“图层”面板中将选中的图层放入新建的图层组中。具体操作为：在“图层”面板中选择图层，在菜单栏中单击“图层→图层编组”命令（或按<Ctrl+G>快捷键），即可创建一个包含选中图层的图层组。
- 取消图层编组：在“图层”面板中选择图层组后，在菜单栏中单击“图层→取消图层编组”命令，或者在图层面板菜单中单击“取消图层编组”命令，可以取消图层编组。

7.3　图层样式

在 Photoshop 中提供了多种多样的图层样式供设计者使用，通过这些图层样式可以实现多姿多彩的设计效果。为图层添加图层样式时可执行以下操作之一：

- 在“图层”面板中选中要设置图层样式的图层，单击“图层”面板下方的“添加图层样式”按钮 fx，并选择要添加的图层样式。
- 在“图层”面板中，双击要添加样式的图层，打开“图层样式”对话框，在对话框中选择并设置图层样式。
- 在“图层”面板中选中要设置的图层，在菜单栏中单击“图层→图层样式”命令，在子菜单中选择要添加的图层样式。

7.3.1　混合选项

Photoshop 提供了图层或组的不透明度、填充和混合模式，通过这些设置可以完成多样式、多效果的图像制作。

1．图层或组的不透明度

通过更改不透明度可以设置图层遮蔽或显示其下方图层的程度。不透明度越小越透明，对下方图层的遮蔽也就越小，反之越大。不透明度为 1%的图层看起来几乎是透明的，而不透明度为100%的图层则是完全不透明的。背景图层的不透明度是不能更改的。在“图层”面板中选中要设置的图层，执行以下操作之一：

- 在“图层”面板的“不透明度”文本框中输入数值，或拖动“不透明度”弹出式滑块。
- 在菜单栏中单击“图层→图层样式→混合选项”命令，打开“图层样式”对话框，如图 7-5 所示。在“不透明度”文本框中输入数值，或拖动“不透明度”弹出式滑块。图 7-6 和 7-7 所示的分别是上层图层不透明度为 1%和 80%的效果。

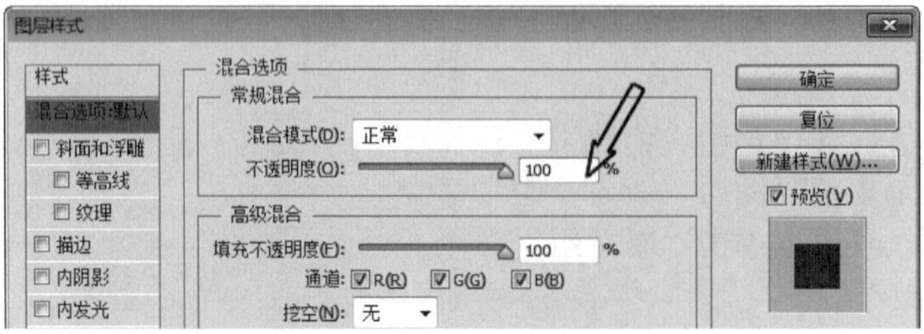

图 7-5　设置不透明度

图 7-6　不透明度 1%

图 7-7　不透明度 80%

2．图层的混合模式

图层的混合模式是指当上方图层和下方图层叠加时，其像素与下层像素进行混合的模式，不同的混合模式可以实现不同的效果。图 7-8 和图 7-9 所示的分别是正常模式和溶解（不透明度为 70%）模式的混合效果。设置图层混合模式的具体操作步骤如下：

图 7-8　正常混合模式效果

图 7-9　溶解混合模式效果

1）在“图层”面板中选中要设置的图层。

2）执行以下操作之一，打开“混合选项”对话框。

- 在“图层”面板中从“混合模式”样式列表中选取样式。
- 在菜单栏中单击“图层→图层样式→混合选项”命令，然后选取一个样式。

各种混合模式的含义如下。

- 正常：默认模式，上下两个图层的像素没有混合效果。
- 溶解：上下两个图层的像素在混合时为溶解效果，结果色由基色或混合色的像素随机替换。

提示

基色：指图像中原有的颜色。图层混合时指两个图层中下面的图层的颜色。

混合色：指通过绘图或编辑工具应用的颜色，图层混合时指上面的图层的颜色。

结果色：指应用混合模式后得到的颜色。

● 变暗：在混合时，选择基色或混合色中较暗的颜色作为结果色。替换比混合色亮的像素，而比混合色暗的像素保持不变。

● 正片叠底：此模式将基色与混合色进行混合，产生较暗的结果色。任何颜色与黑色正片叠底均产生黑色。

● 颜色加深：此模式通过增加对比度使基色变暗，以反映混合色。

● 线性加深：此模式通过减小亮度使基色变暗，以反映混合色。当与白色混合时不产生变化。

● 深色：此模式通过比较混合色和基色的所有通道值的总和来显示值较小的颜色。此模式不会生成第 3 种颜色，是从基色和混合色中选取最小的通道值来创建结果色。

● 变亮：此模式选择基色或混合色中较亮的颜色作为结果色。比混合色暗的像素被替换，比混合色亮的像素保持不变。

● 滤色：此模式将混合色的互补色与基色进行正片叠底，产生较亮的结果色。用黑色过滤时颜色保持不变，用白色过滤将产生白色。

● 颜色减淡：查看每个通道中的颜色信息，通过减小对比度使基色变亮，以反映混合色。与黑色混合则不发生变化。

● 线性减淡：此模式通过增加亮度使基色变亮，以反映混合色。与黑色混合则不发生变化。

● 浅色：此模式通过比较混合色和基色的所有通道值的总和来显示值较大的颜色。此模式不会生成第 3 种颜色，是从基色和混合色中选取最大的通道值来创建结果色。

● 叠加：图案或颜色在现有像素上叠加，同时保留基色的明暗对比。不替换基色，但基色与混合色相混，以反映原色的亮度或暗度。

● 柔光：此模式效果与发散的聚光灯照在图像上相似。当混合色（光源）比 50%灰色亮时，则图像变亮，就像被减淡了一样；当混合色（光源）比 50%灰色暗时，则图像变暗，就像被加深了一样。

● 强光：此模式效果与耀眼的聚光灯照在图像上相似。当混合色（光源）比 50%灰色亮时，则图像变亮，就像过滤后的效果。当混合色（光源）比 50%灰色暗时，则图像变暗，就像正片叠底后的效果。

● 亮光：此模式通过调整对比度来加深或减淡颜色。当混合色（光源）比 50%灰色亮时，则通过减小对比度使图像变亮。当混合色比 50%灰色暗时，则通过增加对比度使图像变暗。

● 线性光：此模式通过调整亮度来加深或减淡颜色。当混合色（光源）比 50%灰色亮时，则通过增加亮度使图像变亮。当混合色比 50%灰色暗时，则通过减小亮度使图像变暗。

● 点光：此模式是根据混合色来替换颜色。当混合色（光源）比 50%灰色亮时，则替换比混合色暗的像素，比混合色亮的像素保持不变。当混合色比 50%灰色暗时，则替换比混合色亮的像素，比混合色暗的像素保持不变。

- 实色混合：此模式将混合色的红色、绿色和蓝色通道值添加到基色的 RGB 值。当通道的结果总和大于或等于 255 时，则值为 255；当小于 255 时，则值为 0。会将所有的像素更改为原色，即红色、绿色、蓝色、青色、黄色、洋红、白色或黑色。
- 差值：此模式在基色和混合色中，用颜色亮度值大的减去亮度值小的得到的差值为最后的像素值。与白色混合将反转基色值；与黑色混合则不产生变化。
- 排除：此模式将创建一种与“差值”模式相似，但比“差值”模式生成的对比度更低。也就是比“差值”模式获得的颜色更柔和。
- 色相：保持基色的亮度和饱和度，用混合色的色相进行着色，创建结果色。此模式不能用于灰度模式的图像。
- 饱和度：保持基色的亮度和色相不变，用混合色的饱和度着色，创建结果色。
- 颜色：用基色的明亮度以及混合色的色相和饱和度创建结果色。
- 明度：与“颜色”模式相反，用基色的色相和饱和度以及混合色的明亮度创建结果色。

7.3.2 投影

图层的投影样式可以为图层中的图像添加阴影效果，图 7-10 所示的是添加投影前后的图像效果对比，图 7-11 所示的是“图层样式”对话框中的“投影”复选框的具体选项。

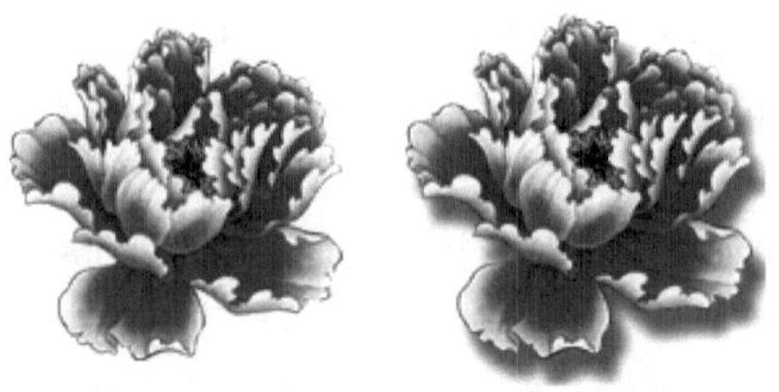

a）　　　　b）

图 7-10　添加投影效果前后对比

a）原图像　b）添加投影后的效果

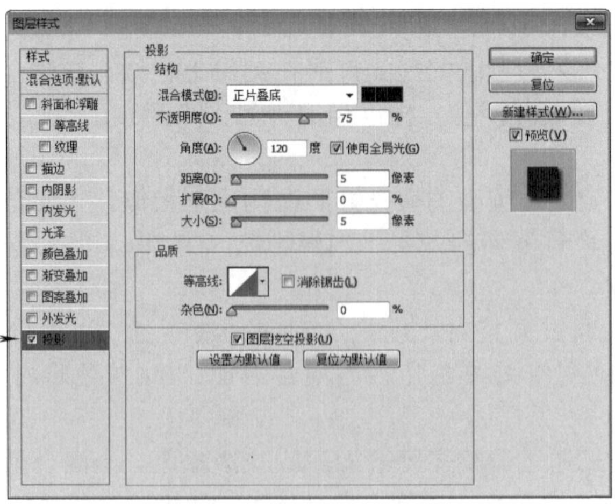

图 7-11　“投影”复选框中的具体选项

对话框中部分选项的含义如下（前面介绍过的选项这里不再重复）。

- 混合模式：用于设置投影的混合效果，默认是“正片叠底”选项，单击右侧的颜色块可以改变阴影的颜色。
- 不透明度：拖动滑块或直接文本框中输入数值，可以设置阴影的不透明度，数值越大颜色越深。
- 角度：用于设置投影效果作用于图层时所采用的光照角度，可以拖动角度控制杆或直接输入数值来设置。
- 使用全局光：勾选此复选框，设置的光照角度将应用于图层中的所有图层样式。
- 距离：用于设置阴影效果的偏移距离，取值范围是 0～30000 像素之间的整数值，数值越大，距离图像越远。
- 扩展：用于设置投影边缘的模糊效果，取值范围是 0～100%数值越大，效果越模糊。但当“大小”的值为“0”时，此选项将不起作用。
- 大小：用于设置阴影模糊的范围，取值范围是 0～250 像素之间的整数值，数值越大，模糊的范围越大。
- 等高线：用于设置投影效果在指定范围上的形状，单击等高线图标可以打开“等高线编辑器”，如图 7-12 所示，可以编辑当前的等高线。单击右侧的三角可以打开等高线预设管理器，如图 7-13 所示，在管理器中可以选择、复位、删除或更改等高线的预设。

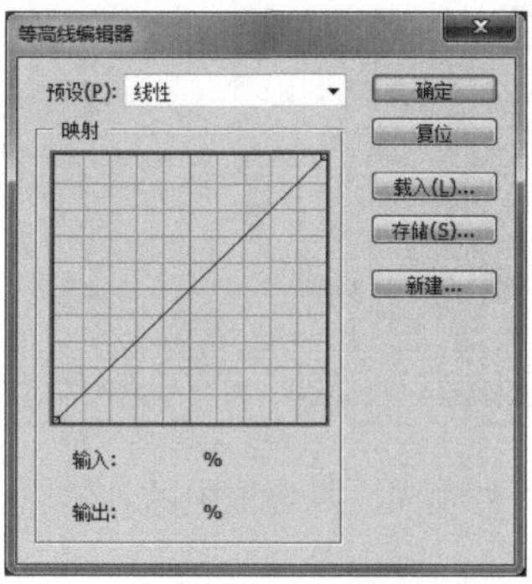

图 7-12　等高线编辑器

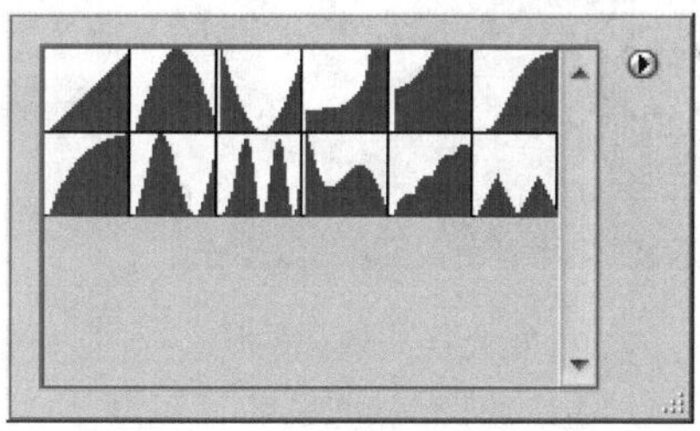
图 7-13　等高线预设管理器

- 消除锯齿：勾选此复选框，可以平滑阴影的边缘像素，从而消除锯齿现象。
- 杂色：用于增加发光或阴影的不透明度中的随机元素的数量。
- 图层挖空投影：用于控制半透明图层中的投影的可见性，此复选框在图层的填充不透明度小于 100%时才有效果。

7.3.3　内阴影

图层的内阴影样式可以在图层内容的边缘内添加阴影，使图层具有凹陷外观。图 7-14 所示的是添加内阴影前后的图像效果对比，图 7-15 所示的是“内阴影”复选框的具体选项。

a）　　　　b）

图 7-14　添加内阴影效果对比
a）原图像　b）添加内阴影后的效果

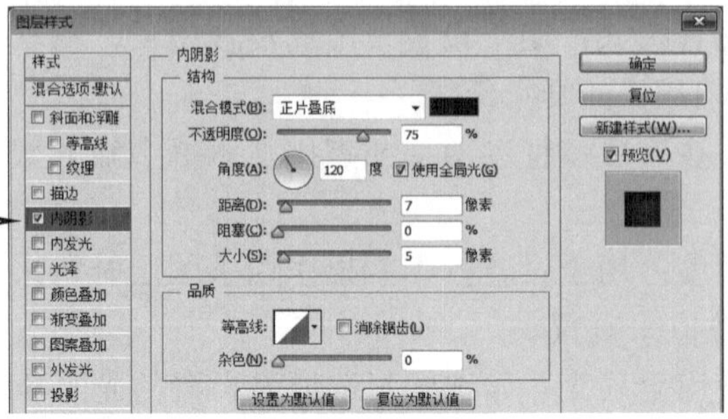

图 7-15　“内阴影”复选框中的具体选项

其中，“阻塞”用于设置模糊之前，收缩阴影的杂边边界。

7.3.4　外发光

图层的外发光是添加从图层内容的外边缘起的发光效果。图 7-16 所示的是添加外发光后的图像效果对比，图 7-17 所示的是“外发光”复选框中的具体选项。

图 7-16　添加外发光样式效果对比
a）原图像　b）添加外发光后的效果

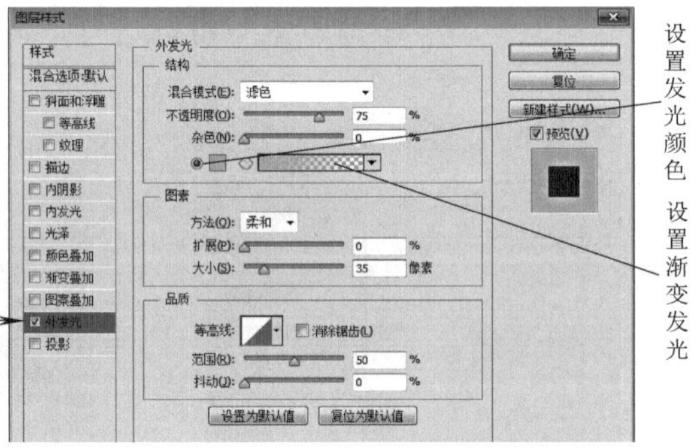

图 7-17　“外发光”复选框中的具体选项

对话框中部分选项的含义如下。

- 方法：用于设置发光的效果，有“柔和”与“精确”两个选项。“柔和”是根据图像整体轮廓发光，“精确”会根据图像的细节来发光。
- 设置发光颜色：单击可以设置单色发光的颜色。
- 设置渐变发光：单击可以设置用渐变来实现发光的效果。
- 范围：控制发光中作为等高线目标的部分或范围。
- 抖动：改变渐变的颜色和不透明度，用于设置随机化发光中的渐变。

7.3.5　内发光

图层的内发光是添加从图层内容的内边缘发光的效果。图 7-18 所示的是添加内发光后的图像效果对比，图 7-19 所示的是“内发光”复选框的具体选项框。

图 7-18　添加内发光样式效果对比
a）原图像　b）添加内发光后的效果

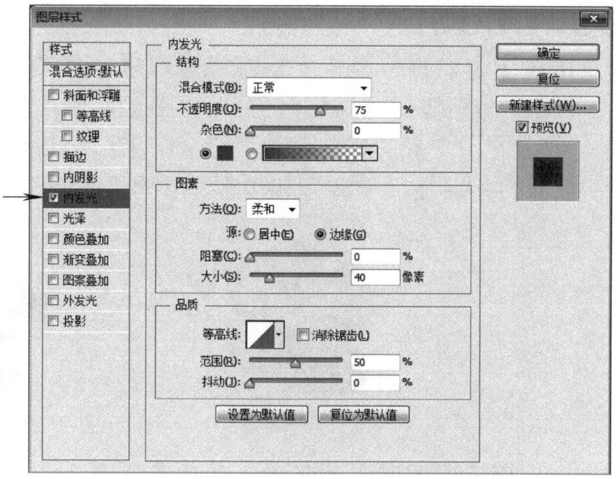

图 7-19　“内发光”复选框中的具体选项

其中，“源”用于指定内发光的光源，有“居中”和“边缘”两个选项。“居中”是从图像的中心发光，“边缘”是从图像内部边缘发光。

7.3.6　斜面和浮雕

斜面和浮雕是对图层添加高光与阴影的各种组合，从而产生各种立体的斜面浮雕效果。图 7-20 所示的是添加斜面和浮雕的图像效果对比，图 7-21 是“斜面和浮雕”复选框的具体选项。

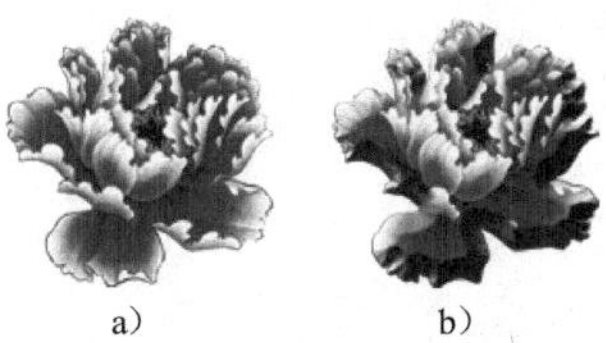

图 7-20　添加斜面和浮雕效果对比
a）原图像　b）添加后的效果

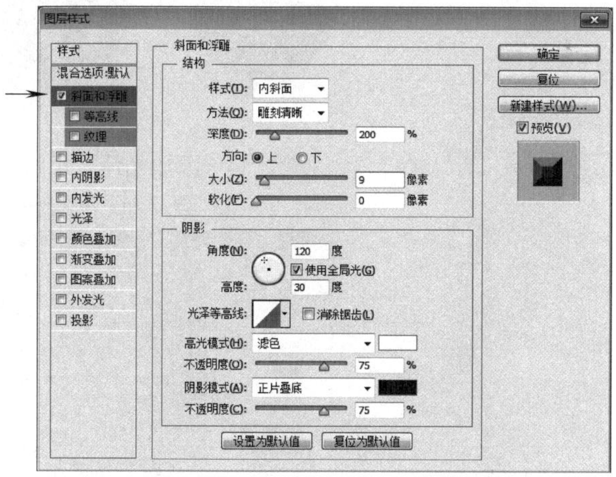

图 7-21　“斜面和浮雕”复选框中的具体选项

对话框中部分选项的含义如下。

- 样式：用于设置斜面样式，有“内斜面”、“外斜面”、“浮雕效果”、“枕状浮雕”和“描边浮雕”5 个选项。“内斜面”是在图层内容的内边缘上创建斜面；“外斜面”是在图层内容的外边缘上创建斜面；“浮雕效果”是使图层内容相对于下层图层呈现浮雕状的效果；“枕状浮雕”是模拟将图层内容的边缘压入下层图层中的效果；“描边浮雕”将浮雕限于应用于图层的描边效果的边界。

● 方法：用于设置斜面和浮雕的边缘效果，有“平滑”、“雕刻清晰”和“雕刻柔和”3个选项。“平滑”模糊边缘效果比较柔和；“雕刻清晰”边缘效果明显，有较强的立体感；“雕刻柔和”介于“平滑”和“雕刻清晰”之间。图 7-20 所示的是“雕刻清晰”效果，图 7-22 和图 7-23 所示的分别是“平滑”和“雕刻柔和”效果。

图 7-22 平滑效果

图 7-23 雕刻柔和效果

● 深度：用于设置阴影的强度，取值范围是 1%～1000%，数值越大，效果越明显。

● 软化：用于设置斜面柔和度，取值范围是 1～16 之间的整数值，数值越大，边缘过渡越柔和。

7.3.7 光泽

光泽用于创建光滑、亮泽的内部阴影，使图像内部产生类似光源照射的光泽效果。图 7-24 所示的是添加光泽的图像效果对比，图 7-25 所示的是“光泽”复选框的具体选项。

a） b）

图 7-24 添加光泽效果对比

a）原图像 b）添加光泽后的效果

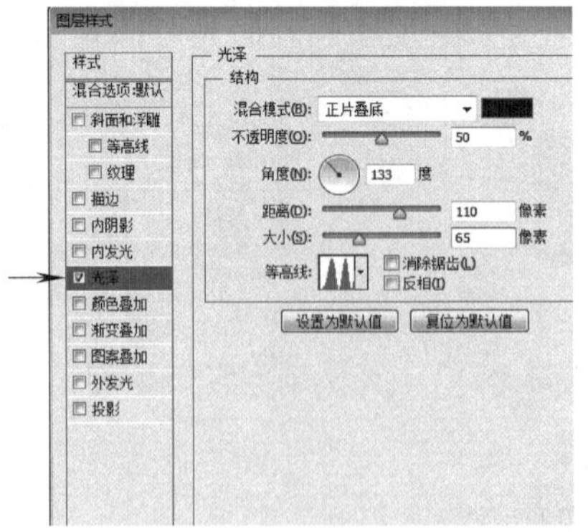

图 7-25 “光泽”复选框中的具体选项

7.3.8 颜色叠加、渐变叠加和图案叠加

颜色叠加、渐变叠加和图案叠加可以分别为图层叠加一种颜色、渐变或图案效果，其中

渐变叠加和图案叠加可以使用预设的样式，也可以使用自定义的样式。图 7-26 所示的是添加颜色叠加、渐变叠加和图案叠加的图像效果对比，图 7-27～图 7-29 所示的分别是 3 个叠加复选框的具体选项。

a）　　b）　　c）　　d）

图 7-26　添加叠加效果对比

a）原图像　b）颜色叠加效果的图像　c）渐变叠加效果的图像　d）图案叠加效果的图像

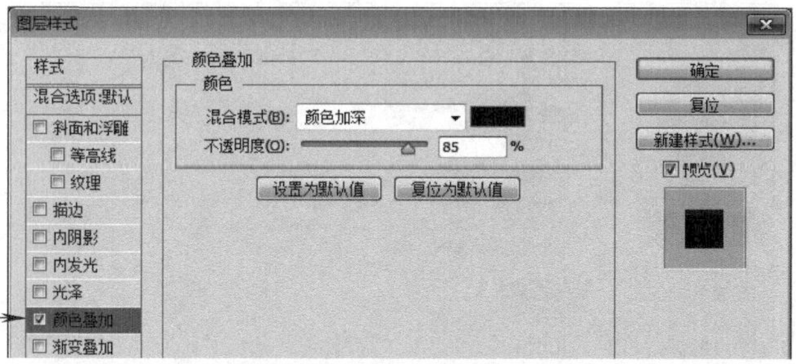

图 7-27 “颜色叠加”复选框中的具体选项

图 7-28 “渐变叠加”复选框中的具体选项

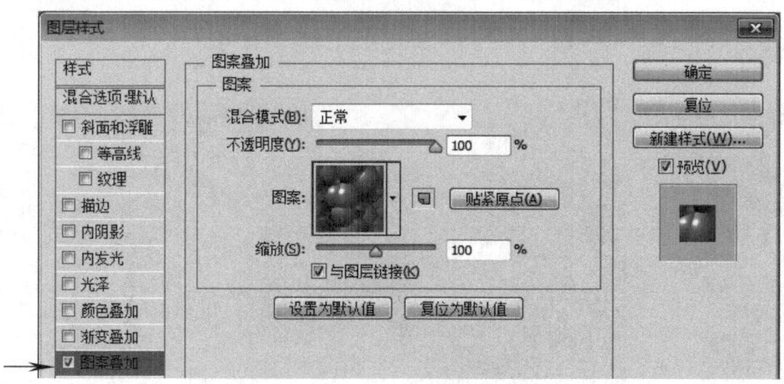

图 7-29 “图案叠加”复选框中的具体选项

7.3.9　描边

描边是使用颜色、渐变或图案为当前图层中的对象的轮廓添加描边效果。图 7-30 所示的是添加描边的图像效果对比，图 7-31 是“描边”复选框的具体选项。

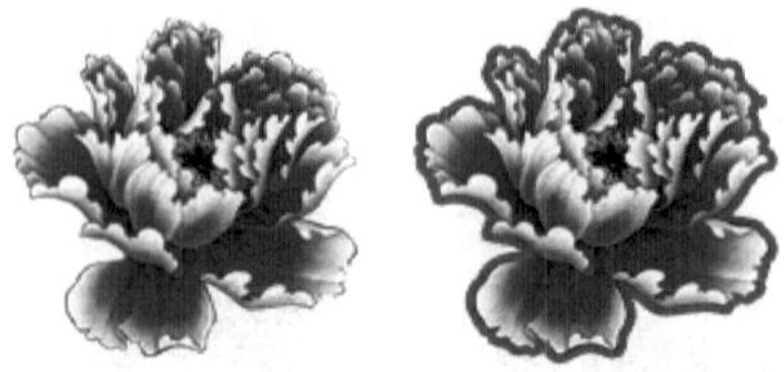

a） b）

图 7-30 添加描边效果对比
a）原图像 b）添加描边后的效果

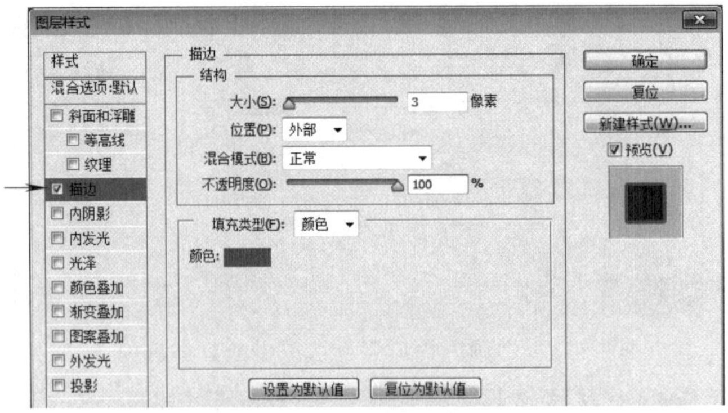

图 7-31 “描边”复选框中的具体选项

其中，“位置”用于指定描边效果的位置，有“外部”、“内部”和“居中”3 个选项。

7.3.10 图层预设样式

单击“图层”面板左侧的第一个选项“样式”，可以切换到“样式”选项卡，如图 7-32 所示。这里提供了一些设计好的样式，使用者可以直接调用，应用时只需单击相应的样式按钮即可，图 7-34 是图 7-33 应用了图 7-32 中所选样式的效果。此外，在菜单栏中单击“窗口→样式”命令打开的“样式”面板中的样式与此是相同的。

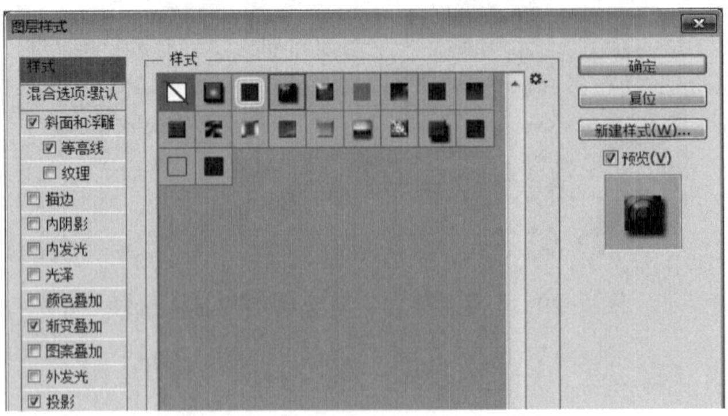

图 7-32 图层样式

图 7-33　原图

图 7-34　应用样式效果

7.3.11　图层样式的编辑

对已经建立的图层样式可以进行修改、复制和删除等编辑操作。

1．修改已有的图层样式

对已经建立的图层样式进行修改，具体操作步骤如下：

1）在“图层”面板中双击要修改的样式名称，如图 7-35 所示，双击“描边”，打开“图层样式”对话框，勾选“描边”复选框。

图 7-35　修改图层样式

2）在“图层样式”对话框中可以对“描边”的参数及设置进行修改。

2．复制图层样式

通过复制和粘贴图层样式可以使多个图层产生相同的效果，具体操作步骤如下：

1）在“图层”面板中，选择包含要复制的样式的图层。

2）在菜单栏中单击“图层→图层样式→拷贝图层样式”命令（或在图层样式上单击鼠标右键，在弹出的菜单中单击“拷贝图层样式”命令），复制图层样式。

3）在“图层”面板中选择目标图层，然后在菜单栏中单击“图层→图层样式→粘贴图层样式”命令（或在图层样式上单击鼠标右键，在弹出的菜单中单击“粘贴图层样式”命令），即可将图层样式粘贴到目标图层上。

3．缩放效果

缩放效果只是缩放图层样式的效果，不会改变图层中图像，具体操作步骤如下：

1）在“图层”面板中选择要缩放样式的图层。

2）在菜单栏中单击“图层→图层样式→缩放效果”命令，打开“缩放图层效果”对话框，如图 7-36 所示。

3）输入百分比或拖动滑块设置缩放比例，然后单击“确定”按钮应用缩放。图 7-37 所示的是图 7-34 缩放 20%后的效果。

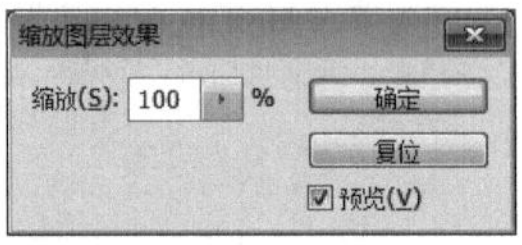

图 7-36 “缩放图层效果”对话框

图 7-37 缩放图层效果

4. 隐藏/显示图层样式

使用移动工具在“图层”面板中选择相应的图层，执行以下操作之一：

- 单击要隐藏的图层样式左侧的“可见性图标”。
- 在菜单栏中单击“图层→图层样式→隐藏所有效果/显示所有效果”命令。

5. 删除图层样式

在“图层”面板中选择要删除的图层，执行以下操作之一：

- 在“图层”面板中，将要删除的样式名称拖动到“删除”图标上，松开鼠标，即可删除单一的图层样式，如图 7-38 所示，删除了“图层 3”的“投影”样式。
- 在“图层”面板中，将“效果”栏拖动到“删除”图标上，可以删除当前图层的所有图层样式，如图 7-39 所示，删除了“图层 3”的所有图层样式。
- 在菜单栏中单击“图层→图层样式→清除图层样式”命令，可以删除当前图层所有的图层样式。

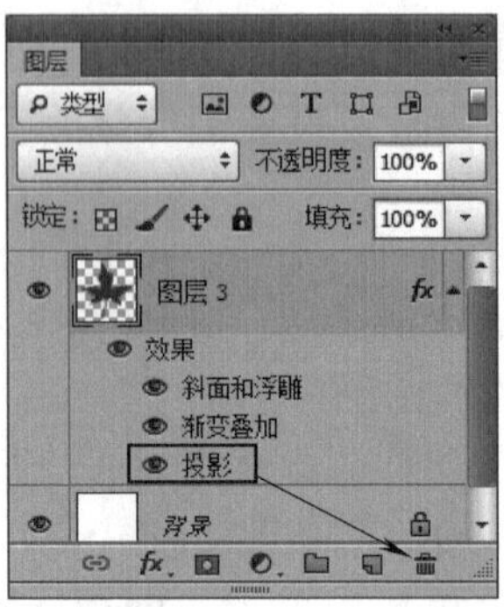

图 7-38 删除单一的图层样式

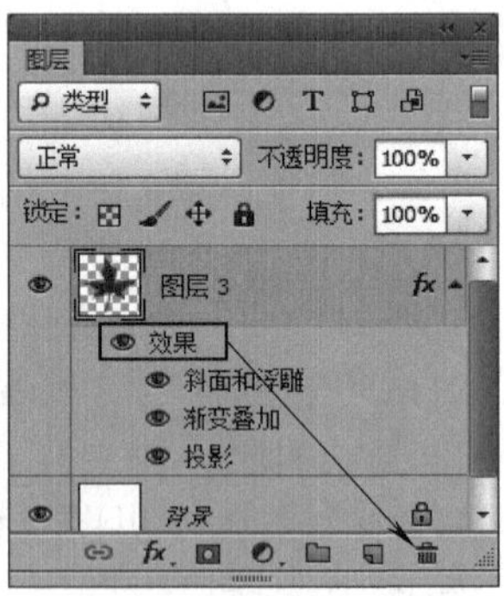

图 7-39 删除图层的所有样式

7.4 调整与填充图层

“调整图层”和“填充图层”可以在不改变图层图像原有像素的情况下，对图像进行整体调整。普通图层的不透明度、混合模式、删除、隐藏和复制等操作也适用于“调整图层”和“填充图层”。默认情况下，在创建调整图层和填充图层后会自动生成一个图层蒙版。

7.4.1　创建调整图层

调整图层是将颜色和色调整体存储在调整图层中，并应用于它下面的所有图层，下面图层的像素不会被更改，而且可以随时扔掉调整图层，恢复原始图像。创建调整图层的方法有以下 3 种。

1. 通过“调整”面板创建调整图层

1）在菜单栏中单击“窗口→调整”命令，可以打开“调整”面板，如图 7-40 所示。

2）在“调整”面板中有系统默认的 16 个调整图层类型，单击相应的按钮即可打开相应的调整图层的“属性”面板，图7-41 所示的为“自然饱和度”的“属性”面板。面板最下方的按钮从左到右依次为：调整将影响下面所有图层/剪切到图层、上一调整状态、复位、可见性和删除。

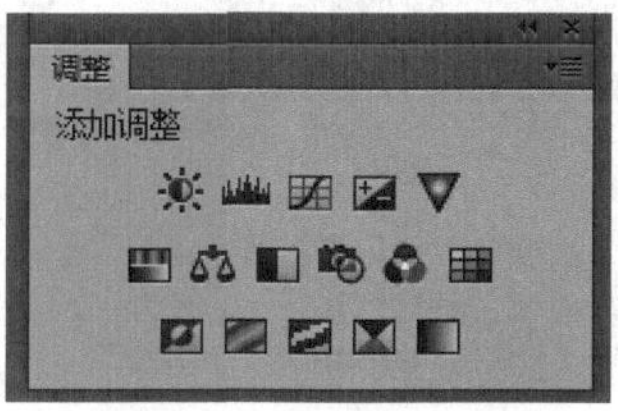

图 7-40　“调整”面板

图 7-41　自然饱和度调整面板

- 调整将影响下面所有图层/剪切到图层：“调整将影响下面所有图层”是指下面的所有图层均受调整影响；“剪切到图层”是指调整只影响下一图层，其他下面图层不受影响。
- 上一调整状态：单击可以查看上一调整状态，用于比较当前结果和上一状态。
- 复位：单击可将调整恢复到默认值。
- 可见性：可以显示或隐藏调整图层效果。
- 删除：用于删除调整。

2. 通过“图层”面板创建调整图层

单击“图层”面板底部的“创建新的填充或调整图层”按钮，然后选择调整图层类型，如“自然饱和度”。

3. 通过菜单命令创建调整图层

在菜单栏中单击“图层→新建调整图层”命令并在级联菜单中选择，如选择“自然饱和度”。

7.4.2　创建填充图层

填充图层是创建一个纯色、渐变或图案填充的图层，创建后会生成一个蒙版图层。填充图层也可以设置不透明度和混合模式，和调整图层一样并不影响图像原来的像素，而且也要随时删除。当选择的图层中有激活的路径时，则生成图层矢量蒙版。创建填充图层可以执行以下操作之一：

- 单击“图层”面板底部的“创建新的填充或调整图层”按钮，然后选择调整图层类型，如“渐变”。
- 在菜单栏中单击“图层→新建填充图层”命令并在级联菜单中选择，如选择“渐变”。

7.5 实训任务

通过本章的学习，对 Photoshop 中图层的概念、类型、混合模式、样式等有一定的认识和了解，掌握了这些工具及命令的操作方法与技巧。本节将运用这些工具来完成“生活照片艺术化处理”、“制作金属字效果”和“改变照片颜色”3 个实训任务。

7.5.1 实训任务一：生活照片艺术化处理

1. 任务分析

本任务是将日常生活中的照片通过 PhotoShop 的处理，使照片具有艺术效果，图 7-42 所示的是处理前的照片，图 7-43 所示的是用 Photoshop 处理后的艺术效果。通过本任务的实现可以更好地掌握图层操作的相关知识和技能。

图 7-42 生活照片

图 7-43 处理后的艺术效果

本任务的知识点：图层、图层混合、调整图层、图层样式等。

2. 任务实施

1）打开素材文件 sx-07-01.jpg，在菜单栏中单击“图层→新建→通过拷贝的图层”命令（或按<Ctrl+J>快捷键），复制背景图层生成“图层 1”，“图层”面板如图 7-44 所示。

2）在“图层”面板中选择“图层 1”，在菜单栏中单击“滤镜→模糊→高斯模糊”命令，打开“高斯模糊”对话框，如图 7-45 所示，设置“半径”为“3.0 像素”，单击“确定”按钮退出对话框。完成后的效果如图 7-46 所示。

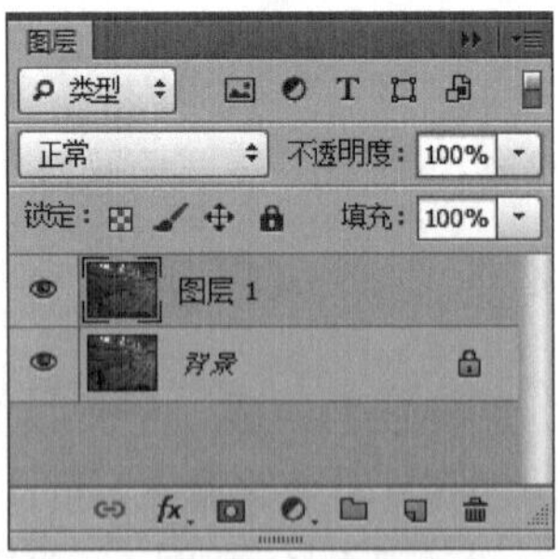

图 7-44 复制背景图层新建“图层 1”

图 7-45 “高斯模糊”对话框

3）在“图层”面板中选择“图层 1”，设置混合模式为“叠加”，如图 7-47 所示，叠加后的效果如图 7-48 所示。

4）在“图层”面板中单击新建图层按钮，新建“图层 2”（或按<Ctrl+Shift+N>快捷键）。

图 7-46　高斯模糊效果

图 7-47 设置混合模式

5）在工具箱中选择渐变工具，然后在选项栏中单击渐变拾色器，打开“渐变编辑器”对话框。

6）在渐变编辑器中，双击左侧色标，设置为绿色（RGB：0，115，30）。同样，将右侧色标设置为橘黄色（RGB：255，150，0），具体设置如图 7-49 所示。

图 7-48　叠加后的效果

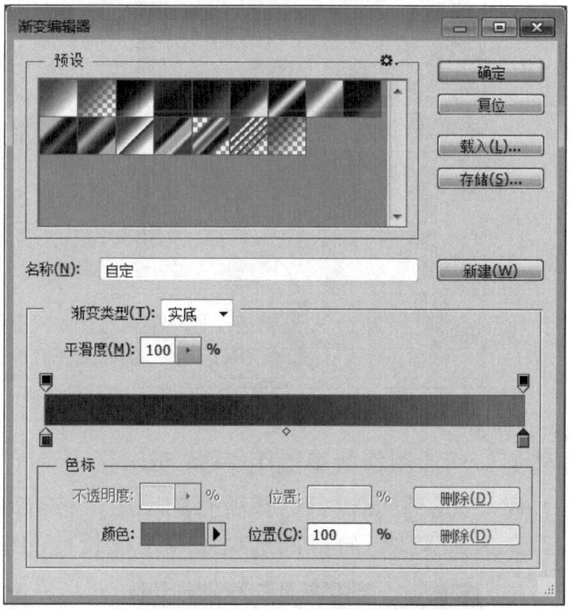

图 7-49 “渐变编辑器”对话框

7）在渐变选项栏中选择径向渐变类型，勾选“反向”复选框。在画面中用鼠标自右上角向左下角拖动，用渐变填充“图层 2”。在“图层”面板中设置“图层 2”的混合模式为“柔光”，“图层”面板如图 7-50 所示，柔光后的图像效果如图 7-51 所示。

图 7-50 “图层 2”的混合模式设置为柔光

图 7-51　柔光后的效果

8）在“图层”面板中单击“创建新的填充或调整图层”按钮，在级联菜单中单击“曲线”命令，打开“曲线”面板。

9）在“曲线”面板的颜色通道中选择“蓝色”（或按<Alt+5>快捷键），然后在曲线上单击鼠标增加两个调色点，设置左侧调色点：输入 97、输出 126；设置右侧调色点：输入 229、输出 213，如图 7-52 所示。

10）在“曲线”面板的颜色通道中选择“红色”（或按<Alt+5>快捷键），然后在曲线上单击鼠标增加两个调色点，设置左侧调色点：输入 84、输出 54；设置右侧调色点：输入 218、输出 226，如图 7-53 所示。

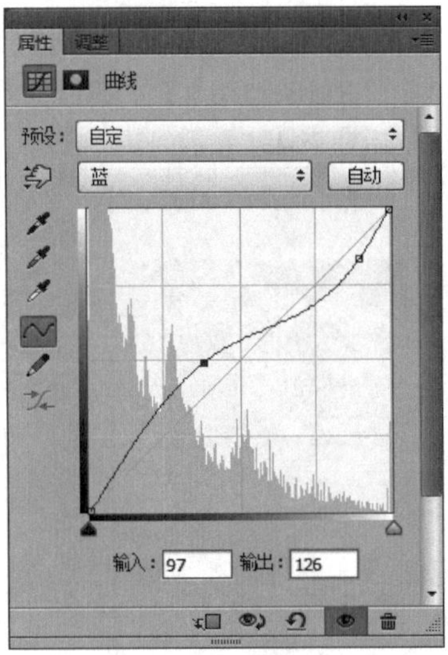

图 7-52　设置蓝色通道

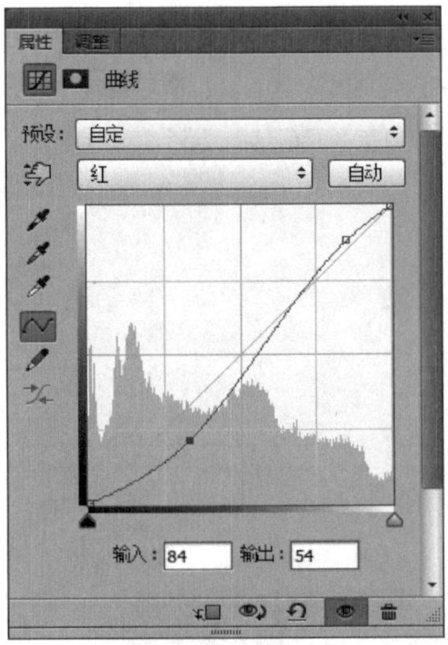

图 7-53　设置红色通道

曲线调整后的图像效果如图 7-54 所示。

11）在“图层”面板上选择所有的图层，按<Ctrl+E>快捷键合并图层。

12）在工具箱中选择椭圆选框工具，在长椅的中间位置绘制选区，如图 7-55 所示。

图 7-54　曲线调整后的图像效果

图 7-55　绘制选区

13）按<Ctrl+Shift+I>快捷键，反选选区。

14）在菜单栏中单击“滤镜→模糊→镜头模糊”命令，打开“镜头模糊”对话框，设置光圈形状为“八边形”、“半径”为 10，其他保持默认设置，如图 7-56 所示，单击“确定”按钮应用滤镜。将长椅周围的图像进行模糊处理，效果如图 7-57 所示。

15）在工具箱中选择横排文字工具，在“字符”面板中设置字体为“汉仪柏青体简”、字号为 55 点、字间距为-50、颜色为白色，其他选项默认，具体设置如图 7-58 所示。

16）在图像的右上方输入文字“岁月静好 寂寞……”并分两行排列，将文字拖放到相应的位置，效果如图 7-59 所示。

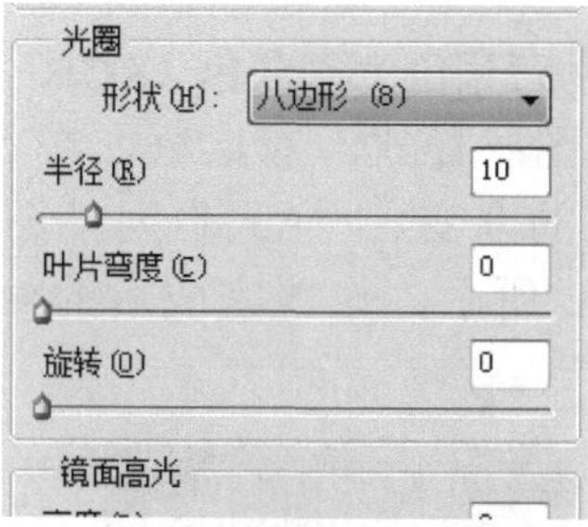

图 7-56 光圈模糊设置

图 7-57 光圈模糊后的效果

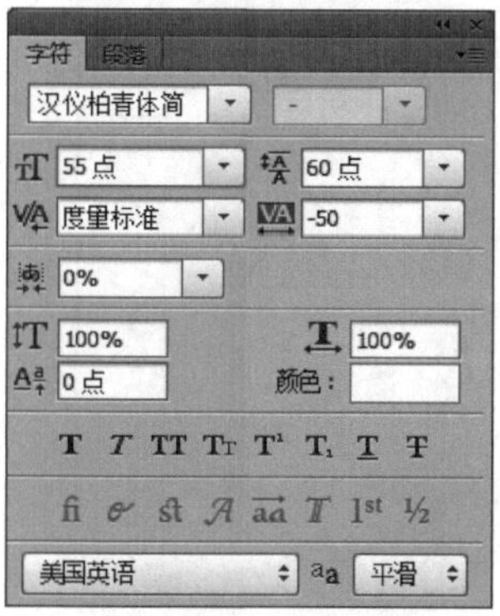

图 7-58 “字符“面板设置

图 7-59 添加文字后的效果

17）在“图层”面板上选择文字图层，然后在菜单栏中单击“图层→图层样式”命令，打开“图层样式”对话框，勾选“投影”复选框，参数保持默认设置，为文字添加投影效果，完成最终效果。

7.5.2 实训任务二：制作金属字效果

1．任务分析

本任务是利用 Photoshop 制作金属字效果，使文字具有金属质感，最终效果如图 7-60 所示。通过本任务的完成可以更好地掌握图层、图层样式等知识和技能。

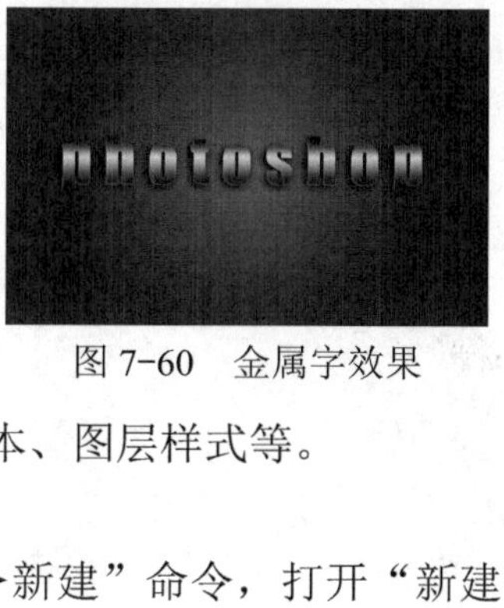

图 7-60 金属字效果

本任务的知识点：图层、文本、图层样式等。

2．任务实施

1）在菜单栏中单击“文件→新建”命令，打开“新建”对话框，设置文件名为“金属字”，文件大小为600×400像素，图像分辨率为“150像素/英寸”，如图7-61所示。

2）在“图层”面板中新建“图层1”，按＜Ctrl+Delete＞快捷键，用背景色（白色）填充“图层1”。

3）设置前景色为浅灰色（RGB：172，172，172），背景色为深灰色（RGB：72，72，72）。

4）在“图层”面板中双击“图层1”，打开“图层样式”对话框，在对话框中勾选“渐变叠加”复选框，设置“渐变”为前景到背景的渐变、“样式”为“径向”、“角度”为“90度”、“缩放”为150%，具体设置如图7-62所示。设置完成后的效果如图7-63所示。

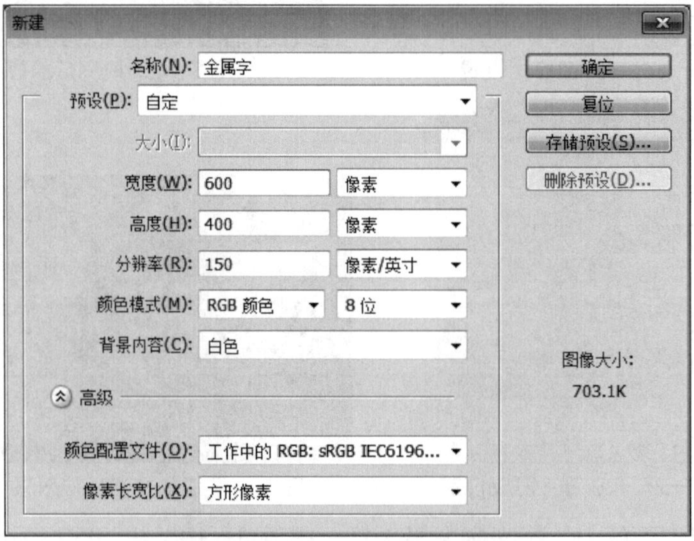

图7-61　新建“金属字”文档

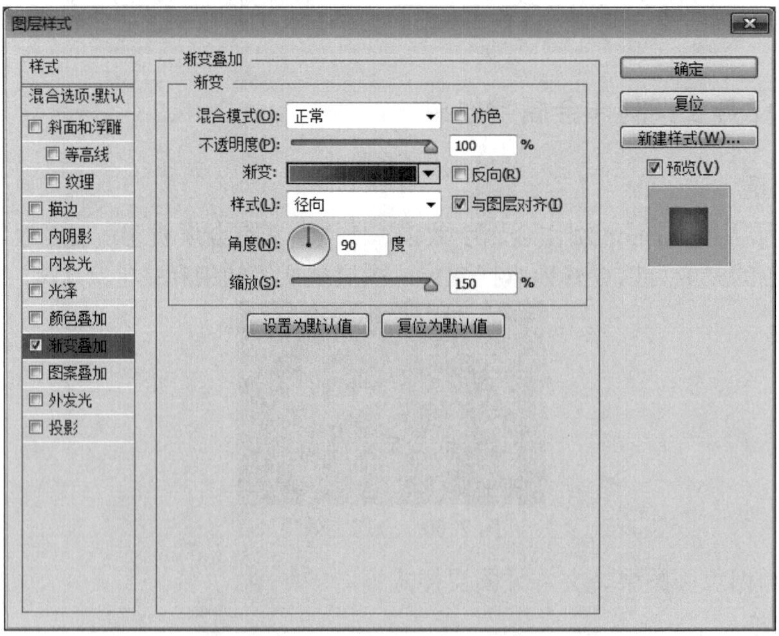

图7-62　“图层样式”对话框（渐变叠加设置）

图 7-63　渐变叠加图层样式效果

5）在“图层”面板中新建“图层 2”。按<D>键，将前景颜色和背景颜色恢复成黑白色，然后按<Ctrl+Delete>快捷键，用白色填充“图层 2”。

6）在菜单栏中单击“滤镜→滤镜库”命令，打开“滤镜库”对话框，在对话框中选择“纹理”选项中的“纹理化”滤镜，如图 7-64 所示。

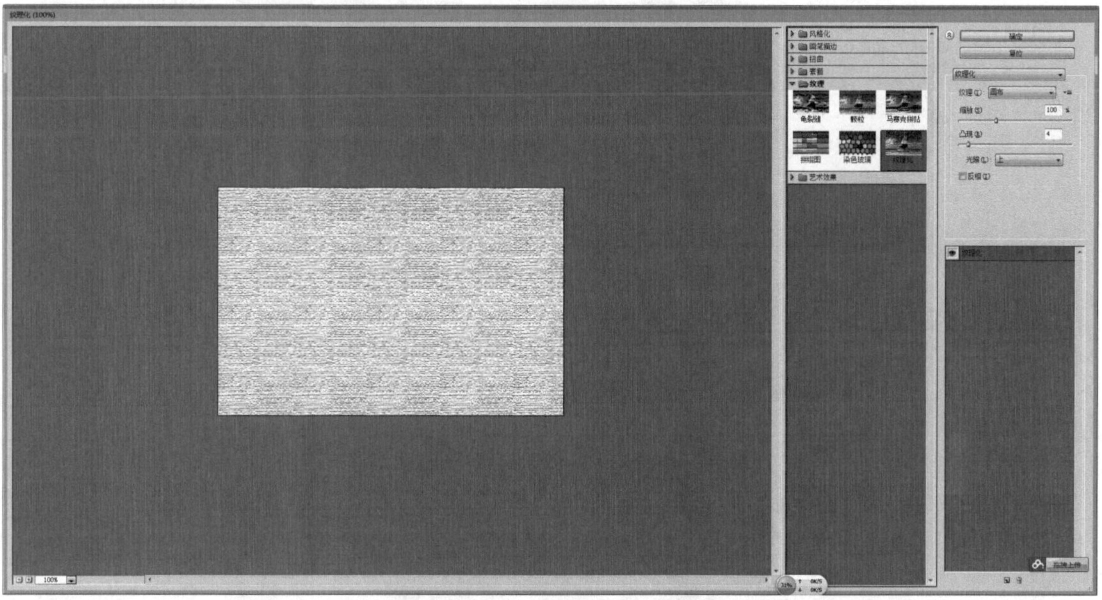

图 7-64　选择“纹理化”滤镜

7）在“图层”面板中将“图层 2”的混合模式改为“正片叠底”，“图层”面板如图 7-65 所示，完成后的图像效果如图 7-66 所示。再输入文字“photoshop”，效果如图 7-67 所示。

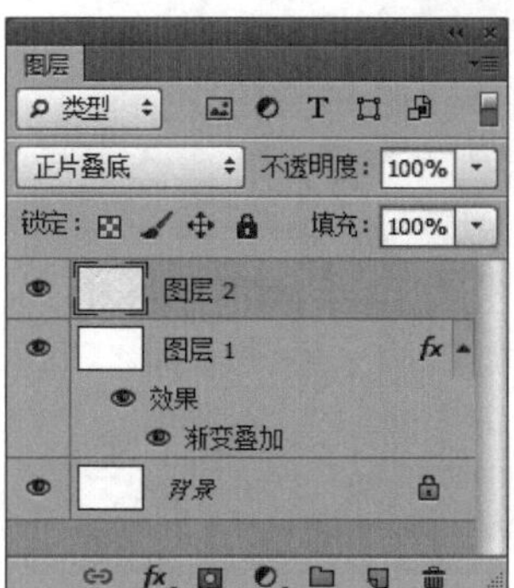

图 7-65　“图层”面板

图 7-66　纹理化滤镜效果

图 7-67　输入文字后效果

8）在“图层”面板中双击文字图层，打开“图层样式”对话框，勾选“描边”复选框，具体设置如图 7-68 所示。

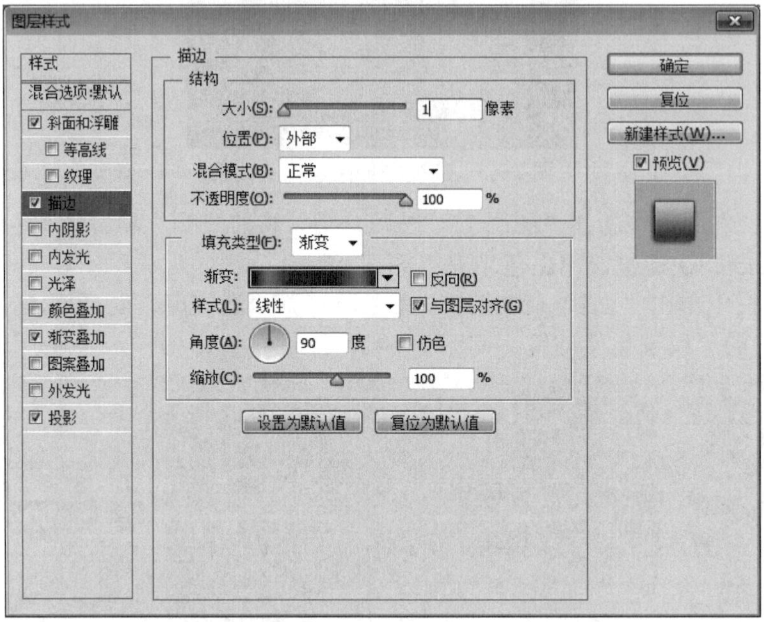

图 7-68 “图层样式”对话框（描边设置）

其中，渐变颜色为步骤 3 中的前景到背景的渐变，具体如图 7-69 所示。

图 7-69 描边的渐变设置

9）勾选“渐变叠加”复选框，具体设置如图 7-70 所示。

其中，渐变颜色为浅灰色（RGB：30，30，30）和深灰色（RGB：240，240，240），具体如图 7-71 所示。

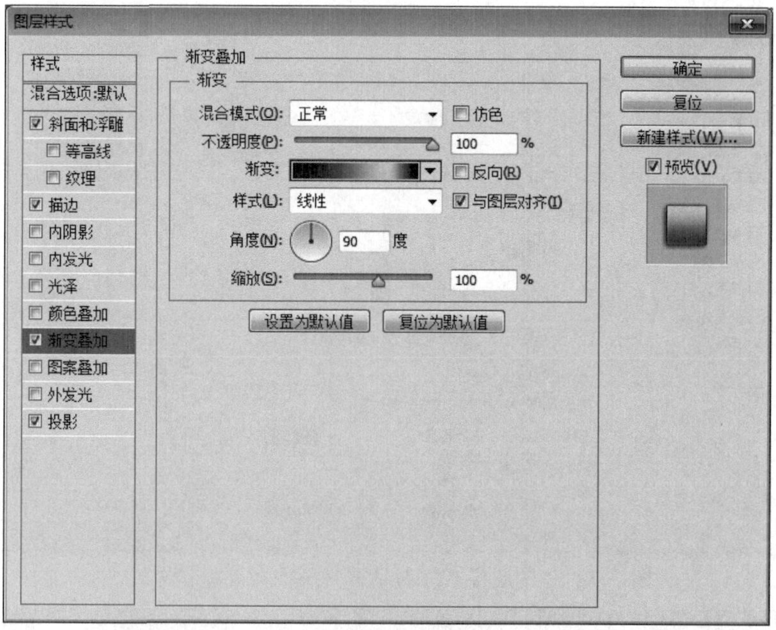

图 7-70 “图层样式”对话框（渐变叠加设置）

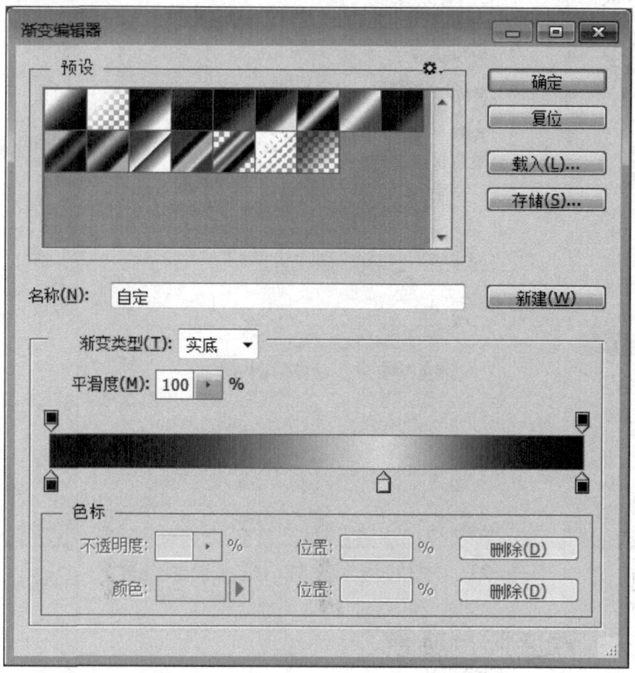

图 7-71　渐变叠加的渐变设置

10）勾选“斜面和浮雕”复选框，具体设置如图 7-72 所示。

11）勾选“投影”复选框，具体设置如图 7-73 所示。最终完成效果如图 7-60 所示。

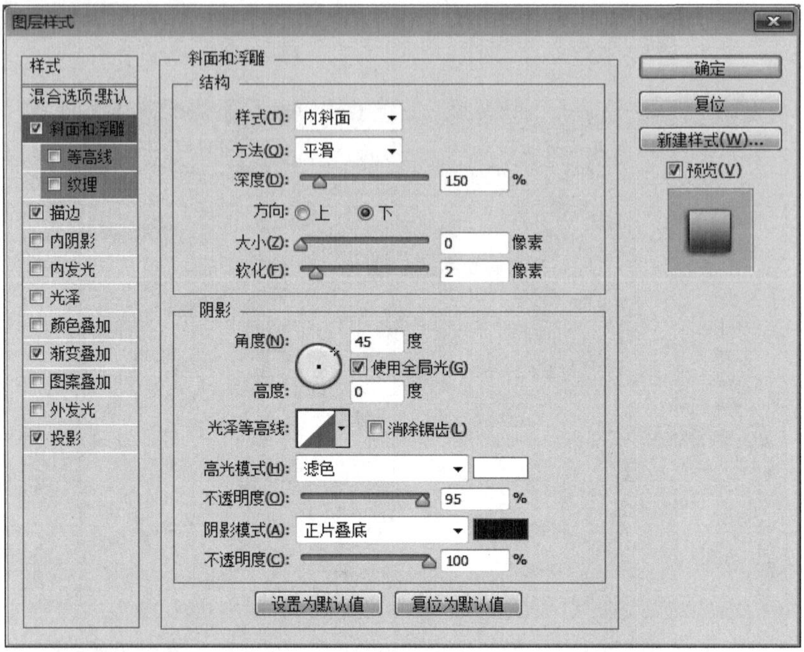

图 7-72 “图层样式”对话框（斜面和浮雕设置）

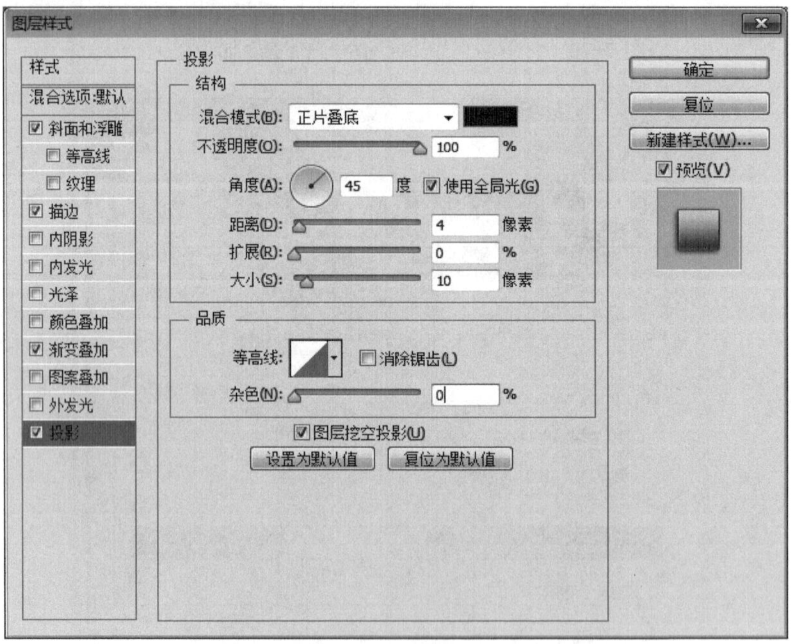

图 7-73 “图层样式”对话框（投影设置）

7.5.3 实训任务三：改变照片颜色

1. 任务分析

本任务是将已有的照片进行特殊效果处理，通过完成本任务可以更好地掌握图层、调整图层等知识和技能，原始照片如图 7-74 所示，处理后的效果如图 7-75 所示。

图 7-74　原始照片

图 7-75　改变颜色后的照片效果

本任务的知识点：图层、调整和填充图层、蒙版等。

2．任务实施

1）在菜单栏中单击“文件→打开”命令，打开素材图片 sx07-03.jpg，如图 7-74 所示。

2）单击“图层”面板底部的“创建新的填充或调整图层”按钮，然后选择“纯色”，在弹出的拾色器中选择咖啡色（RGB：121，98，55），如图 7-76 所示。

3）在“图层”面板中将纯色调整层的混合模式设置为“颜色”，“图层”面板如图 7-77 所示。

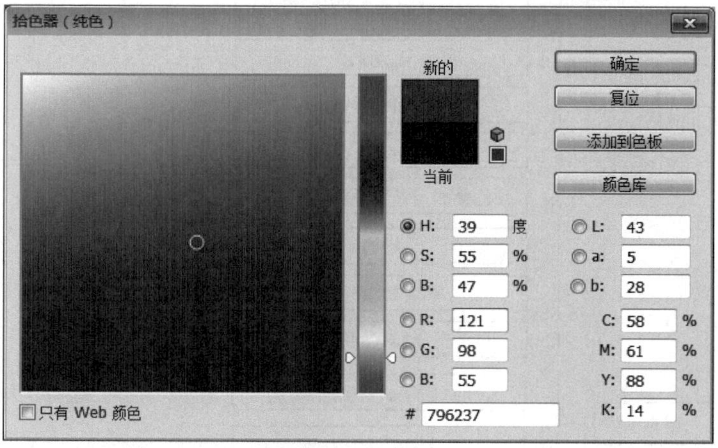

图 7-76　拾色器

图 7-77　设置混合模式

4）设置前景色为黑色，在工具箱中选择画笔工具，在其选项栏中设置“不透明度”为 50%，如图 7-78 所示。

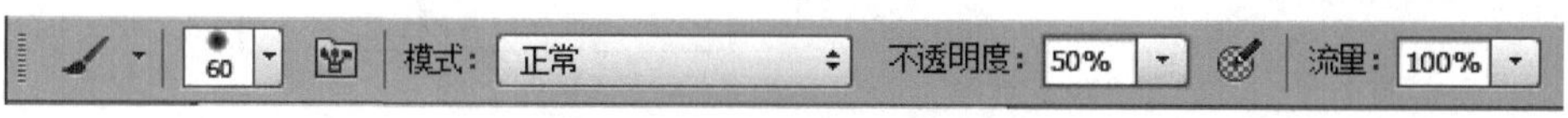

图 7-78　画笔工具选项栏

5）在“图层”面板中，单击图层中的蒙版，用画笔工具在五角星处单击或涂抹，还原五角星的部分颜色，完成效果如图 7-75 所示。

本 章 小 结

- 图层
  - 图层的基本概念
    - 图层及图层原理
    - “图层”面板
    - 常见的图层类型
  - 图层的基本操作
    - 新建图层
    - 选择与排列图层
    - 复制与删除图层
    - 显示与隐藏图层
    - 对齐与分布图层
    - 链接图层
    - 合并图层
    - 图层组的基本操作
  - 图层样式
    - 混合选项
    - 投影
    - 内阴影
    - 外发光
    - 内发光
    - 斜面和浮雕
    - 光泽
    - 颜色叠加、渐变叠加、图像叠
    - 描边
    - 图层预设样式
    - 图层样式的编辑
  - 调整图层与填充图层
    - 创建调整图层
    - 创建填充图层
  - 实训任务
    - 生活照片艺术化处理
    - 制作金属字效果
    - 改变照片颜色

本章主要快捷键：

序　号	操作命令	快捷键	序　号	操作命令	快捷键
1	“图层”面板	<F7>	2	新建图层	<Ctrl+Shift+N>

单 元 评 估

一、填空题

1.“图层”面板中有4个锁定按钮选项，分别是：_______、_______、_______和_______。

2.“图层”面板中的链接图层按钮用于_____选定的_____、_____图层或组。

3．Photoshop 中常见的图层类型有：_____、_____、______、_____、______和______。

4．Photoshop 中图层的对齐方式有：_____、_____、_____、_____、______和______。

二、基本操作练习

1．掌握“图层”面板和图层面板菜单的基本操作。

2．掌握图层混合模式的基本操作。

3．掌握图层样式的基本操作。

4．掌握调整和填充图层的基本操作。

三、能力拓展

1．分组交流，讨论图层、图层混合模式和图层样式的基本操作，并总结至少两种操作技巧。

2．搜集自己或同学的生活照，利用图层的基本操作对照片进行调整和修饰，制作出不同效果的照片。

3．项目实训

项目名称：活动海报设计。

项目准备：掌握本章所学的知识与技能，收集并整理所需素材。

内容与要求：

1）自定活动主题，最好是某商场或学校的真实活动海报。

2）根据主题进行调研并搜集素材。

3）以图层工具为主，制作活动海报。

第 8 章　形状与路径绘制

本章导读：

利用 Photoshop 的形状工具组除了可以绘制直线、椭圆和矩形等基本图形，还可以绘制各种路径和复杂图形，且通过路径可以制作精准的选择区域，并可以对路径进行描边、填充等操作。本章主要学习利用 Photoshop 中的形状工具组绘制图形并编辑、创建各种路径，掌握编辑的操作方法和技巧，能够运用形状和路径功能进行图像编辑，完成实训任务。

知识目标：

1）了解路径与形状。

2）掌握路径绘制与编辑的基本操作。

3）掌握路径面板的使用。

能力目标：

1）掌握各种形状工具的使用方法和技巧。

2）掌握路径的绘制和编辑的方法和技巧。

3）掌握路径面板的应用和技巧。

4）运用本章所学知识完成实训任务。

8.1　绘制形状

利用 Photoshop 形状工具组中的工具可以绘制矢量图形和路径。在 Photoshop 中，可以使用形状工具、钢笔工具或自由钢笔工具绘制形状。本节主要介绍形状工具的使用。

8.1.1　形状工具组

在 Photoshop 的形状工具组中有矩形工具、圆角矩形工具、椭圆工具、多边形工具、直线工具和自定义形状工具，如图 8-1 所示。按<Shift+U>快捷键可以切换形状工具组中的工具。使用形状工具时，有 3 种模式（即形状、路径和像素）可以选择。选择形状工具后可在选项栏中设置模式，图 8-2 所示的是选择了像素模式。

● 形状：此选项是在单独的图层中创建形状。形状图层包含定义形状颜色的填充图层以及定义形状轮廓的链接矢量蒙版。形状轮廓是路径，可在“路径”面板中显示。

● 路径：在当前图层中绘制一个工作路径，如果不存储工作路径，则是一个临时路径，但可在“路径”面板中显示。

● 像素：此选项是直接在图层上绘制像素图像，但此模式创建的是栅格图像，而非矢量图形。

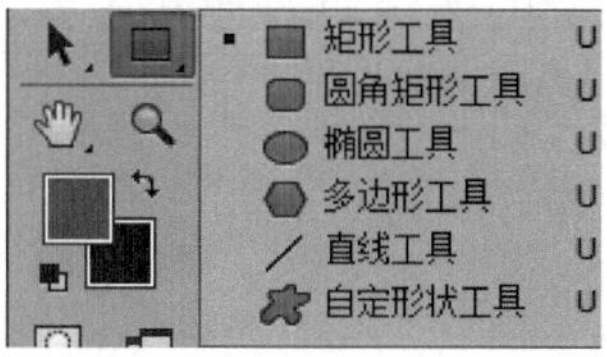

图 8-1　形状工具组

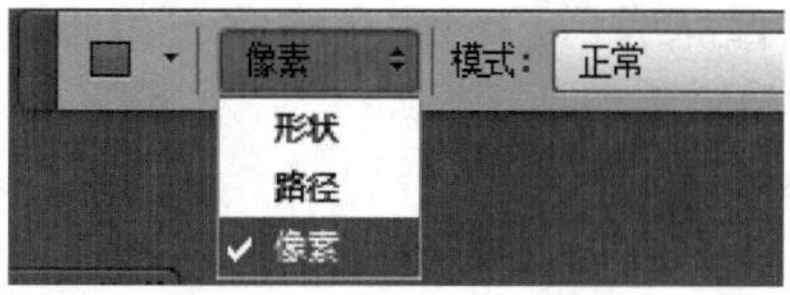

图 8-2　模式选择

8.1.2　矩形工具

利用矩形工具可以绘制矩形或正方形。

在工具箱中选择矩形工具，其选项栏如图 8-3 所示。

图 8-3　矩形工具的选项栏

选项栏中各选项的含义从左到右依次为：

- 形状模式：用于选择绘制形状的模式，有“形状”、“路径”和“像素”3 个模式选项。
- 填充：用于设置形状的填充类型，有“无”、“颜色”、“渐变”和“图案”4 个选项。其中，选择“无”时形状无填充。
- 描边：用于设置形状的描边类型，有“无”、“颜色”、“渐变”和“图案”4 个选项。其中，选择“无”时形状无描边。
- 描边宽度：用于设置形状描边的宽度，取值范围为 0～88 点。
- 描边类型：用于设置形状描边的类型。
- W（形状宽度）：用于设置形状的宽度。
- H（形状高度）：用于设置形状的高度。
- 路径设置：用于设置路径的组合、对齐和排列方式。
- 选项面板：单击即可打开面板，如图 8-4 所示，用于对矩形工具绘制参数进行设置。

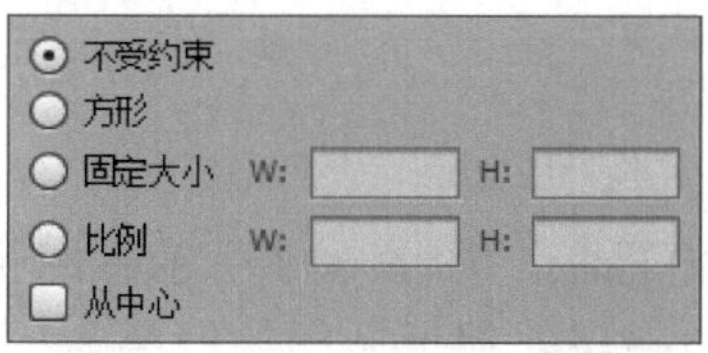

图 8-4　矩形工具的选项面板

①“不受约束”：允许通过鼠标拖动来设置矩形的宽度和高度。

② 方形：选中此单选按钮可以绘制出正方形。

③ 固定大小：选中此单选按钮，可以输入固定的“宽度”和“高度”来约束形状的高度和宽度。

④ 比例：选中此单选按钮，可以输入“宽度”和“高度”的比例值，按指定比例绘制图形。

⑤ 从中心：勾选此复选框，会从中心向外扩展绘制图形。

● 对齐边缘：勾选此复选框，可将矩形或圆角矩形的边缘对齐像素边界。

选项栏设置完成后，在画布中单击或拖动鼠标即可绘制矩形。

8.1.3 圆角矩形工具

利用圆角矩形工具可以绘制圆角矩形或正方形。

在工具箱中选择圆角矩形工具，其选项栏如图 8-5 所示。其中，“半径”用于设置圆角矩形的圆角半径（前面介绍过的选项以后不再重复）。

图 8-5 圆角矩形工具的选项栏

选项栏设置完成后，在画布中单击或拖动鼠标即可绘制圆角矩形或正方形。

8.1.4 椭圆工具

利用椭圆工具可以绘制椭圆或圆形。

在工具箱中选择椭圆工具，其选项栏与矩形工具选项栏基本一样，只是选项面板的设置略有差别，如图 8-6 所示。

选项栏设置完成后，在画布中单击或拖动鼠标即可绘制椭圆或圆形。

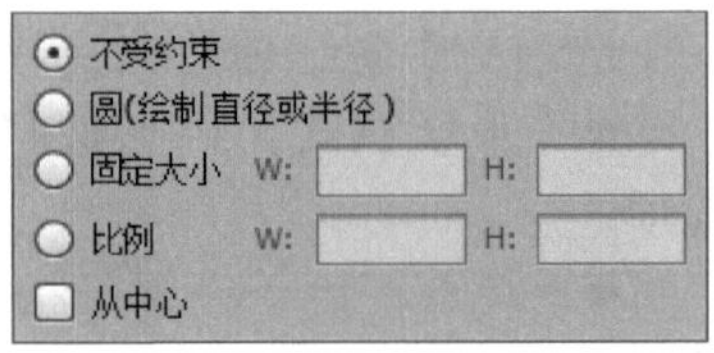

图 8-6 椭圆工具的选项面板

8.1.5 多边形工具

利用多边形工具可以绘制多边形。

在工具箱中选择多边形工具，其选项栏如图 8-7 所示。

图 8-7 多边形工具的选项栏

选项栏中部分选项的含义如下。

● 边：用于设置多边形的边数。

● 选项面板：单击即可打开面板，如图 8-8 所示，用于多边形工具的具体参数设置。

① 半径：用于设置多边形中心与外部点之间的距离。

② 平滑拐角：勾选此复选框，则绘制多边形时会平滑拐角。

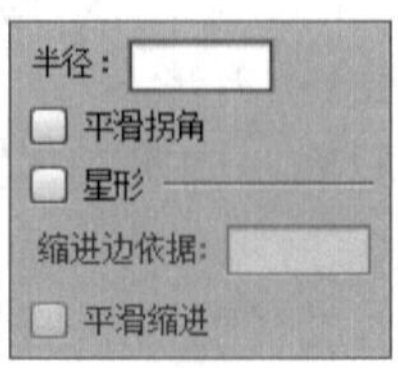

图 8-8 多边形工具的选项面板

③ 缩进边依据：用于设置星形半径的缩进量，取值范围是 1%～99%。数值越大，多边形的角越尖越稀疏，星形缩进效果越明显。

④ 平滑缩进：勾选此复选框，在绘制星形时会平滑缩进。

选项栏设置完成后，在画布中单击或拖动鼠标即可绘制多边形。图 8-9 所示的是设置边数为 5、星形、半径为 80 像素，然后分别勾选不同选项的绘制效果。

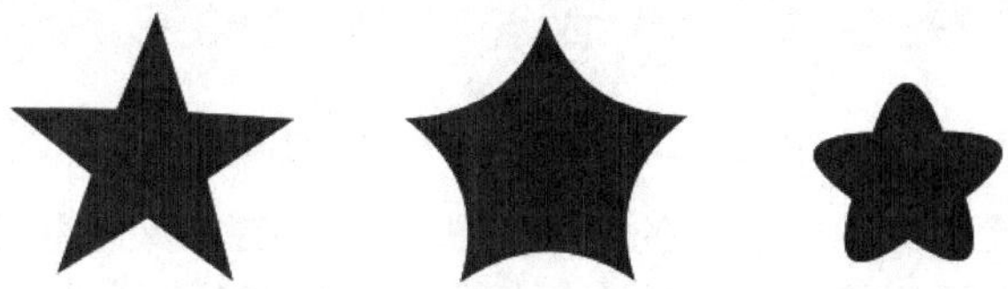

a）　　b）　　c）

图 8-9　多边形形状效果

a）缩进边依据 50%　b）平滑缩进　c）平滑拐角

8.1.6　直线工具

利用直线工具可以绘制直线。

在工具箱中选择直线工具，其部分选项栏及选项面板如图 8-10 所示。

a）　　b）

图 8-10　直线工具的部分选项栏及选项面板

a）部分选项栏　b）选项面板

选项栏中部分选项的含义如下。

- 粗细：用于设置直线的粗细，取值范围是 1～1000 像素，数值越大直线越粗。
- 选项面板：用于设置直线的起点、终点的箭头形状。

① 起点/终点：用于设置直线箭头的位置，若同时勾选两个复选框，则在直线的两端创建箭头。

② 宽度/长度：设置箭头宽度和长度的百分比，取值范围是 10%～1000%。

③ 凹度：设置箭头的凹度值，取值范围是–50%～+50%。正数向内凹陷，负数向外凹陷。

选项栏设置完成后，在画布中单击或拖动鼠标即可绘制直线，图 8-11 所示的是不同凹度的箭头效果。

a）　　b）

图 8-11　不同凹度的箭头

a）凹度为–20%　b）凹度为 20%

8.1.7 自定义形状工具

在 Photoshop 的自定义形状工具中提供了许多特殊形状工具，满足了设计者绘制一些特殊形状的需求。

在工具箱中选择自定义形状工具，其选项栏如图 8-12 所示。

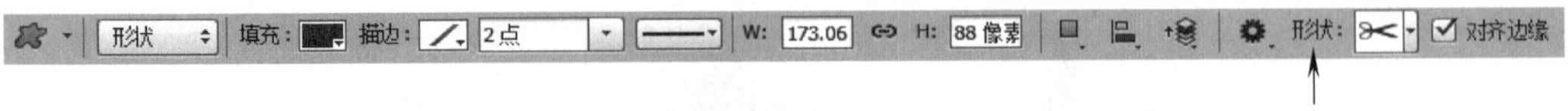

图 8-12　自定义形状工具的选项栏

其中，单击“形状”选项，右侧的三角箭头会打开自定义形状选择面板，如图 8-13 所示，在面板中可以选择需要的形状。单击面板右上角的按钮，打开后可以选择更多的系统预置的自定义形状，选择一种形状后系统会有“替换”或“追加”选项。其中，“替换”仅显示新类别中的形状；“追加”将选择的形状添加到已显示的形状中。

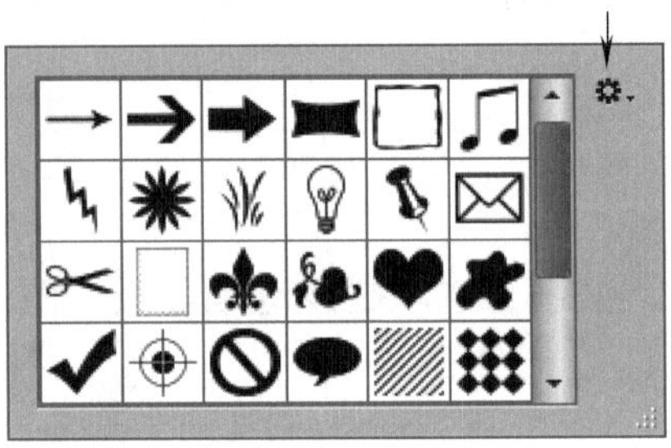

图 8-13　自定义形状选择面板

8.2 绘制与编辑路径

8.2.1 路径的概念

路径是通过钢笔工具或形状工具绘制的直线或曲线，路径可以是闭合也可以是开放的，如图 8-14 所示。路径是选区工具的补充，有了路径便可以为复杂的图像创建精确的选区，同时，路径还可以进行描边和填充操作。

1．路径的基本要素

路径包括锚点、路径段、方向线和控制点，如图 8-15 中所示。在曲线段上，每个选中的锚点会有一条或两条方向线，方向线和控制点的位置决定曲线段的大小和形状，拖动方向线和控制点可以改变路径的形状。

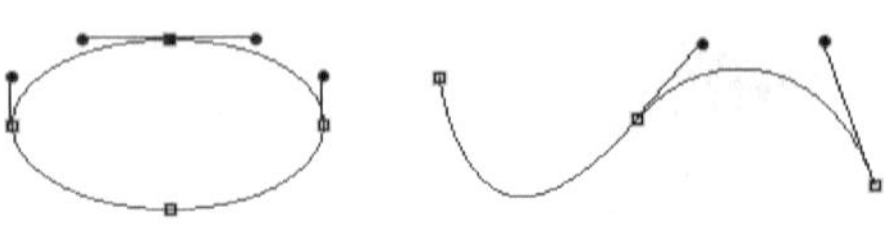

a）　　b）

图 8-14　闭合路径和开放路径

a）闭合路径　b）开放路径

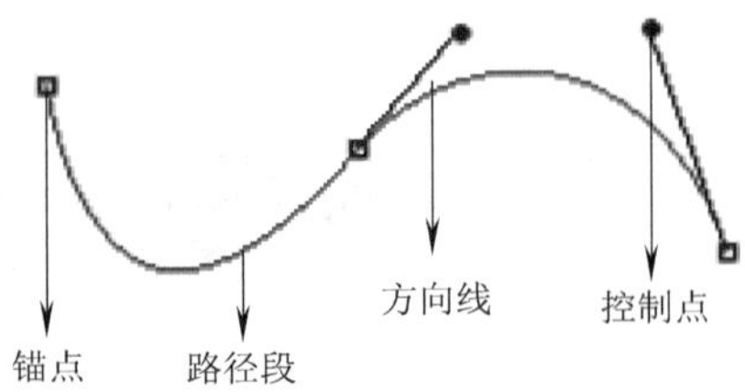

图 8-15　路径的基本要素

2. 利用形状工具创建路径

选择形状工具后在选项栏中选择“路径”模式，即可用绘制形状的方法创建路径。

3. 钢笔工具组

在 Photoshop 中，钢笔工具组中的各工具主要用于路径的创建和编辑等，如图 8-16 所示。利用钢笔工具可以创建直线或曲线路径，工具组中有钢笔工具、自由钢笔工具、添加锚点工具、删除锚点工具和转换点工具。

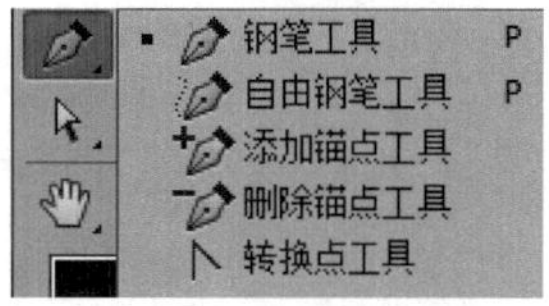

图 8-16　钢笔工具组

8.2.2　钢笔工具

钢笔工具是创建路径的重要工具，利用钢笔工具可以创建直线、曲线或闭合形状路径。具体操作步骤如下：

1）在工具箱中选择钢笔工具，其选项栏如图 8-17 所示。

图 8-17　钢笔工具的选项栏

选项栏中部分选项的含义如下。

- 工具模式：用于选择工具的模式，有“形状”、“路径”和“像素”3 个模式选项，默认是“路径”模式。
- 橡皮带：勾选此复选框可以预览两次单击鼠标之间的路径段。
- 自动添加/删除：勾选此复选框可在单击线段时添加或删除锚点。

2）绘制直线路径。

① 在选项栏中设置工具模式为“路径”，并勾选“橡皮带”复选框。

② 在起始位置单击鼠标，确定第一个锚点。

③ 在其他位置上单击鼠标，确定第二个锚点并生成第一个路径段。单击鼠标左键并同时按下<Shift>键可以创建直线或 45° 角的斜线。

④ 继续单击创建其他锚点。按下<Ctrl>键并单击鼠标则可创建开放路径（此路径以前面创建的锚点为结束位置）；在起始的第一个锚点上（与第一锚点重合时，鼠标下方会出现空心小圆圈）再次单击鼠标，创建闭合路径。图 8-18 所示的是利用钢笔工具创建的开放和闭合路径。

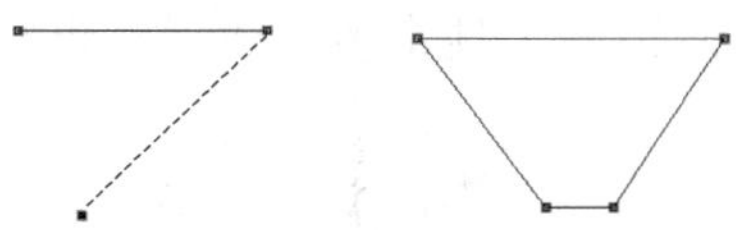

a）　　b）

图 8-18　钢笔工具创建路径

a）开放路径　b）闭合路径

3）绘制曲线路径。

① 在曲线起始位置按下鼠标左键并沿一定方向拖动鼠标，在创建锚点的同时创建方向线。若同时按下<Shift>键可以创建直线或 45° 角的斜线，图 8-19 所示的是按下<Shift>键创

建了水平方向的方向线。

② 在其他位置上单击鼠标左键并拖动，可以创建一定方向和曲度的曲线，如图 8-20 所示。方向线的长度和斜度决定了曲线的形状。

图 8-19　创建水平方向的方向线

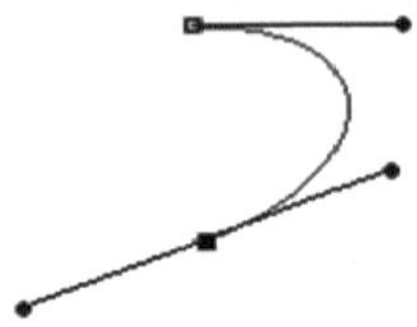

图 8-20　创建曲线路径

提示

按下<Ctrl>键，可以快速切换到空心箭头的选择工具，拖动可以调整路径段和锚点的位置；按下<Alt>键并单击鼠标左键，转换曲线锚点为直线锚点，继续单击则创建直线路径。

8.2.3　自由钢笔工具

自由钢笔工具“”可以像用铅笔在纸上绘图一样自由绘制，按下鼠标左键并拖动即可绘制路径，具体操作步骤如下：

1）在工具箱中选择自由钢笔工具，其选项栏如图 8-21 所示。

图 8-21　自由钢笔工具的选项栏

选项栏中部分选项的含义如下。

- 曲线拟合：取值范围为 0.5～10 像素，数值越高，创建的路径锚点越少，路径越简单。数值越低，创建的路径锚点越多，创建的路径越贴合所选区域的边缘。
- 磁性的：勾选此复选框，钢笔工具将转换成磁性钢笔工具，路径与图像中定义区域的边缘对齐。

① 宽度：用于设置磁性钢笔的检测范围，取值范围为1～256像素，数值越大，检索的范围越大，准确度越低；数值越小，检索的范围越小，准确度也越高。

② 对比：用于设置磁性钢笔的敏感度，取值范围为1%～100%，此值越高，图像的对比度越低。

③ 频率：用于设置锚点的密度，取值范围为0～100之间的整数值，数值越高，路径锚点的密度越大。

2）在起始位置单击鼠标左键确定起始点，然后沿图像边缘拖动鼠标形成路径，并根据需要自动增加锚点。如果出现错误，可以按<Delete>键删除上一个固定锚点和路径段。

3）按<Enter>键结束绘制，生成开放路径；双击鼠标则生成闭合路径。图 8-22 所示的是利用自由钢笔工具在花的周围绘制路径。

图 8-22　自由钢笔工具绘制路径

8.2.4　添加和删除锚点

添加锚点工具"+✒"和删除锚点工具"-✒"是用来添加和删除锚点的，使用时只需在锚点上单击即可。

在工具箱中选择钢笔工具并在其选项栏中勾选"自动添加/删除"复选框，当将钢笔工具定位到所选路径的上方时，会变为添加锚点工具；当将钢笔工具定位到锚点上方时，会变为删除锚点工具。

8.2.5　转换点工具

利用转换点工具和钢笔工具可以实现角点和平滑点的转换。具体操作步骤如下：

1）使用直接选择工具选择路径。

2）在工具箱中选择转换点工具或在使用钢笔工具的同时按住<Alt>键。

3）执行以下操作之一实现转换：

- 将角点向外拖动，出现方向线，角点转换成平滑点。
- 将方向线的控制点拖出角点可以创建平滑点。
- 单击平滑点可将平滑点转换成没有方向线的角点。

8.2.6　路径选择工具

路径选择工具"▶"用于选择单个或多个路径。单击路径可以选择单个路径，按下<Shift>键并单击鼠标左键可以选择多个路径。

8.2.7　直接选择工具

直接选择工具"▷"用于调整路径的方向线和控制点，也可以移动路径中的锚点或路径段，在工具箱中选择直接选择工具即可使用。

8.3　"路径"面板

8.3.1　"路径"面板简介

在"路径"面板中会列出文档中存储的路径和当前工作路径的名称和缩览图像。在菜单栏中单击"窗口→路径"命令即可打开"路径"面板，如图 8-23 所示。面板最下方的 7 个按钮从左到右依次为：用前景填充路径、用画笔描边路径、路径转换为选区、选区转换为路径、添加矢量蒙版、新建路径、删除路径。

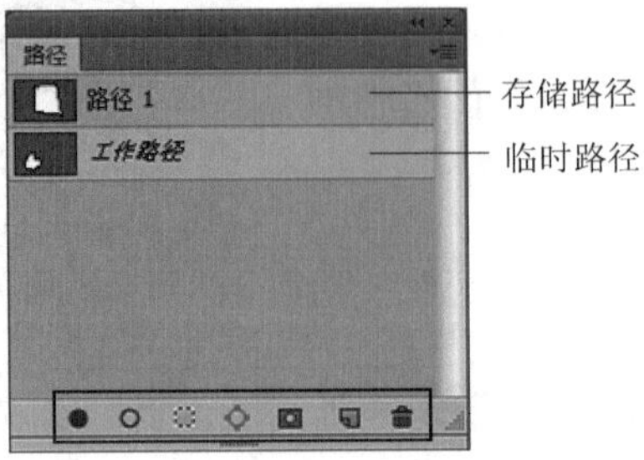

图 8-23 “路径”面板

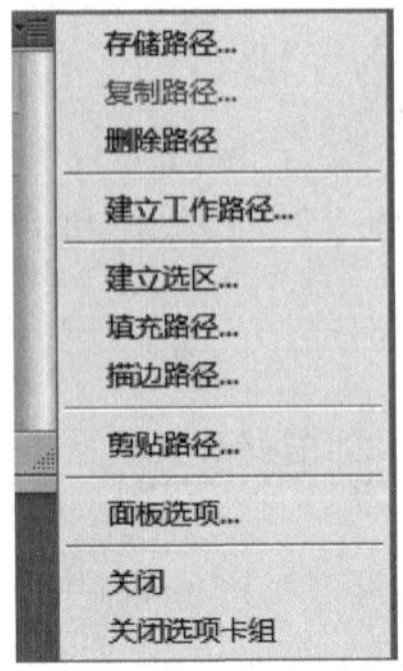

图 8-24 路径面板菜单

1. 选择路径

在“路径”面板中单击要选择的路径名称即可选择该路径，但一次只能选择一条路径。

2. 取消选择路径

若要取消已经选择的路径只需在“路径”面板的空白区域中单击鼠标左键或按<Esc>键即可。

3. 设置路径缩览图

单击“路径”面板右上角的按钮，打开路径面板菜单，如图 8-24 所示，选择“面板选项”，即可调整缩览图显示的大小或关闭缩览图。

4. 调整路径的堆栈顺序

在“路径”面板中，在要拖动的路径上单击鼠标左键并上下拖动，到相应的位置并出现黑色的实线时松开鼠标即可。

8.3.2 新建路径

在“路径”面板中创建新路径的操作步骤如下：

1）单击“路径”面板下方的“新建路径”按钮，创建默认名称路径，名称依次命名为：路径 1、路径 2……。

2）单击“路径”面板右上角的按钮，打开路径面板菜单，选择“新建路径”选项（或按下<Alt>键的同时单击面板下方的“新建路径”按钮），打开“新建路径”对话框，如图 8-25 所示，在对话框中输入路径的名称，单击“确定”按钮，新建命名路径。

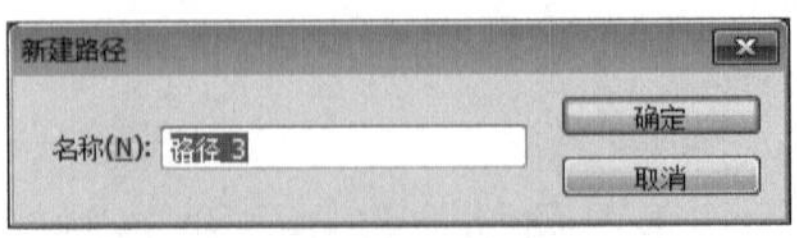

图 8-25 “新建路径”对话框

在“路径”面板中创建新路径后，可以选择绘制路径的工具（如钢笔工具或形状工具）来绘制路径。

8.3.3　管理路径

1．存储路径

在“路径”面板中工作路径是临时的，必须进行存储才可避免路径丢失。如果没有存储便取消了工作路径的选择状态，那么，当再次开始绘制路径时，新的路径将取代原有路径。

- 存储路径但不重命名：按下鼠标左键，将工作路径名称拖动到“路径”面板下方的“新建路径”按钮上，松开鼠标即可。
- 存储并重命名路径：在路径面板菜单中选择“存储路径”选项，打开“存储路径”对话框。然后，在“存储路径”对话框中输入新的路径名并单击“确定”按钮即可。

2．重命名存储的路径

在“路径”面板中双击要重命名的路径名，然后输入新的路径名称，按<Enter>键确定即可。

3．删除路径

在“路径”面板中选择要删除的路径，执行以下操作之一：

- 将路径拖动到“路径”面板下方的“删除路径”图标上，松开鼠标。
- 在路径面板菜单中选择“删除路径”选项。
- 单击“路径”面板下方的“删除路径”图标，然后在弹出的对话框中单击“是”按钮。
- 直接删除路径不需要确认，按下<Alt>键的同时单击“路径”面板下方的“删除路径”图标即可。

8.3.4　路径与选区的转换

在 Photoshop 中，路径和选区是可以互相转换的，在“路径”面板上可以单击相应的按钮完成路径和选区的转换。

1．路径转换为选区

在“路径”面板中选择要转换的路径，执行以下操作之一：

- 单击“路径”面板下方的“将路径作为选区载入”按钮。
- 按下<Ctrl>键并单击“路径”面板中的路径缩览图。
- 按<Ctrl+Enter>快捷键。

2．选区转换为路径

建立选区后执行以下操作之一：

- 单击“路径”面板下方的“从选区生成工作路径”按钮，在不打开“建立工作路径”对话框的情况下使用当前的容差设置。
- 按下<Alt>键的同时单击“路径”面板下方的“从选区生成工作路径”按钮，打开“建立工作路径”对话框，如图 8-26 所示，设置容差值。

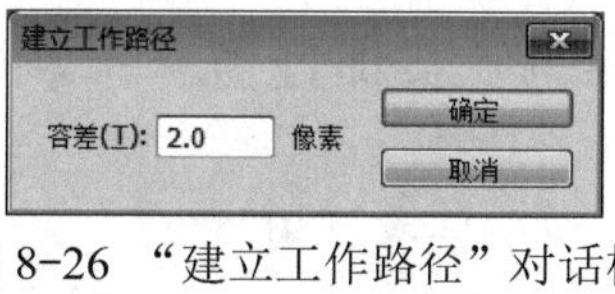

图 8-26 “建立工作路径”对话框

“容差”的取值范围为0.5～10像素，容差值越高，生成的路径的锚点越少，路径也越平滑。

8.3.5 描边路径

描边路径的操作步骤如下：

1）设置前景色和画笔参数，然后在“路径”面板中选择路径。

2）单击“路径”面板下方的“用画笔描边路径”按钮。可多次单击该按钮，每次单击都会增加描边的不透明度，使描边看起来更粗。

8.3.6 填充路径

填充路径是用指定的前景或背景图案和颜色来填充路径，具体操作步骤如下：

1）设置前景色，然后在“路径”面板中选择路径。

2）单击“路径”面板下方的“用前景色填充路径”按钮，用前景色填充路径。

3）按下<Alt>键的同时单击“路径”面板下方的“用前景色填充路径”按钮，打开“填充路径”对话框，如图 8-27 所示，设置参数，填充路径。

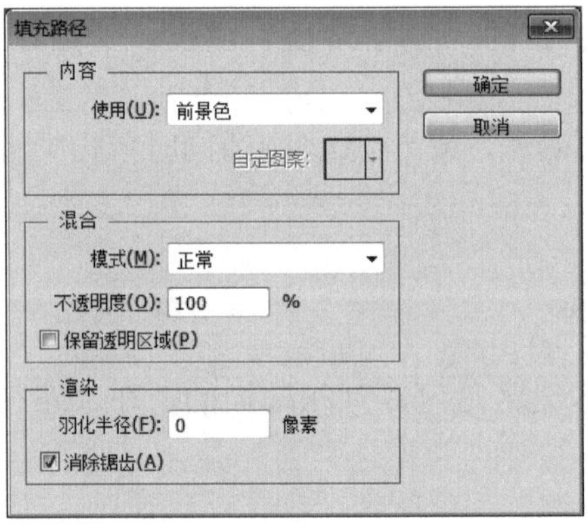

图 8-27 “填充路径”对话框

8.4 实训任务

通过本章的学习，对 Photoshop 中的路径、路径面板、绘制和编辑路径等操作有了一定的认识和了解，掌握了其中的操作方法与技巧。本节将主要运用路径工具并结合前面学过的知识来完成“制作咖啡广告”和“制作路径文字——美丽世界”两个实训任务。

8.4.1 实训任务一：制作咖啡广告

1. 任务分析

本任务是制作一个咖啡平面广告，最终效果如图 8-28 所示。通过本任务的实现可以更好地掌握路径工具的操作方法和技巧。

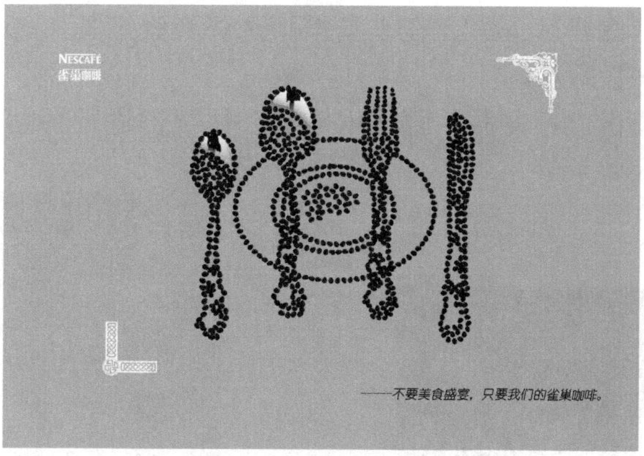

图 8-28　咖啡平面广告

本任务的知识点：路径、路径描边、图层、画笔等。

2．任务实施

1）在菜单栏中单击“文件→新建”命令，在“新建”对话框中设置“名称”为“咖啡人生”、“背景内容”为“白色”，其他设置如图 8-29 所示。

2）设置前景色为黄色（RGB：208，225，160），按<Alt+Delete>快捷键，用前景色填充背景。

3）在工具箱中选择钢笔工具绘制路径，用直接选择工具调整点的位置，绘制勺子形状的路径，如图 8-30 所示。

4）绘制其他路径，用路径选择工具将路径移动到合适的位置，完成全部路径的绘制，如图 8-31 所示。

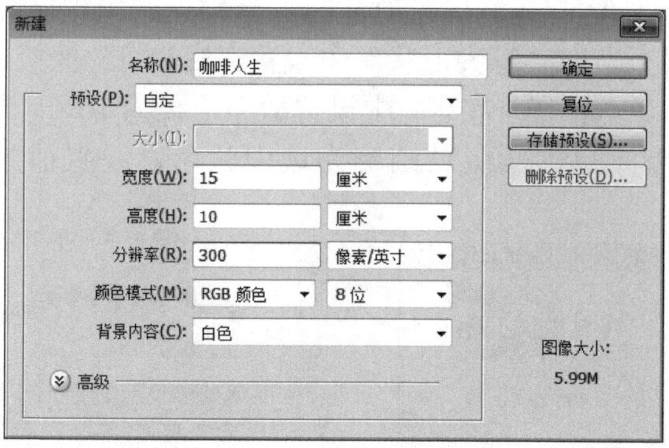

图 8-29　“新建”对话框

图 8-30　绘制路径

图 8-31　完成后的全部路径

5）打开素材文件“咖啡豆.jpg”，在工具箱中选择套索工具，选择一颗咖啡豆，按照其形状绘制选区，如图 8-32 所示。

6）按<Ctrl+C>快捷键进行复制，再按<Ctrl+V>快捷键进行粘贴，生成“图层 1”，“图层”面板如图 8-33 所示。

图 8-32　绘制选区

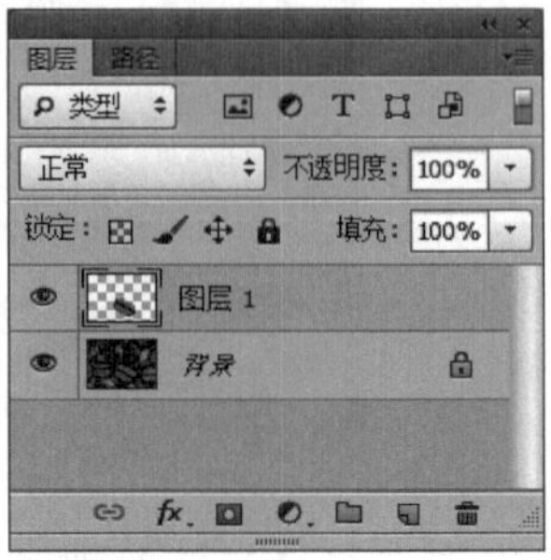

图 8-33　“图层”面板

7）在“图层”面板中单击背景图层前面的眼睛图标，隐藏背景图层。

8）在菜单栏中单击“编辑→定义画笔预设”命令，打开“画笔名称”对话框，设置画笔名称为 coffee.jpg，如图 8-34 所示。

图 8-34　“画笔名称”对话框

9）返回“咖啡人生”文档，在菜单栏中单击“图层→新建→图层”命令，新建图层并命名为“咖啡豆”，如图 8-35 所示。

10）在工具箱中选择画笔工具，在选项栏的画笔预设选项中选择“coffee.jpg”。

11）打开“画笔”面板，在“笔尖形状”中设置直径为 15 像素、间距为 114；在“形状动态”中设置角度抖动为 25%；在“散布”中设置散布值设为 10%，画笔预览如图 8-36 所示。

12）确认选择了“咖啡豆”图层且画笔为选中状态，设置前景色为深咖啡色（RGB：33，3，23）。

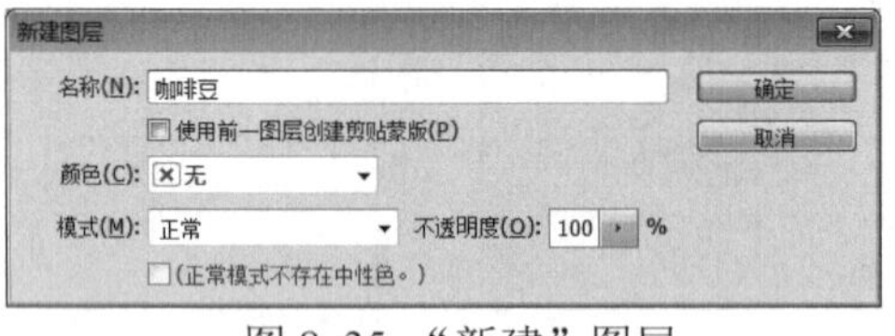

图 8-35　“新建”图层

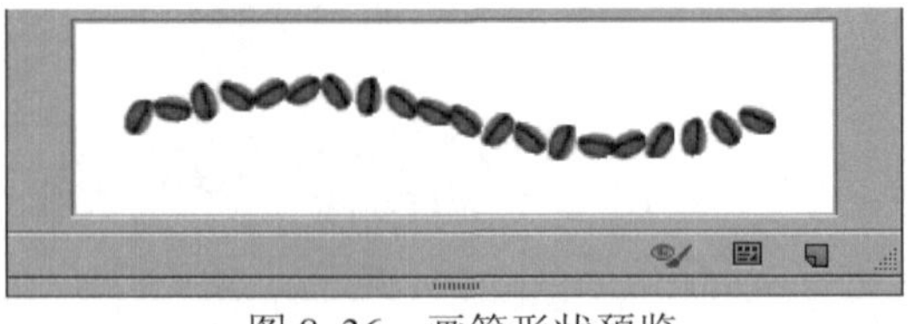

图 8-36　画笔形状预览

13）打开“路径”面板并单击选择画好的路径，单击“路径”面板下方的“用画笔描边路径”按钮○，利用咖啡豆画笔描边路径。

14）在“图层”面板中将“咖啡豆”图层拖到“新建图层”按钮上，以创建“咖啡豆副本”图层，从而使图像更加清晰，效果如图 8-37 所示。

15）绘制盘子路径，如图 8-38 所示，并用咖啡豆画笔描边盘子路径。

16）用画笔“coffee.jpg”在图案内部进行涂抹，描绘花纹，得到广告主体图像，如图 8-39 所示。

17）设置前景色为白色，用画笔绘制亮光，然后复制、粘贴广告图标和花边边框，输入文字，得到最终图像。

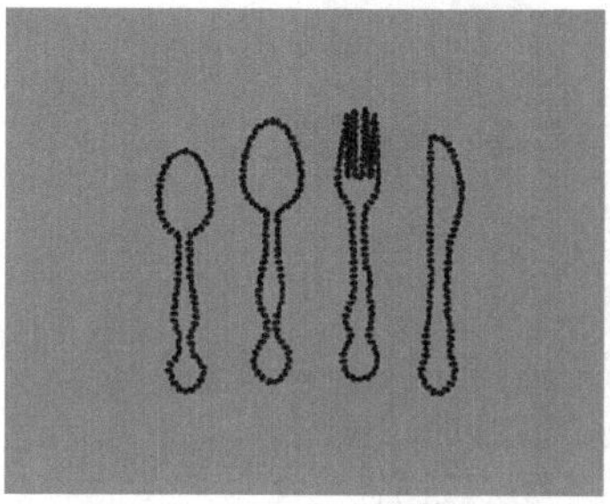

图 8-37　路径描边并创建副本图层

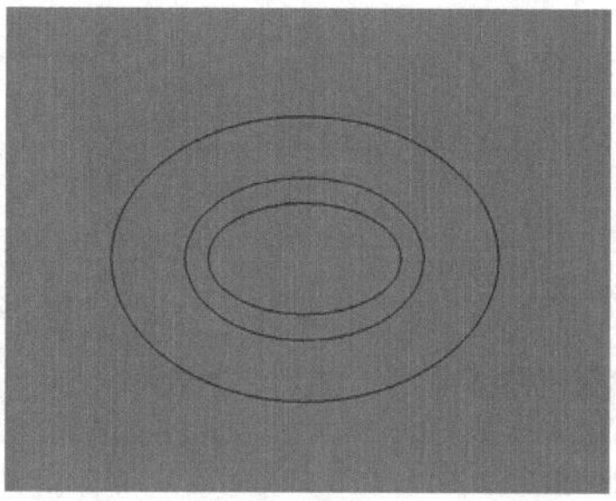

图 8-38　绘制盘子路径

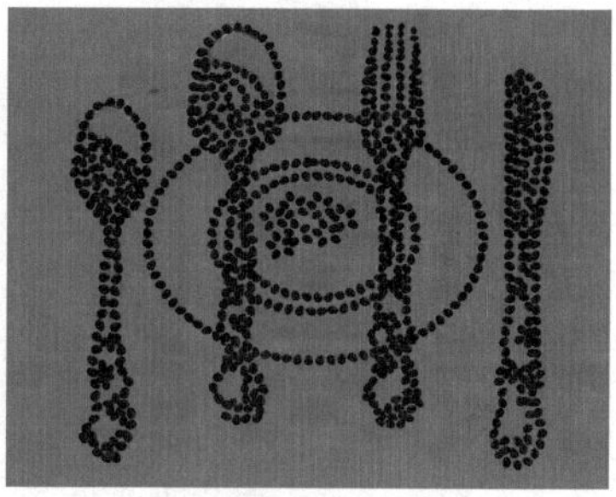

图 8-39　广告主体图像

8.4.2　实训任务二：制作路径文字——美丽世界

1. 任务分析

本任务是制作路径文字效果，最终效果如图 8-40 所示。通过完成本任务可以更好地掌握路径工具的操作方法和技巧。

图 8-40　美丽世界

本任务的知识点：路径、路径描边、路径面板、图层和画笔等。

2. 任务实施

1）打开素材文件 sx-08-02.jpg，如图 8-41 所示。

2）在工具箱中选择横排文字工具，设置字体为华文行楷、大小为 30 点、文字颜色为黑色，在图像的右下方输入文字“美丽世界”，效果如图 8-42 所示。

图 8-41　素材文件 sx-08-02.jpg

图 8-42　输入文字

3）在“图层”面板中，隐藏背景图层，隐藏后的效果如图 8-43 所示。

4）在菜单栏中单击“编辑→自定义画笔预设”命令，将“美丽世界”文字定义为一个画笔。

5）在“图层”面板中取消背景图层的隐藏，隐藏文字图层。

6）在“图层”面板中单击“新建图层”按钮，新建“图层 1”，“图层”面板如图 8-44 所示。

图 8-43　隐藏背景图层

图 8-44　“图层”面板

7）在工具箱中选择钢笔工具，从下到上绘制一条路径，如图 8-45 所示

图 8-45　绘制路径

8）在工具箱中选择画笔工具，在画笔预设中选择刚刚定义的“美丽世界”画笔，在“画笔”面板中设置“形状动态”、“颜色动态”和“传递”中的“控制”选项均为“渐隐　200”，如图 8-46～图 8-48 所示。最后，在“画笔笔尖形状”中勾选“间距”复选框并设定为 2%，如图 8-49 所示。

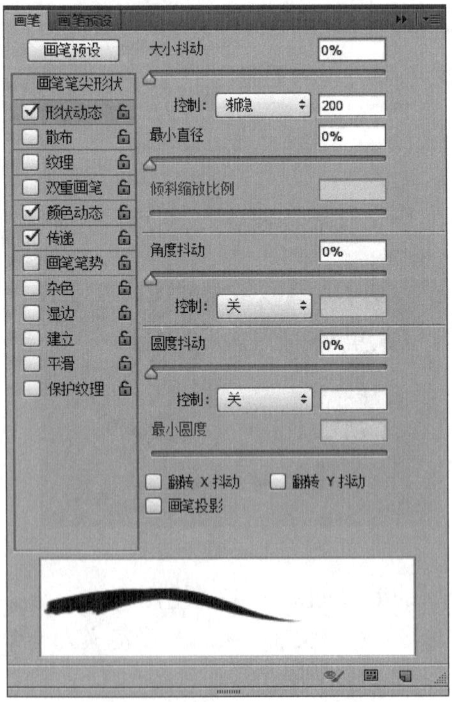

图 8-46　“形状动态”设置

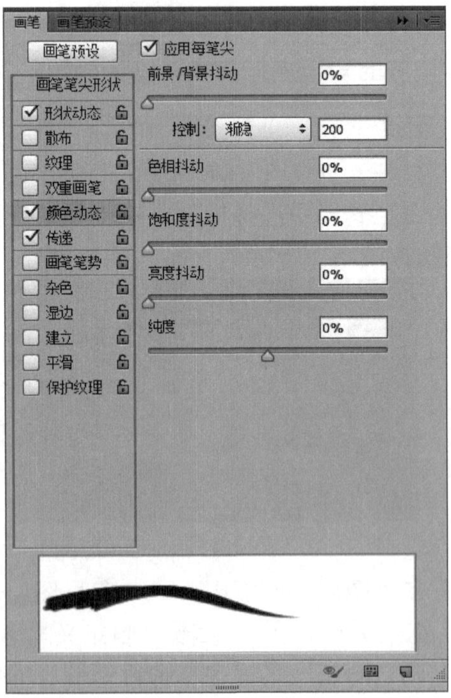

图 8-47　“颜色动态”设置

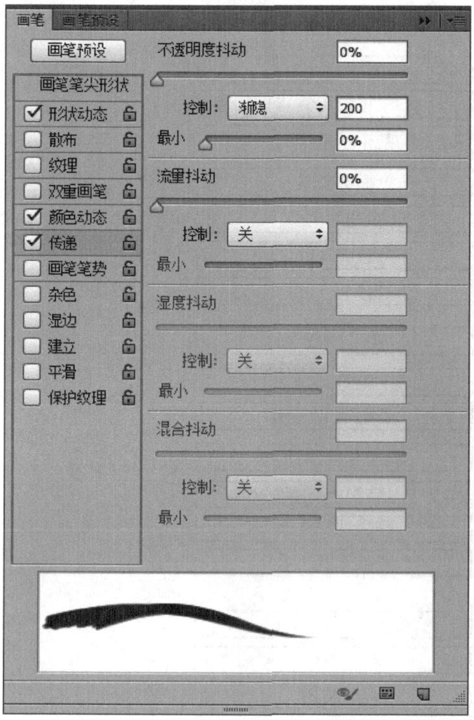

图 8-48 “传递”设置

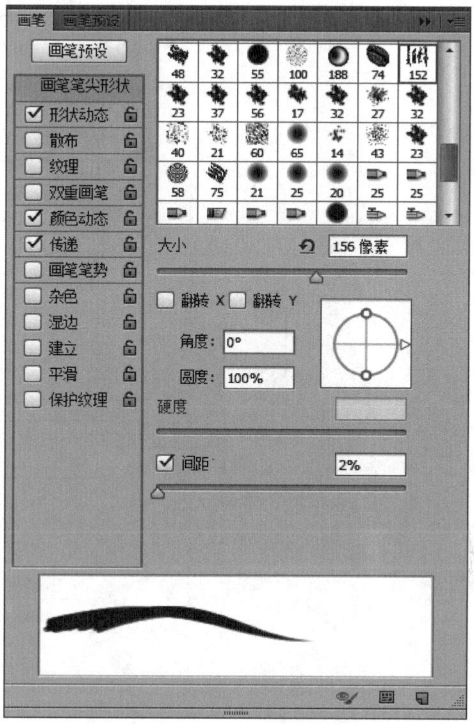

图 8-49 “画笔笔尖形状”设置

9）设置前景色为黄色（RGB：232，172，22），背景色为浅蓝色（RGB：126，193，251）。

10）在“图层”面板中隐藏文字图层，选择“图层 1”并保持画笔工具的选中状态，在“路径”面板中，单击“用画笔描边路径”按钮○，描边路径，效果如图 8-50 所示。

11）在工具箱中选择删除锚点工具“”，删除路径上的两个锚点，只保留最下面的锚点，如图 8-51 所示。

12）新建“图层 2”，设置前景色为浅黄色（RGB：252，220，140），单击“路径”面板中的“用画笔描边路径”按钮，完成最终效果。

图 8-50 路径描边效果

图 8-51 删除锚点后的路径

本 章 小 结

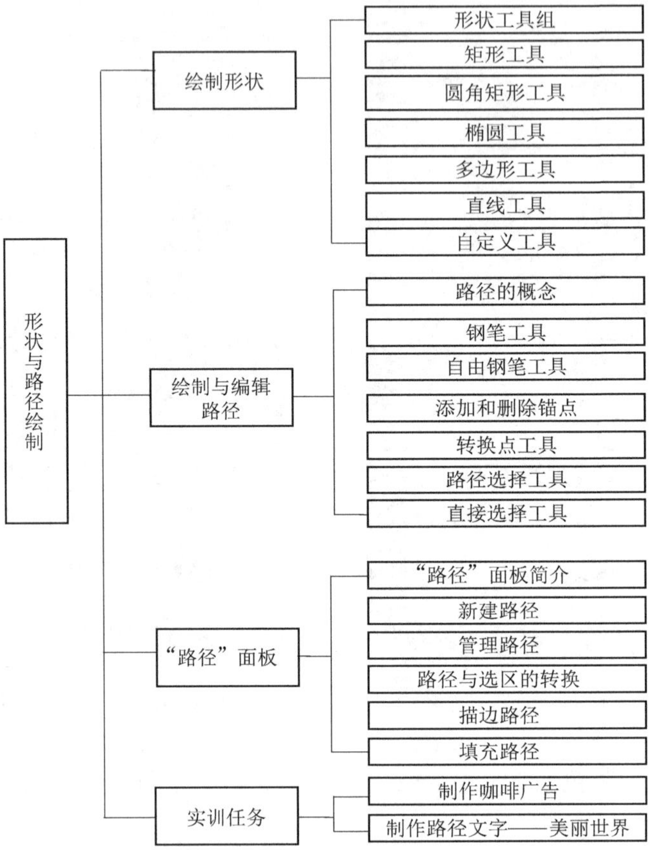

本章主要快捷键：

序　　号	操 作 命 令	快　捷　键	序　　号	操 作 命 令	快　捷　键
1	形状工具切换	<Shift+U>	2	新建图层	<Ctrl+Shift+N>

单 元 评 估

一、填空题

1. 在 Photoshop 的形状工具组中有______、______、_____、______、______和________，按_________快捷键可以切换形状工具。

2．路径是通过钢笔或形状工具绘制的直线或曲线，路径可以是_____，也可以是_____。

3．路径的基本要素包括___________、_________、________和_____________。

4．在 Photoshop 中，钢笔工具组中有_______、______、_______、______和_______。

二、基本操作练习

1．掌握形状工具组中工具的基本操作和技巧。

2．掌握路径的绘制与编辑。

3．掌握“路径”面板的使用。

三、能力拓展

1．分组交流，讨论形状工具组、钢笔工具组和“路径”面板的使用方法和技巧。

2．项目实训

项目名称：贺卡制作。

项目准备：掌握本章所讲的知识与技能，收集并整理所需素材。

内容与要求：

1）结合节日气氛，自定贺卡主题。

2）根据主题进行调研并搜集素材。

3）以路径操作为主，其他操作为辅制作贺卡。

第 9 章　滤镜的应用

本章导读：

通过 Photoshop 中滤镜工具的应用，可以制作出视觉效果丰富的图像效果。在 Photoshop CS6 中提供了多种滤镜，利用这些滤镜可以实现一些特殊的艺术效果。本章主要学习 Photoshop 中各种滤镜的应用方法与技巧，最后能够运用滤镜工具完成相应的图像处理任务。

知识目标：

1）了解滤镜的基本知识。

2）认识 Photoshop 滤镜库。

3）了解常用滤镜的应用。

能力目标：

1）掌握滤镜应用的方法和技巧。

2）掌握常用滤镜的应用方法和技巧。

3）能够运用所学知识完成本章的实训任务。

9.1　滤镜

9.1.1　认识滤镜

滤镜是 Photoshop 提供的一种制作图像效果的工具，通过使用滤镜，可以修饰照片，可以为图像添加艺术效果、扭曲、光照等。在滤镜菜单中有 Photoshop 内置的滤镜，此外设计人员还可以加载第三方提供的某些滤镜。

9.1.2　使用滤镜的注意事项

在 Photoshop 中若要使用滤镜，可以单击“滤镜”菜单，然后在菜单中单击相应的滤镜命令。使用时需要注意以下几点：

1）滤镜不能应用于位图模式或索引颜色的图像，且有些滤镜只对 RGB 图像起作用。

2）滤镜通常作用于选定的图层、选区或通道，若使滤镜应用于整个图像则不需要选择图层或区域。

3）可以将所有滤镜应用于 8 位图像，但对 16 位和 32 位的图像，部分滤镜不可以使用。

4）部分滤镜在应用时会占用很多内存，所以应用滤镜对计算机的软硬件要求较高，如果可用于处理滤镜效果的内存不够，系统会提示一条错误消息。

9.1.3　使用滤镜的常用技巧

1. 渐隐滤镜效果

渐隐是对应用滤镜的图像实现滤镜效果与原图像混合的特殊效果，具体操作步骤如下：

1）打开素材文件 D09-01.jpg，如图 9-1 所示。

2）在菜单栏中单击“滤镜→油画”命令，采用默认设置，应用油画滤镜后的效果如图 9-2 所示。

图 9-1　素材文件 D09-01.jpg

图 9-2　油画滤镜效果

3）在菜单栏中单击“编辑→渐隐油画”命令（或按<Ctrl+Shift+F>快捷键），打开“渐隐”对话框，如图 9-3 所示。

4）在对话框中设置“不透明度”为 50%，“模式”为“正常”，单击“确定”按钮退出对话框，完成后的效果如图 9-4 所示。

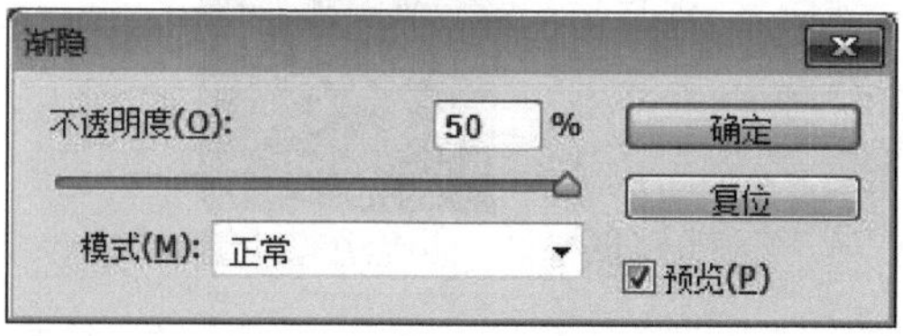

图 9-3　“渐隐”对话框

图 9-4　渐隐效果

2. 滤镜重复

Photoshop 在滤镜菜单中会把刚刚应用过的滤镜命令置顶，以方便用户再次使用，也可以按<Ctrl+F>快捷键来重复刚刚使用过的滤镜。若按<Ctrl+Alt+F>快捷键，则在重复滤镜的同时会打开“滤镜设置”对话框。

9.2　使用滤镜库

滤镜库是多个滤镜组合在一起的组合面板，通过滤镜库可以实现：应用多个滤镜、打开或关闭滤镜的效果、复位滤镜的选项以及更改应用滤镜顺序的操作。若预览效果满意，则可以将它应用于图像。

9.2.1　“滤镜库”对话框

打开图像后，在菜单栏中单击“滤镜→滤镜库”命令，即可打开“滤镜库”对话框，如图 9-5 所示。对话框的左侧为预览，可以随时预览滤镜应用的效果；中间是滤镜组列表，每个滤镜组中包含多个滤镜；右侧为参数设置和滤镜层控制区域。

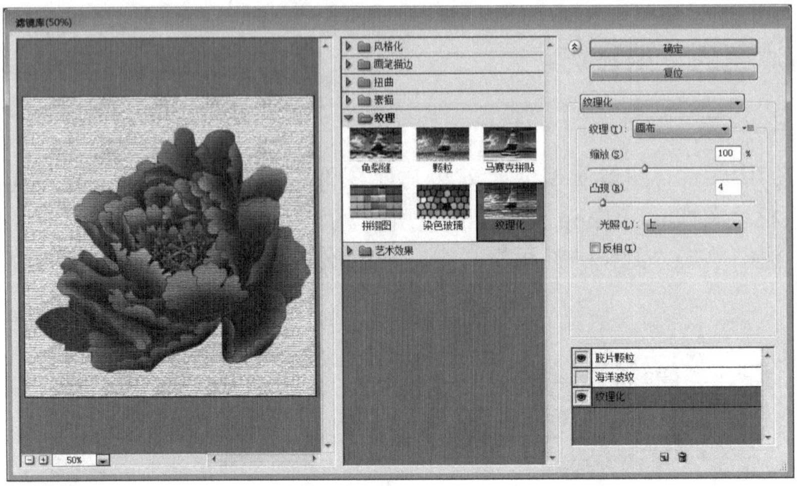

图 9-5 “滤镜库”对话框

9.2.2 风格化滤镜组

风格化滤镜组中只有照亮边缘一个滤镜，图 9-7 所示的是图 9-6 中的图像应用了照亮边缘滤镜的效果。

图 9-6 原始图像

图 9-7 照亮边缘滤镜效果

9.2.3 画笔描边滤镜组

画笔描边滤镜组中有成角线条、墨水轮廓、喷溅、喷色描边、强化边缘、深色线条、烟灰墨和阴影线 8 个滤镜，图 9-8 所示的是应用了画笔描边滤镜组的滤镜效果（参数为系统默认）。

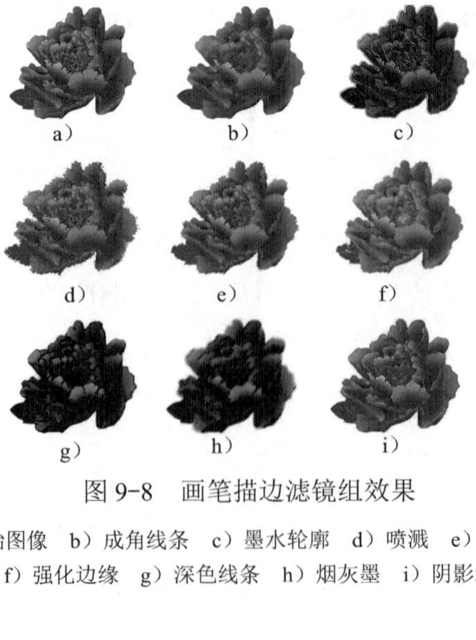

图 9-8 画笔描边滤镜组效果

a）原始图像 b）成角线条 c）墨水轮廓 d）喷溅 e）喷色描边
f）强化边缘 g）深色线条 h）烟灰墨 i）阴影线

9.2.4　扭曲滤镜组

扭曲滤镜组中有玻璃、海洋波纹和扩散亮光 3 个滤镜，图 9-9 所示的是应用了扭曲滤镜组的滤镜效果（参数为系统默认）。

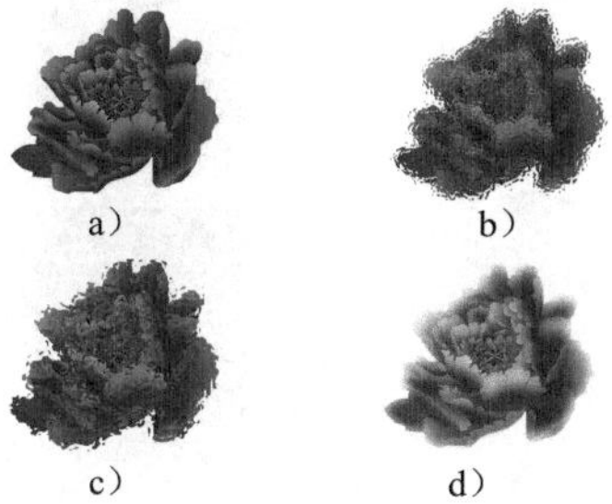

图 9-9　扭曲滤镜组效果
a）原图　b）玻璃
c）海洋波纹　d）扩散亮光

9.2.5　素描滤镜组

素描滤镜组中有半调图案、便条纸、粉笔和炭笔、铭黄渐变、绘图笔、基底凸现、石膏效果、水彩油画、撕边、炭笔、炭精笔、图章、网状和影印 14 个滤镜，图 9-10 所示的是应用了素描滤镜组的滤镜效果（参数为系统默认）。

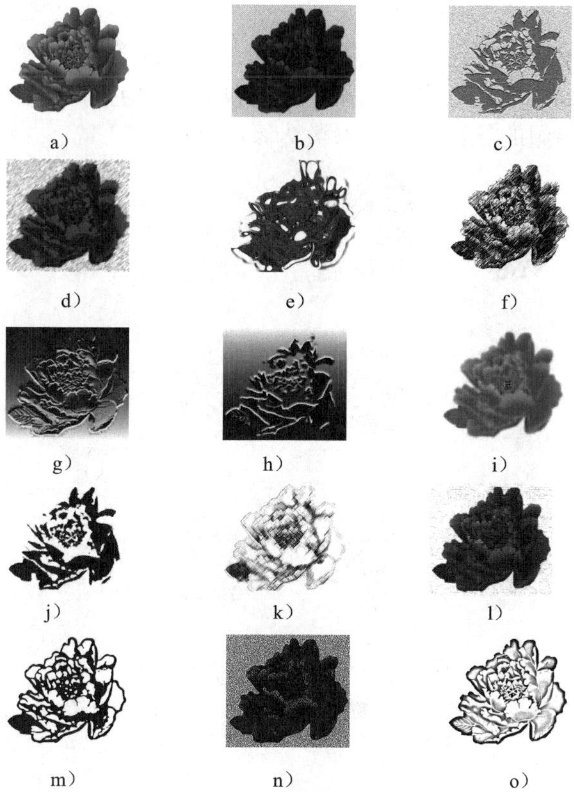

图 9-10　素描滤镜组滤镜效果
a）原始图像　b）半调图案　c）便条纸　d）粉笔和炭笔　e）铭黄渐变　f）绘图笔　g）基底凸现
h）石膏效果　i）水彩油画　j）撕边　k）炭笔　l）炭精笔　m）图章　n）网状　o）影印

9.2.6　纹理滤镜组

纹理滤镜组中有龟裂缝、颗粒、马赛克拼贴、拼缀图、染色玻璃和纹理化 6 个滤镜，图 9-11 所示的是应用了纹理滤镜组的滤镜效果（参数为系统默认）。

图 9-11　纹理滤镜组滤镜效果

a）原图　b）龟裂缝　c）颗粒　d）马赛克拼贴

e）拼缀图　f）染色玻璃　g）纹理化

9.2.7　艺术滤镜组

艺术滤镜组中有：壁画、彩色铅笔、粗糙蜡笔、底纹效果、干画笔、海报边缘、海绵、绘画涂抹、胶片颗粒、木刻、霓虹灯光、水彩、塑料包装、调色刀和涂抹棒 15 个滤镜，图 9-12 所示的是应用了艺术滤镜组的滤镜效果（参数为系统默认）。

图 9-12　艺术滤镜组滤镜效果

a）原图　b）壁画　c）彩色铅笔　d）粗糙蜡笔　e）底纹效果　f）干画笔　g）海报边缘　h）海绵

i）绘画涂抹　j）胶片颗粒　k）木刻　l）霓虹灯光　m）水彩　n）塑料包装　o）调色刀　p）涂抹棒

9.3　常用滤镜

Photoshop 除了滤镜库以外，还提供了很多常用的滤镜，本节将介绍 Photoshop 中的常用滤镜。

9.3.1　自适应广角滤镜

利用自适应广角滤镜可以对鱼眼、广角和超广角的图像进行校正。自适应广角滤镜是 Photoshop CS6 中新增加的滤镜，具体操作步骤如下：

1）打开素材文件 D09-03.jpg，如图 9-13 所示。

图 9-13　素材文件 D09-03.jpg

2）在菜单栏中单击“滤镜→自适应广角”命令（或按<Ctrl+Shift+A>快捷键），打开“自适应广角”对话框，如图 9-14 所示。

图 9-14　“自适应广角”对话框

对话框中各选项的含义如下。

① 校正：用于选取校正类型，有“鱼眼”、“透视”、“自动”和“完整球面”4 个选项。

- 鱼眼：校正由鱼眼镜头所引起的极度弯度。
- 透视：校正由视角和相机倾斜角所引起的会聚线。
- 自动：自动地检测并进行校正。
- 完整球面：校正 360° 全景图，但图像的长宽比必须为 2:1。

② 缩放：用于设置缩放的比例值。

③ 焦距：用于指定镜头的焦距。

④ 裁剪因子：用于设置最终图像如何裁剪，此值与“缩放”一起使用可以补偿在应用此滤镜时产生的空白区域。

⑤ 原照设置：勾选此复选框可以使用镜头配置文件中定义的值。如果没有找到镜头信息，则禁用此选项。

⑥ 约束工具“ ”：单击图像或拖动端点沿直线校正图像。

⑦ 多边形约束工具“ ”：创建多边形，然后校正图像。

3）选择约束工具，在需要调整的位置单击，拖拽一条直线，然后调整端点位置、缩放比例和裁剪因子，如图 9-15 所示，然后单击“确定”按钮退出对话框，完成图像校正。校正后的图像如图 9-16 所示。

图 9-15　调整图像

图 9-16　调整后的图像

9.3.2　液化滤镜

液化滤镜是通过推、拉、旋转、反射、折叠和膨胀图像的任意区域来改变图像。液化滤镜除了可以修饰图像还可以产生艺术效果。应用液化滤镜的操作步骤如下：

1）打开素材文件 D09-06.jpg 文件，如图 9-17 所示。

图 9-17　素材文件 D09-06.jpg

2）在菜单栏中单击“滤镜→液化”命令（或按<Ctrl+Shift+X>快捷键），打开“液化”对话框，如图 9-18 所示。

对话框中各选项的含义如下。

- 向前变形工具“”：拖动时会沿着拖动方向推动像素形成涂抹效果。
- 重建工具“”：用于恢复部分或全部的变形。
- 褶皱工具“”：使像素向画笔中心区域收缩，产生挤压效果。
- 膨胀工具“”：使像素向远离画笔中心的方向扩张，产生膨胀效果。
- 左推工具“”：使像素垂直于绘制方向移动。如果向下拖动，则像素会向右移动。

3）选择膨胀工具，调整画笔直径，在图中眼睛的位置单击鼠标，将孩子的眼睛变大，效果如图 9-19 所示。

图 9-18　“液化”对话框

图 9-19　应用液化滤镜后的图像效果

9. 3. 3　风格化滤镜组

风格化滤镜组中的滤镜通过置换像素和查找并增加图像的对比度，在选区中生成绘画或印象派的效果。风格化滤镜组中有查找边缘、等高线、风、浮雕效果、扩散、拼贴、曝光过度和凸出等滤镜。以查找边缘滤镜为例，操作步骤如下：

1）打开素材文件 D09-07.jpg，如图 9-20 所示。

2）在菜单栏中单击“滤镜→风格化→查找边缘”命令，应用查找边缘滤镜，效果如图 9-21 所示。

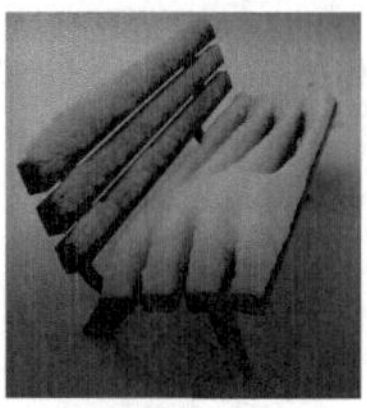

图 9-20　素材文件 D09-07.jpg

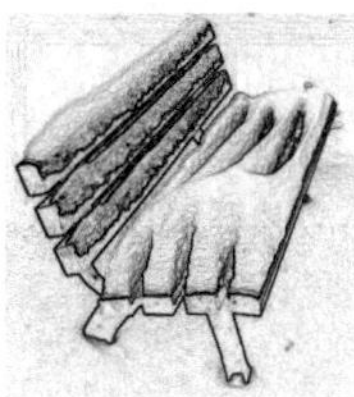

图 9-21　应用查找边缘滤镜后的图像效果

9. 3. 4　模糊滤镜组

模糊滤镜组中的滤镜可柔化选区或整个图像，使图像看起来更朦胧，从而起到修饰图像的作用。模糊滤镜组中有场景模糊、光圈模糊、倾斜偏移、表面模糊、动感模糊、方框模糊、高斯模糊、进一步模糊、径向模糊、镜头模糊、模糊、平均、特殊模糊和形状模糊等滤镜。以径向模糊滤镜为例，操作步骤如下：

1）打开素材文件 D09-08.jpg，如图 9-22 所示。

2）在工具箱中选择磁性套索工具，创建花的选区，如图 9-23 所示。

图 9-22　素材文件 D09-08.jpg

图 9-23　创建选区

3）按<Ctrl+Shift+I>快捷键，创建反选选区，然后在菜单栏中单击“选择→修改→收缩”命令，打开“收缩选区”对话框，设置收缩量为 5，收缩后的选区效果如图 9-24 所示。

4）在菜单中单击“滤镜→模糊→径向模糊”命令，打开“径向模糊”对话框，如图 9-25 所示。

图 9-24　收缩后的选区效果

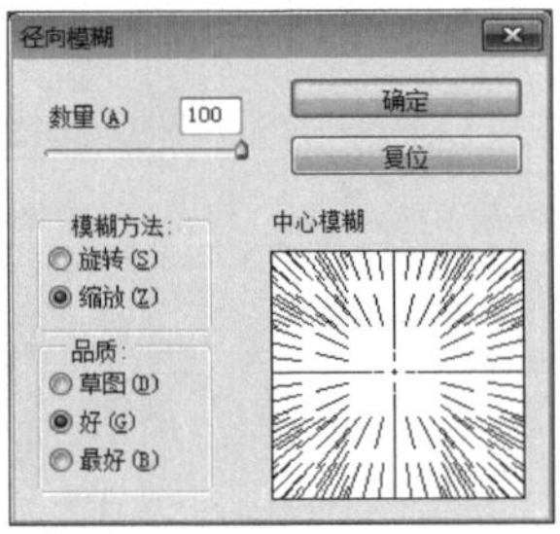

图 9-25　“径向模糊”对话框

对话框中部分选项的含义如下。

- 模糊方法：有“旋转”和“缩放”两个单选按钮。“旋转”表示沿同心圆环线模糊；“缩放”表示沿径向线模糊。
- 品质：有“草图”、“好”和“最好”3 个单选按钮。“草图”产生最快但为粒状的结果，“好”和“最好”产生比较平滑的结果。通过拖动“中心模糊”框中的图案可以指定模糊的原点。

5）“径向模糊”对话框的具体设置如图 9-25 所示，应用径向模糊滤镜后的图像效果如图 9-26 所示。

图 9-26　径向模糊滤镜应用效果

9.3.5　扭曲滤镜组

扭曲滤镜组中的滤镜将图像进行几何扭曲，创建 3D 或其他变形效果。但需要注意的是，这些滤镜可能会占用大量内存。扭曲滤镜组中有波浪、波纹、极坐标、挤压、切变、球面化、水波、旋转扭曲和置换等滤镜。以球面化滤镜为例，操作步骤如下：

1）打开素材文件 D09-09.jpg，如图 9-27 所示。

2）在菜单栏中单击“滤镜→扭曲→球面化”命令，打开“球面化”对话框，如图 9-28 所示。

图 9-27 素材文件 D09-09.jpg

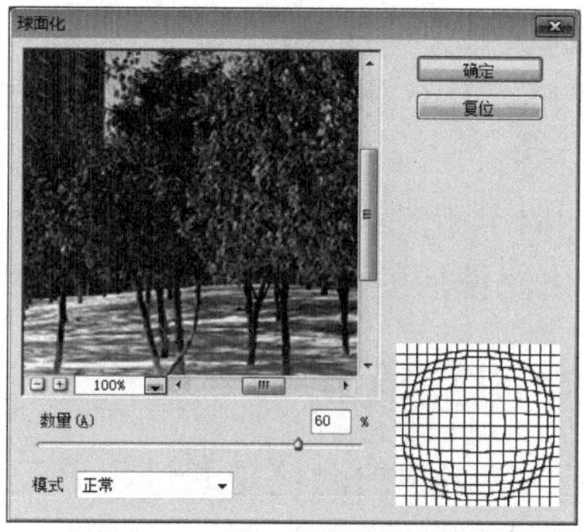

图 9-28 “球面化”对话框

对话框中各选项的含义如下。

● 数量：用于设置变化的强度，取值范围为-100%～100%，负值会产生向内凹陷的效果，正值为向外突出的效果。

● 模式：有“正常”“水平优先”“垂直优先”3 个选项。“正常”表示在水平和垂直方向一起产生变形；“水平优先”表示在水平方向上产生变形；“垂直优先”表示在垂直方向上产生变形。

3）在对话框中设置“数量”为 60%，“模式”为正常，应用后的效果如图 9-29 所示。

图 9-29 球面化滤镜应用效果

9.3.6 锐化滤镜组

锐化滤镜组中的滤镜通过增加相邻像素的对比度来使模糊的图像变清晰。锐化滤镜组中有 USM 锐化、进一步锐化、锐化、锐化边缘和智能锐化等滤镜。以 USM 锐化滤镜为例，操作步骤如下：

1）打开素材文件 D09-10.jpg，如图 9-30 所示。

2）在菜单栏中单击“滤镜→锐化→USM 锐化”命令，打开“USM 锐化”对话框，如图 9-31 所示。

图 9-30 素材文件 D09-10.jpg

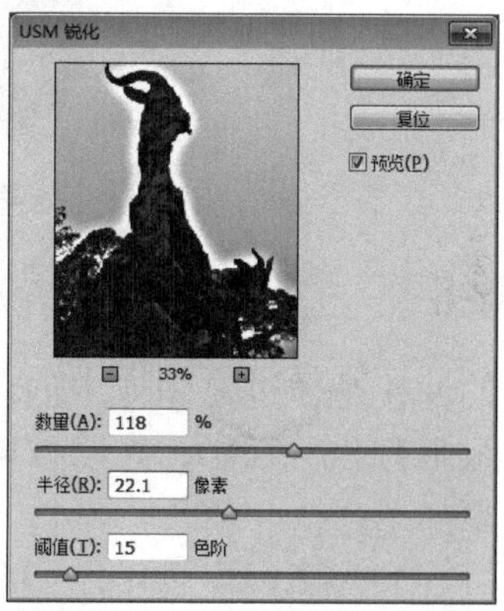

图 9-31 “USM 锐化”对话框

对话框中各选项的含义如下。

- 数量：用于设置锐化的强度，取值范围是 1%～500%之间的整数值，数值越大越清晰。
- 半径：用于设置锐化影响的范围，取值范围是 0.1～255.0 像素，数值越大效果越直观。
- 阈值：用于设置锐化的相邻像素间的差距值，取值范围是 0～255。

3）“USM 锐化”对话框的具体设置如图 9-31 所示，应用 USM 锐化滤镜后的图像效果如图 9-32 所示。

图 9-32　USM 锐化滤镜应用效果

9.3.7　像素化滤镜组

像素化滤镜组中的滤镜是通过将单元格中颜色值相近的像素结成块来变化图像。像素化滤镜组中有彩块化、彩色半调、点状化、晶格化、马赛克、碎片和铜版雕刻等滤镜。以马赛克滤镜为例，操作步骤如下：

1）打开素材文件 D09-11.jpg，如图 9-33 所示。

2）在菜单栏中单击“滤镜→像素化→马赛克”命令，打开“马赛克”对话框，如图 9-34 所示。

图 9-33　素材文件 D09-11.jpg

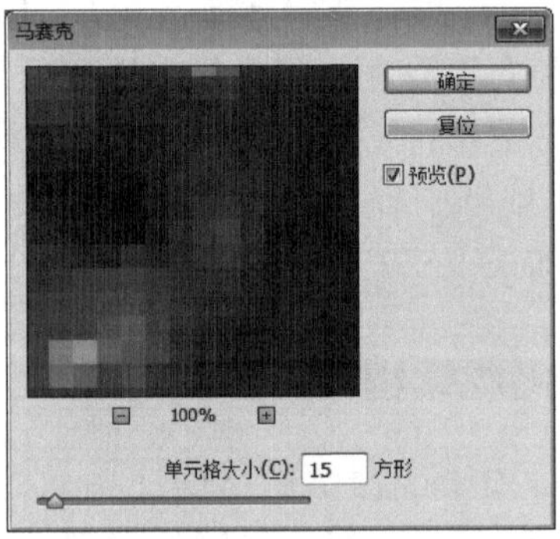

图 9-34　“马赛克”对话框

3）设置“单元格大小”为 15，应用马赛克滤镜的效果如图 9-35 所示。

图 9-35　马赛克滤镜应用效果

9.3.8　渲染滤镜组

渲染滤镜组中的滤镜是通过在图像中创建 3D 形状、云彩图案、折射图案和模拟的光反射效果。渲染滤镜组中有分层云彩、光照效果、镜头光晕、纤维和云彩等滤镜。以镜头光晕滤镜为例，操作步骤如下：

1）打开素材文件 D09-12.jpg，如图 9-36 所示。

2）在菜单栏中单击“滤镜→渲染→镜头光晕”命令，打开“镜头光晕”对话框，如图 9-37

所示。

图 9-36 素材文件 D09-12.jpg

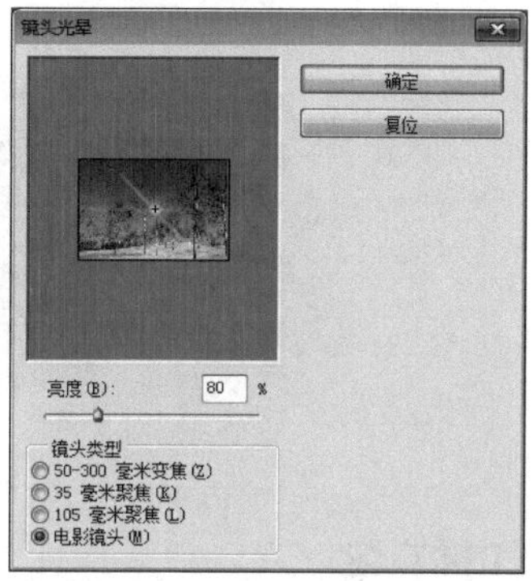

图 9-37 “镜头光晕”对话框

3）在对话框中设置“亮度”为 80%，在“镜头类型”区域中选中“电影镜头”单选按钮，应用镜头光晕滤镜后的图像效果如图 9-38 所示。

图 9-38 镜头光晕滤镜应用效果

9.3.9 杂色滤镜组

杂色滤镜组中的滤镜是通过添加、移去杂色或带有随机分布色阶的像素，来产生图像混合变化的效果。同时，可以创建与众不同的纹理或移去有问题的区域，如蒙尘和划痕。杂色滤镜组中有减少杂色、蒙尘与划痕、去斑、添加杂色和中间值等滤镜。以蒙尘与划痕滤镜为例，操作步骤如下：

1）打开素材文件 D09-13.jpg，如图 9-39 所示。

2）在菜单栏中单击“滤镜→杂色→蒙尘与划痕”命令，打开“蒙尘与划痕”对话框，如图 9-40 所示。

图 9-39 素材文件 D09-13.jpg

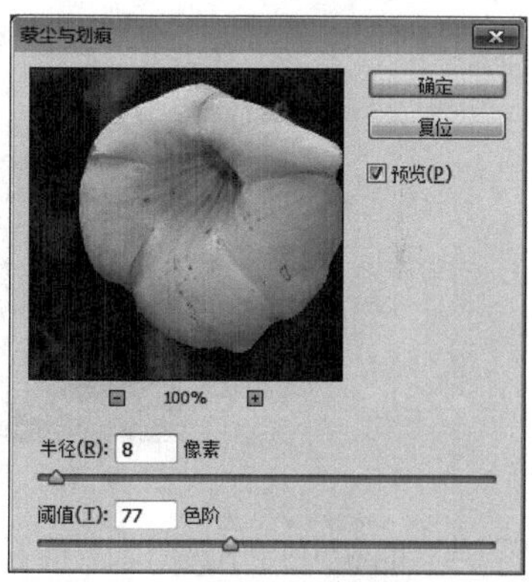

图 9-40 “蒙尘与划痕”对话框

3）设置“半径”为“8 像素”，“阈值”为 77，应用蒙尘与划痕滤镜后的图像效果如图 9-41 所示。

图 9-41　蒙尘与划痕滤镜应用效果

9.4　实训任务

通过本章的学习，可以对 Photoshop 中滤镜的应用有一定的认识和了解，掌握了其中的操作方法与技巧。本节将运用滤镜工具并结合前面学过的知识完成“制作飞雪效果”“制作黄金立体字”和“制作海报”3 个实训任务。

9.4.1　实训任务一：制作飞雪效果

1. 任务分析

本任务是制作有飞雪效果的图像，从而营造冬日的意境与气氛，最终效果如图 9-42 所示。通过本任务的实现，更好地熟悉滤镜的使用方法和技巧。

图 9-42　飞雪效果

本任务的知识点：杂色滤镜、动感模糊滤镜、选区、自由变换、图层混合和调整图层等。

2. 任务实施

1）打开素材文件 sx-09-01.jpg，如图 9-43 所示。按<D>键快速设置前景色为黑色，背景色为白色。

图 9-43　素材文件 sx-09-01.jpg

2）在“图层”面板中单击新建图层按钮，新建“图层 1”，按<Alt+Delete>快捷键，用前景色（黑色）填充“图层 1”。

3）在菜单栏中单击“滤镜→杂色→添加杂色”命令，打开“添加杂色”对话框，设置“数量”为 12%，选中“高斯分布”单选按钮，勾选“单色”复选框，具体如图 9-44 所示。然后单击“确定”按钮退出对话框。

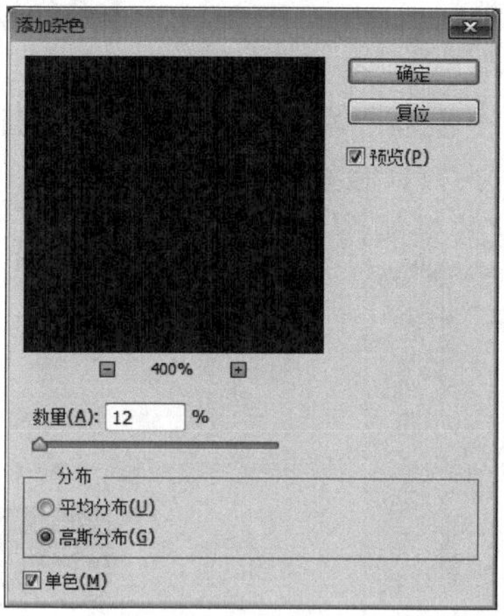

图 9-44 “添加杂色”对话框

4）在菜单栏中单击“图像→调整→阈值”命令，打开“阈值”对话框，根据预想的飞雪密度来设置“阈值色阶”的值，这里设置为 65，如图 9-45 所示。设置阈值后的画面效果如图 9-46 所示。

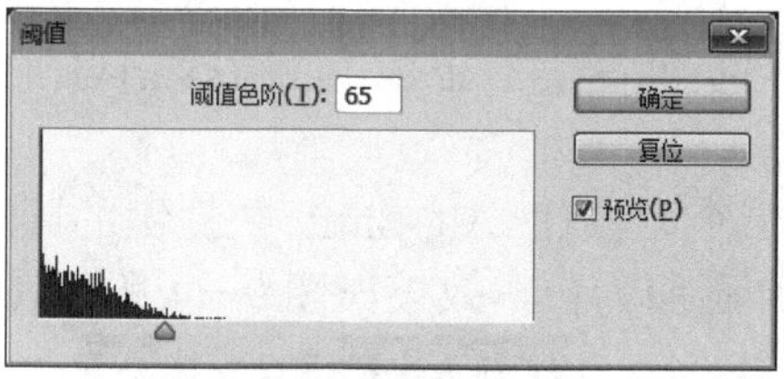

图 9-45 “阈值”对话框

图 9-46 设置阈值后的画面效果

5）在工具箱中选择矩形选框工具，然后在画面中的任意位置创建矩形选区，如图 9-47 所示。

6）按<Ctrl+Shift+I>快捷键，反选选区，按<Delete>键删除选区，删除后的效果如图 9-48 所示。

图 9-47 创建矩形选区

图 9-48 删除反选选区后的图像效果

7）在菜单栏中单击“编辑→自由变换”命令，按住<Alt+Shift>快捷键的同时拖动控制点，将“图层 1”中的矩形区域缩小约 1/4，按<Enter>键确认自由变换。再次单击“编辑→自由变换”命令，按住<Alt+Shift>快捷键的同时拖动控制点，将“图层 1”中的矩形区域调整扩大至覆盖整个画面为止，按<Enter>键确认自由变换，如图 9-49 所示。

8）在“图层”面板中设置“图层 1”的混合模式为“滤色”，滤色后的图像效果如图 9-50 所示。

图 9-49　自由变换放大后的效果

图 9-50　滤色后的图像效果

9）在菜单栏中单击“滤镜→模糊→动感模糊”命令，打开“动感模糊”对话框，设置“角度”为“71 度”，“距离”为“11 像素”，具体设置如图 9-51 所示。然后单击“确定”按钮退出对话框，完成后的图像效果如图 9-52 所示。

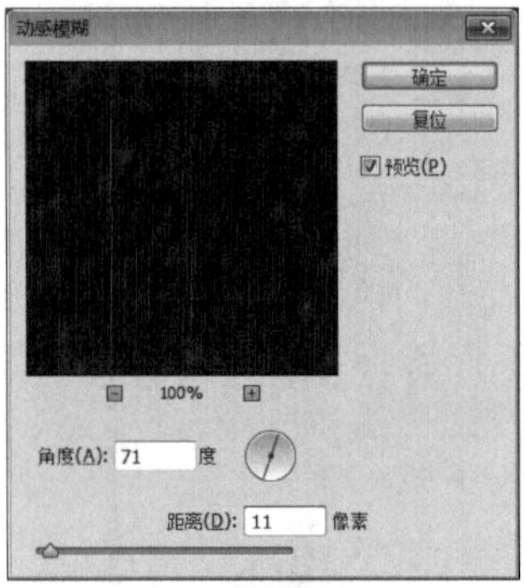

图 9-51　“动感模糊”对话框

图 9-52　动感模糊后的图像效果

10）在工具箱中选择矩形选框工具，在“图层 1”中的任意位置创建矩形选区，如图 9-53 所示。

11）在菜单栏中单击“图层→新建→通过拷贝的图层”命令（或按<Ctrl+J>快捷键），复制选区内容生成“图层 2”。

12）在菜单栏中单击“编辑→自由变换”命令，按住<Alt+Shift>快捷键的同时拖动控制点，将“图层 2”中的矩形选区放大到覆盖整个画面为止，效果如图 9-54 所示。

图 9-53　创建矩形选区

图 9-54　放大图层 2 的效果

13）在“图层”面板上单击“创建新的填充或调整图层”按钮，单击“色阶”命令打开“属性”面板，选择蓝色并拖动滑块，具体设置如图 9-55 所示。调整图像的颜色，完成最终效果。完成后的“图层”面板如图 9-56 所示。

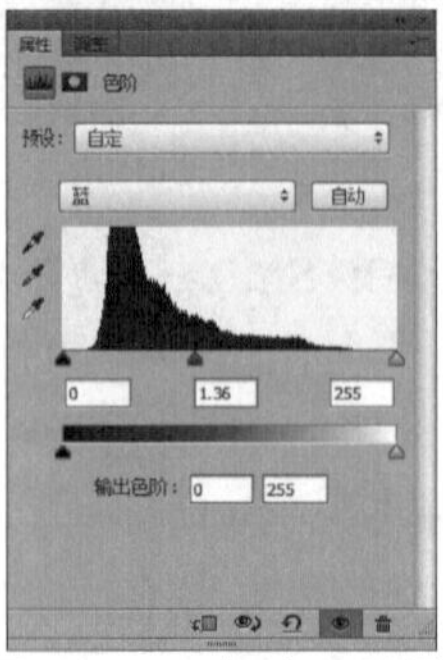

图 9-55　“色阶”设置

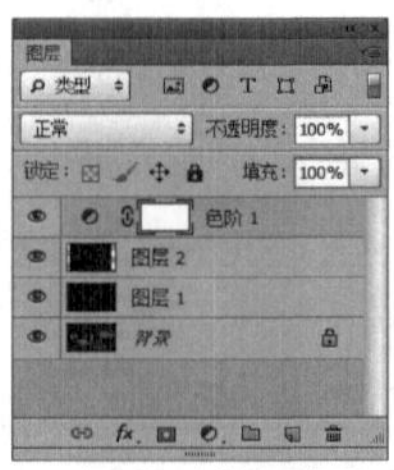

图 9-56　完成后的“图层”面板

9.4.2 实训任务二：制作黄金立体字

1．任务分析

本任务是利用 Photoshop 制作金属效果的黄金立体字作品，完成效果如图 9-57 所示。本任务的设计方法适合海报、产品宣传等的设计与制作。通过本任务的实现可以更好地掌握滤镜的操作方法与技巧。

本任务的知识点：高斯模糊滤镜、光照效果模糊滤镜、文本、自由变换、曲线调整和色彩平衡等。

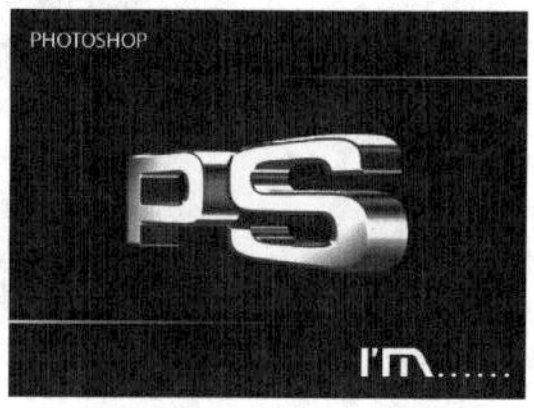

图 9-57　黄金立体字

2．任务实施

1）按<Ctrl+N>快捷键，打开“新建”对话框，设置文件名称为“黄金立体字”，大小为 1024×768 像素，“背景内容”为“白色”，具体设置如图 9-58 所示。

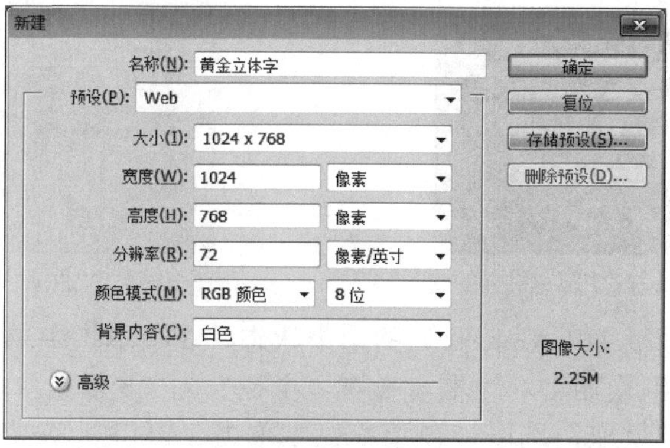

图 9-58　新建“黄金立体字”文档

2）设置前景色为黑色，按<Alt+Delete>快捷键，用前景色（黑色）填充背影图层。

3）设置前景色为白色（RGB：255，255，255），在工具箱中选择横排文字工具，设置字体为“汉仪综艺体简”、大小为 72 点，具体设置如图 9-59 所示。输入文字“PS”，效果如图 9-60 所示。

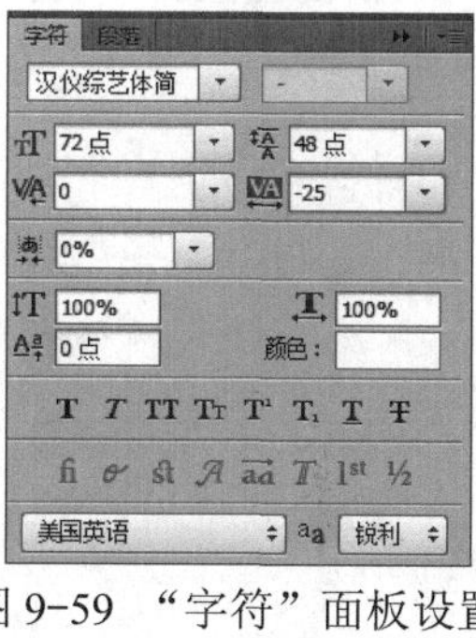

图 9-59　“字符”面板设置

图 9-60　输入文字

4）在菜单栏中单击“编辑→自由变换”命令，按住<Alt+Shift>快捷键，将文字等比例放大到合适的大小，然后按<Enter>键确认自由变换，效果如图 9-61 所示。

5）在菜单栏中单击“图层→栅格化→文字”命令，将文字栅格化，栅格化以后的“图层”面板如图 9-62 所示。

图 9-61　放大文字

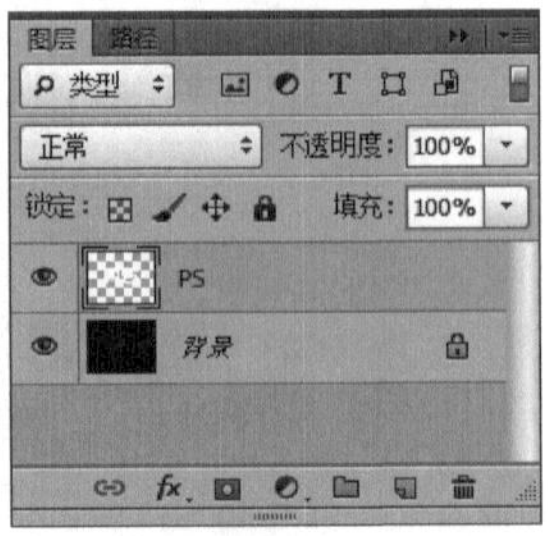

图 9-62　栅格化以后的“图层”面板

6）按住<Ctrl>键的同时在“图层”面板中单击“PS”图层，载入“PS”图层的选区，如图 9-63 所示。

7）在菜单栏单击“窗口→通道”命令，打开“通道”面板，新建通道图层“Alpha 1”，在菜单栏中单击“编辑→填充”命令，为其填充前景色（白色），“通道”面板如图 9-64 所示。

图 9-63　载入“PS”图层的选区

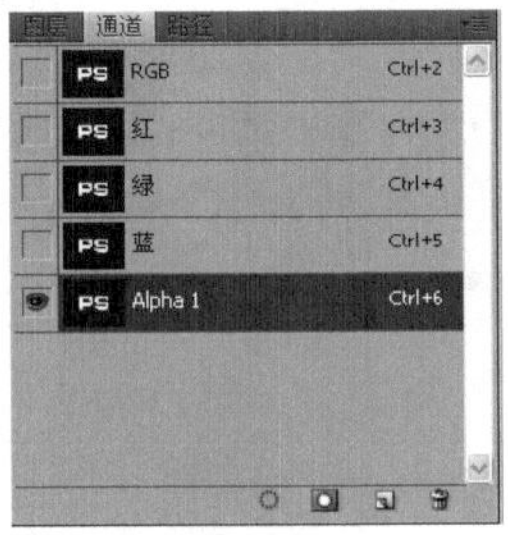

图 9-64　“通道”面板

8）保持“通道”面板中“Alpha 1”的选中状态，在菜单栏中单击“滤镜→模糊→高斯模糊”命令，打开“高斯模糊”对话框，设置“半径”为“3 像素”，如图 9-65 所示。

9）按<Ctrl+D>快捷键取消选区，在菜单栏中单击“窗口→图层”命令，打开“图层”面板。在菜单栏中单击“滤镜→渲染→光照效果”命令，设置强度颜色为白色、着色颜色为白色、纹理通道选择“Alpha 1”，如图 9-66 所示。然后单击“确定”按钮应用光照滤镜，效果如图 9-67 所示。

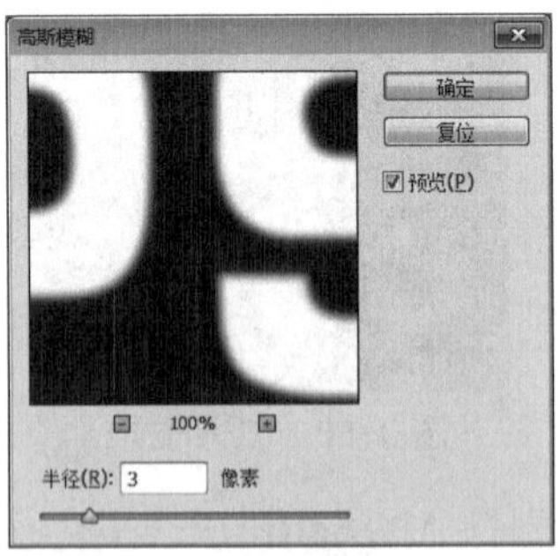

图 9-65　“高斯模糊”对话框

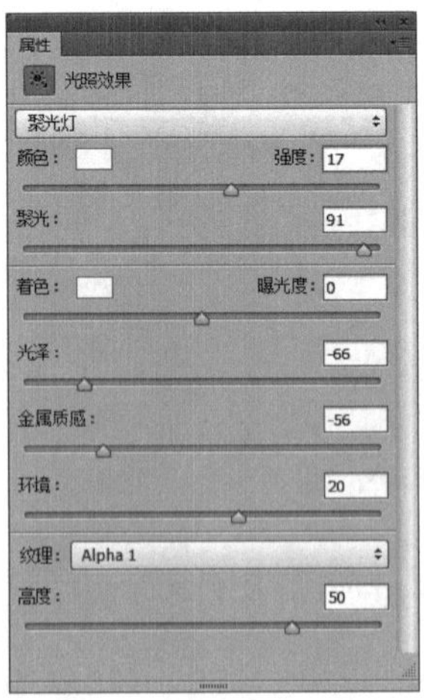

图 9-66　光照滤镜的设置

10）在菜单栏中单击“编辑→变换→透视”命令，拖动控制点变形文字，如图 9-68 所示，按<Enter>键确认变换。

图 9-67　光照滤镜应用效果

图 9-68　拖动变形文字

11）在菜单栏中单击“图像→调整→曲线”命令，打开“曲线”对话框，使用鼠标在曲线上单击，添加 7 个曲线点，并设置如下。1 点：输出 46、输入 234；2 点：输出 101、输入 207；3 点：输出 72、输入 162；4 点：输出 216、输入 127；5 点：输出 8、输入 94；6 点：输出 136、输入 67；7 点：输出 48、输入 29。“曲线”对话框的具体设置如图 9-69 所示，曲线调整后的图像效果如图 9-70 所示。

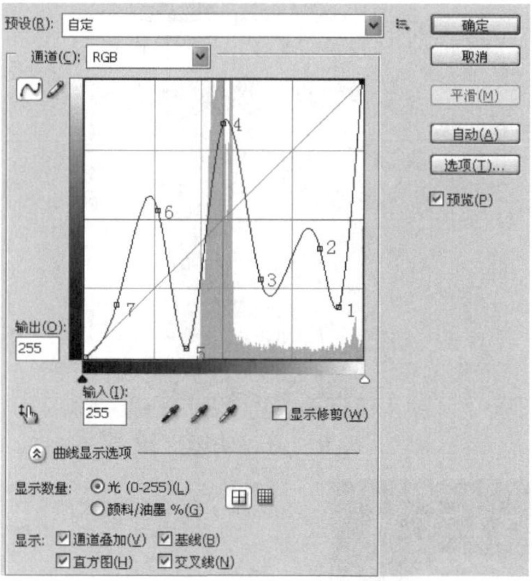

图 9-69　“曲线”对话框设置

图 9-70　曲线调整后的图像效果

12）在工具箱中选择移动工具，按<Alt+←（左方向键）>快捷键，将带有金属质感的图层复制并移动，效果如图 9-71 所示。重复此操作 34 次，创建到“PS 副本 35”，“图层”面板如图 9-72 所示。

13）在“图层”面板中单击选择“PS”图层，然后按下<Shift>键并单击“PS 副本 35”图层，这样从“PS”图层到“PS 副本 35”图层之间的图层都被选中，按<Ctrl+E>快捷键，合并选中的图层，合并后的“图层”面板如图 9-73 所示。

图 9-71　复制并移动后的画面效果

图 9-72　“图层”面板

14）在“图层”面板上单击“创建新的填充或调整图层”按钮，选择“色彩平衡”，“高光”设置如图 9-74 所示、“中间调”设置如图 9-75 所示、“阴影”设置如图 9-76 所示，完成后生成最终颜色，如图 9-77 所示。

图 9-73　合并后的“图层”面板

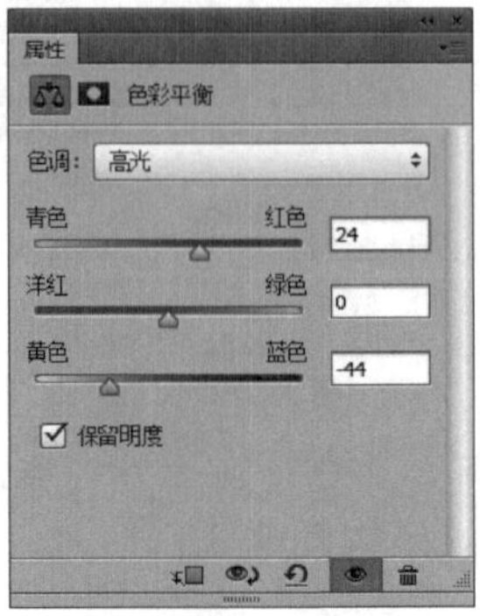

图 9-74　“高光”设置

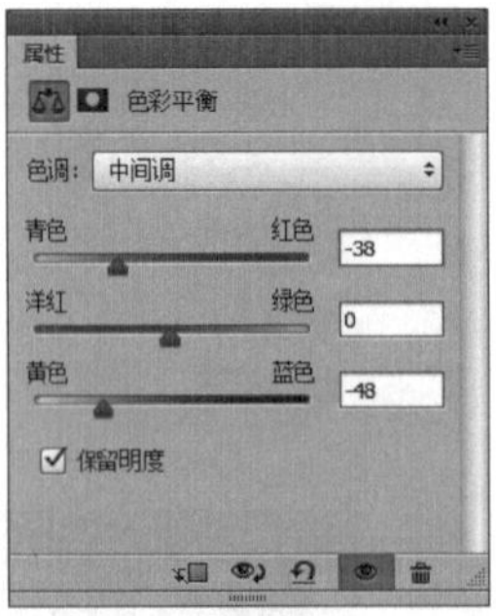

图 9-75　“中间调”设置

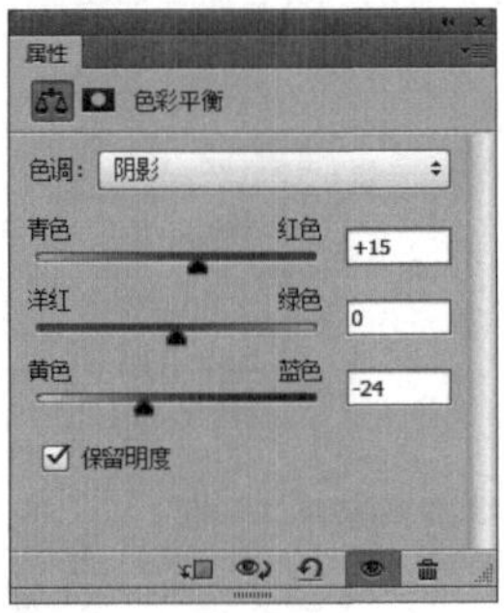

图 9-76　“阴影”设置

图 9-77　最终的黄金颜色

15）在“图层”面板中选择背景图层，单击新建图层按钮，在背景图层上新建“图层 1”，添加渐变矩形区域、边线和文字等版式设计元素，完成最终效果的设计。

9.4.3　实训任务三：制作海报

1. 任务分析

本任务是制作以“地狱熔岩”为主题的海报，完成效果如图 9-78 所示。通过本任务的实现可以更好地掌握使用滤镜的操作方法与技巧。

本任务的知识点：云彩滤镜、分层云彩滤镜、凸出滤镜和彩色平衡等。

图 9-78 “地狱熔岩”海报

2. 任务实施

1）按<Ctrl+N>快捷键，打开“新建”对话框，设置文件名称为“地域熔岩”，大小为 1024×768

像素，“背景内容”为“白色”，具体设置如图 9-79 所示。

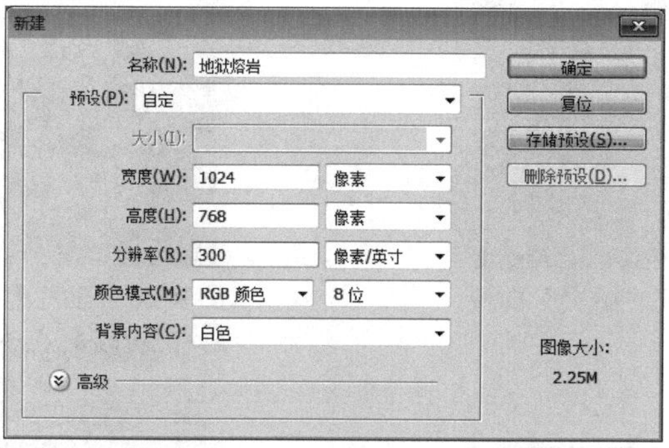

图 9-79　新建“地狱熔岩”文档

2）按<D>键设置前景色为黑色，背景色为白色。

3）在菜单栏中单击“滤镜→渲染→云彩”命令，效果如图 9-80 所示。

4）在菜单栏中单击“滤镜→渲染→分层云彩”命令，效果如图 9-81 所示。

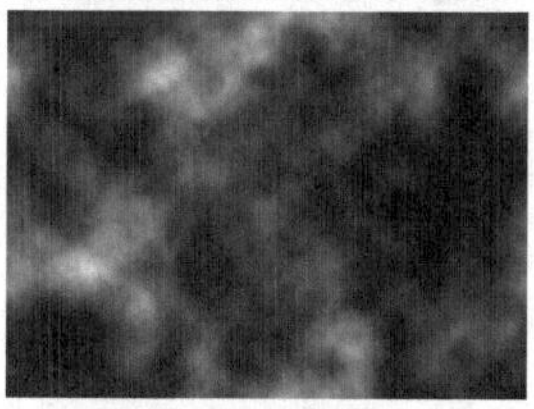
图 9-80　云彩滤镜应用效果

图 9-81　分层云彩滤镜应用效果

5）在菜单栏中单击“滤镜→风格化→凸出”命令，打开“凸出”对话框，选中“块”单选按钮，“大小”为“2 像素”，“深度”为 50，选中“基于色阶”单选按钮，如图 9-82 所示，完成后的效果如图 9-83 所示。

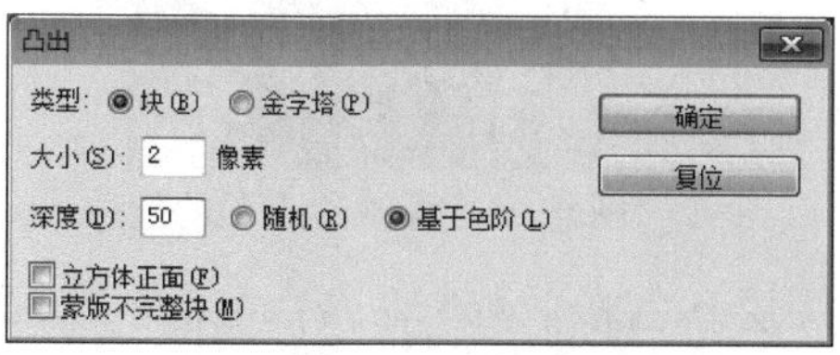

图 9-82　凸出滤镜设置

图 9-83　完成后的凸出效果

6）在菜单栏中单击“图像→调整→反相”命令（或按<Ctrl+I>快捷键），效果如图 9-84 所示。

图 9-84　反相效果

7）在菜单栏中单击“图层→新建→通过拷贝的图层”命令，新建“图层 1”，在“图层”面板中设置“图层 1”的混合模式为“正片叠底”，如图 9-85 所示，完成效果如图 9-86 所示。

8）在菜单栏中单击“文件→置入”命令，置入素材文件 sx-09-02.jpg，拖动到合适的位置，按<Enter>键确认置入，如图 9-87 所示。

9）在菜单栏中单击“图层→栅格化→图层”命令，栅格化置入的图层，栅格化以后的“图层”面板如图 9-88 所示。

图 9-85 “图层”面板

图 9-86 正片叠底图像效果

图 9-87 置入素材图像

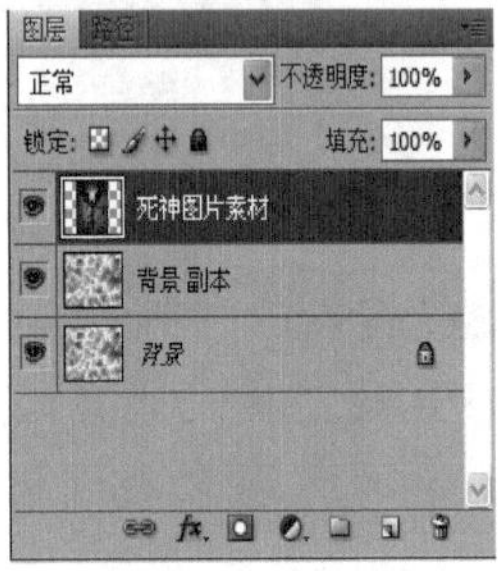

图 9-88 栅格化以后的“图层”面板

10）在工具箱中选择橡皮擦工具，设置笔尖属性为柔边圆形，“大小”为“300 像素”，具体设置如图 9-89 所示。

11）用设置好的橡皮擦工具，擦除置入图像的边缘，将边缘擦成较为融合的画面效果，如图 9-90 所示。

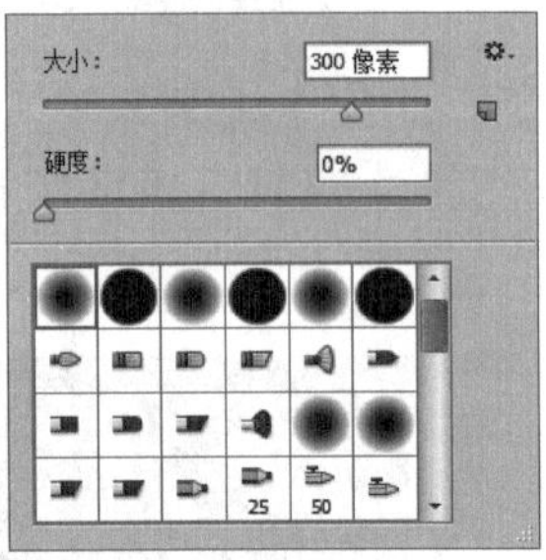

图 9-89 橡皮擦工具的画笔设置

图 9-90 擦除边缘后的效果

12）在菜单栏中单击“图层→新建调整图层→色彩平衡”命令，“高光”设置如图 9-91 所示；“中间调”设置如图 9-92 所示；“阴影”设置如图 9-93 所示，完成本任务的最终效果。

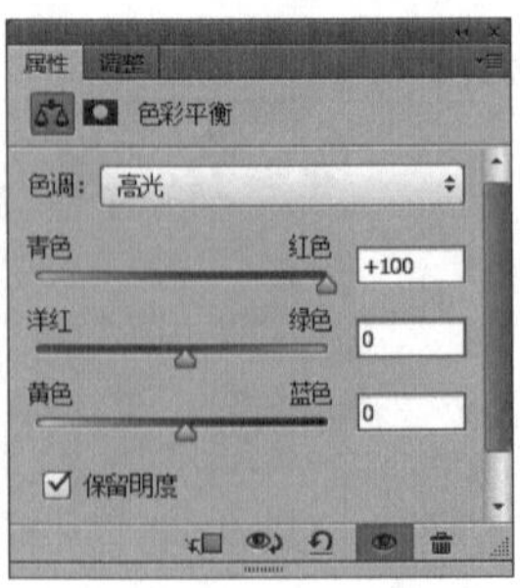

图 9-91 “高光”设置

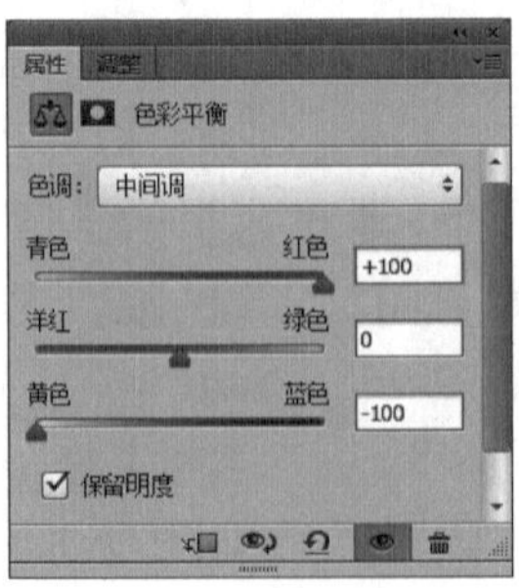

图 9-92 “中间调”设置

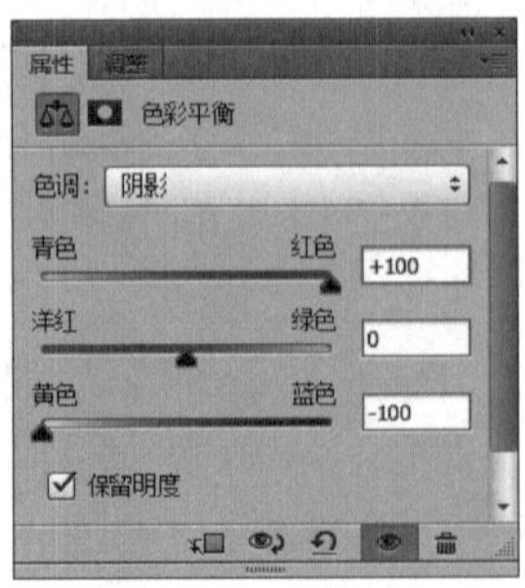

图 9-93 “阴影”设置

本 章 小 结

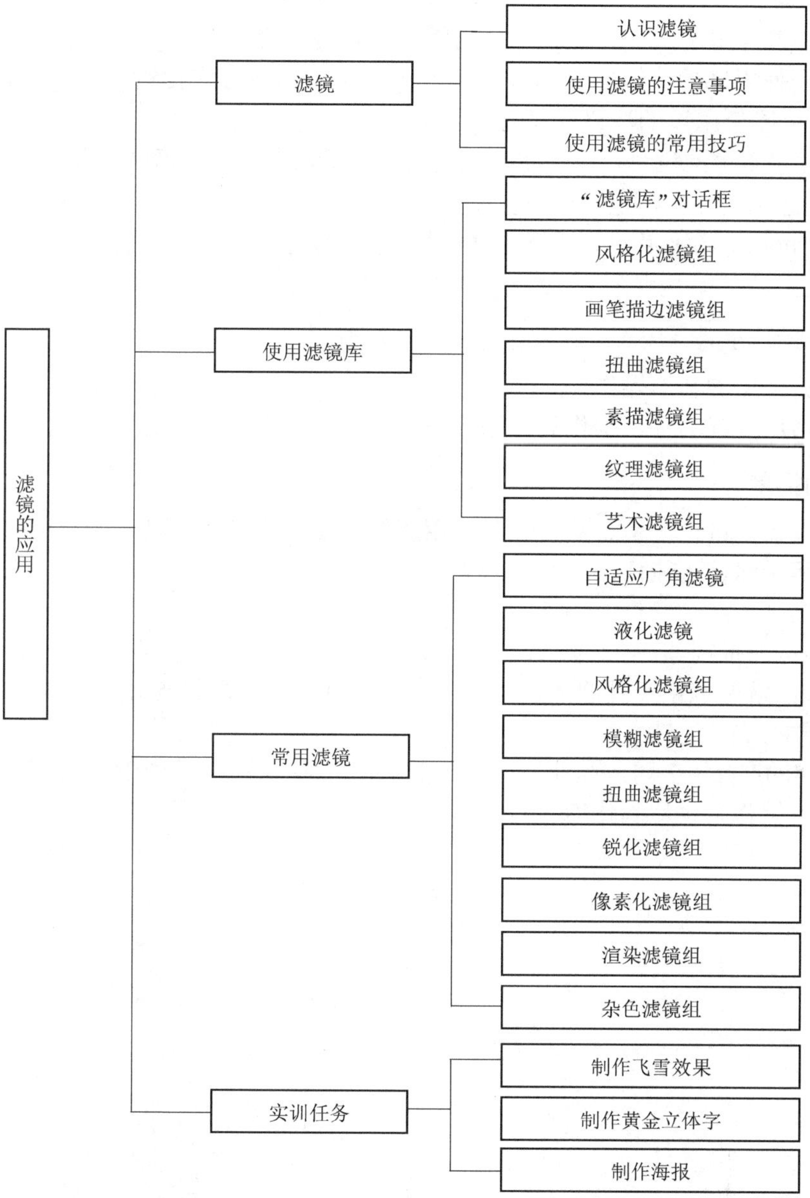

本章主要快捷键：

序　号	操 作 命 令	快 捷 键	序　号	操 作 命 令	快 捷 键
1	重复滤镜	<Ctrl+F>	3	渐隐	<Ctrl+Shift+F>
2	自适应广角	<Ctrl+Shift+A>	4	液化	<Ctrl+Shift+X>

单元评估

一、填空题

1．滤镜不能应用于______或______的图像，有些滤镜只对______图像起作用。

2．重复刚使用过的滤镜命令的快捷键为______。当执行快捷键______时，在重复滤镜的同时会打开刚刚使用过的滤镜的设置对话框。

3．滤镜库是多个滤镜组合在一起的组合面板，滤镜库提供的滤镜组有______、______、______、______、______、______和______。

4．Photoshop 滤镜菜单中的风格化滤镜有______、______、______、______、______、______和______。

二、基本操作练习

1．掌握滤镜库的基本操作。

2．掌握常用滤镜的基本操作和技巧。

三、能力拓展

1．分组交流，讨论滤镜、滤镜库和常用滤镜的操作方法和技巧。

2．自选两种滤镜为图像添加特殊效果。

3．项目实训

项目名称：海报制作。

项目准备：掌握本章所讲的知识与技能，确定海报主题，收集并整理素材。

内容与要求：

1）以真实的产品、公司或商业活动为海报主题，对产品进行一定的市场调研和素材搜集。

2）以滤镜操作为主，制作海报。

第 10 章　蒙版与通道

本章导读：

蒙版和通道是 Photoshop 提供的图像处理工具，Alpha 通道可以看做是一种储存为灰度图像的特殊选区，可以通过添加 Alpha 通道来创建和储存蒙版，这些蒙版用于处理和保护图像的某些部分。通过通道保存的选区和颜色信息可以更加精确地编辑和处理图像。蒙版和调整图层一样，可以实现非破坏性编辑图像。本章主要学习利用 Photoshop 中的蒙版和通道编辑、处理图像，最后能够运用通道和蒙版完成本章的实训任务。

知识目标：

1）了解蒙版的使用方法。
2）了解通道的基本知识。

能力目标：

1）掌握各种蒙版的添加方法。
2）掌握通道的基本操作和使用技巧。
3）掌握通道计算的基本操作。

10.1　蒙版

利用 Photoshop 中的蒙版技术可以在不破坏原图像的基础上进行编辑。Photoshop 中的蒙版有快速蒙版、图层蒙版、剪贴蒙版和矢量蒙版 4 种类型。

10.1.1　快速蒙版

应用快速蒙版可以将选区转换为临时蒙版，以便更轻松地进行编辑。快速蒙版将作为带有可调整的不透明的颜色叠加出现，可以使用任何绘画工具编辑快速蒙版或使用滤镜对其进行修改。退出快速蒙版模式后，蒙版将转换为图像上的一个选区。应用快速蒙版的操作方法如下：

1）打开素材图像 D10-01.jpg，如图 10-1 所示。
2）使用多边形套索工具绘制选区，如图 10-2 所示。

图 10-1　素材图像 D10-01.jpg

图 10-2　绘制多边形选区

3）在工具箱中单击“快速蒙版编辑”按钮（或按快捷键<Q>），如图 10-3 所示，进入快速蒙版编辑状态，如图 10-4 所示。图中默认红色半透明区域为蒙版区（即未被选中的区域）。

4）在工具箱中选择画笔工具，在图像中涂抹。当画笔颜色为黑色时，涂抹会增大蒙版区域，减小选择区域；当画笔颜色为白色时，涂抹会减小蒙版区域，增大选择区域。画笔的颜色可根据需要进行切换。图 10-5 所示的是涂抹后的效果。

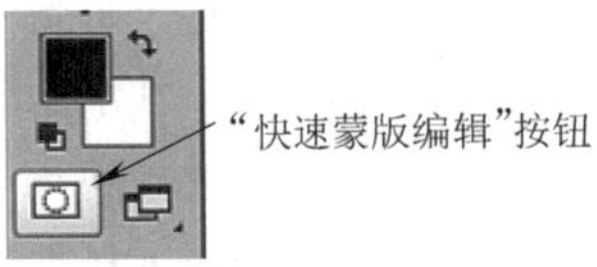

图 10-3 “快速蒙版编辑”按钮

图 10-4 快速蒙版编辑状态

5）在工具箱中再次单击“快速蒙版编辑”按钮，切换为正常编辑状态，修改后的精确选区如图 10-6 所示。

图 10-5 涂抹后的效果

图 10-6 利用快速蒙版修改后的选区

10.1.2 图层蒙版

图层蒙版是 Photoshop 中重要的复合技术，利用图层蒙版可以制作出多张照片组合的艺术效果图像。此外，图层蒙版还可以用于局部的颜色和色调校正。单击“图层”面板上的“添加图层蒙版”按钮即可为当前图层添加图层蒙版。应用图层蒙版的操作方法如下：

1）打开素材文件 D10-02.jpg，文件中背景图层和“图层 1”中的图像分别如图 10-7 和图 10-8 所示。

图 10-7 素材文件 D10-02.jpg

图 10-8 “图层 1”中的图像（素材文件 D10-03.jpg）

2）在“图层”面板中选择“图层 1”为当前图层，单击“添加图层蒙版”按钮，为“图层 1”添加蒙版图层，“图层”面板如图 10-9 所示。

3）设置前景色为黑色，背景色为白色，用画笔工具在图像中涂抹，隐藏“图层 1”中的部分图像，完成图像合成的效果，完成后的“图层”面板如图 10-10 所示，图像效果如图 10-11 所示。

图 10-9 “图层”面板

图 10-10 修改蒙版图层后的“图层”面板

图 10-11 完成后的图像效果

在“图层”面板中的图层蒙版处单击鼠标右键，在弹出的菜单中单击“删除图层蒙版”或“停用图层蒙版”命令即可删除或停用图层蒙版。

10.1.3 剪切蒙版

应用剪切蒙版可以使用图层的内容来覆盖其上层的图层，底部或基底图层的透明像素覆盖其上层图层（属于剪贴蒙版）的内容。剪切蒙版是一组具有剪贴关系的图层，主要由基底图层和内容层两部分组成，内容层中显示的区域为基底图层中有像素的区域，其他区域则不显示。应用剪切蒙版的操作方法如下：

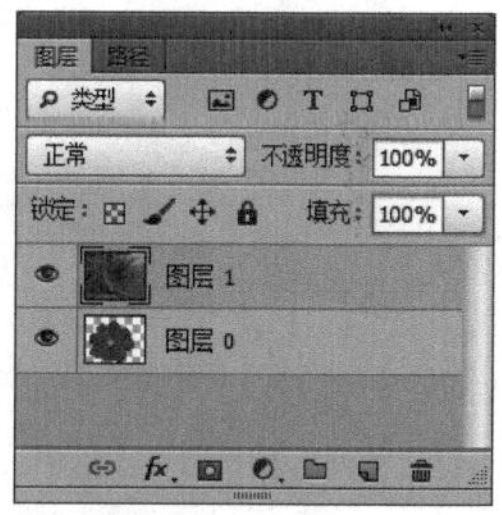

图 10-12 “图层”面板

1）打开素材文件 D10-03.psd，文件中“图层 0”中的花形状以外的区域是透明的，“图层 1”是孔雀图像，无透明区域，“图层”面板如图 10-12 所示。

2）在“图层”面板中选择“图层 1”，在菜单栏中单击“图层→创建剪切蒙版”命令（或按<Ctrl+Alt +G>快捷键），创建剪切蒙版，完成后的“图层”面板如图 10-13 所示，图像效果如图 10-14 所示。

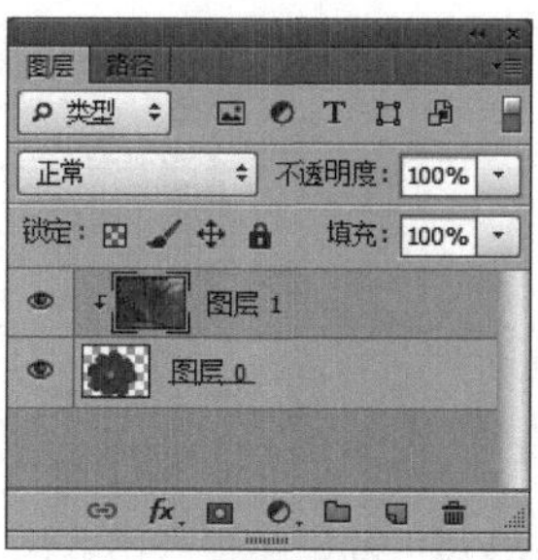

图 10-13 创建剪贴蒙版后的“图层”面板

图 10-14 完成后的图像效果

3）取消剪贴蒙版。在“图层”面板中选择“图层 1”，然后在菜单栏中单击“图层→释放剪贴蒙版”命令（或按<Ctrl+Alt+G>快捷键）即可。

10.1.4 矢量蒙版

矢量蒙版的作用和其他蒙版是一样的，只不过矢量蒙版是应用矢量的图形或路径来实现特殊效果的。应用矢量蒙版的操作方法如下：

1）打开素材文件 D10-04.psd，如图 10-15 所示。

图 10-15　素材文件 D10-04.psd

2）选择自定义形状工具，在其选项栏中设置工具模式为“路径”，“形状”为“会话 1”，如图 10-16 所示。

图 10-16　自定义形状工具的选项栏设置

3）在图中绘制路径，如图 10-17 所示。

图 10-17　绘制路径

4）在菜单栏中单击“图层→矢量蒙版→当前路径”命令（或按下<Ctrl>键的同时单击“图层”面板中的“添加矢量蒙版”按钮），创建矢量蒙版，效果如图 10-18 所示，“图层”面板如图 10-19 所示。

图 10-18　创建矢量蒙版后的效果

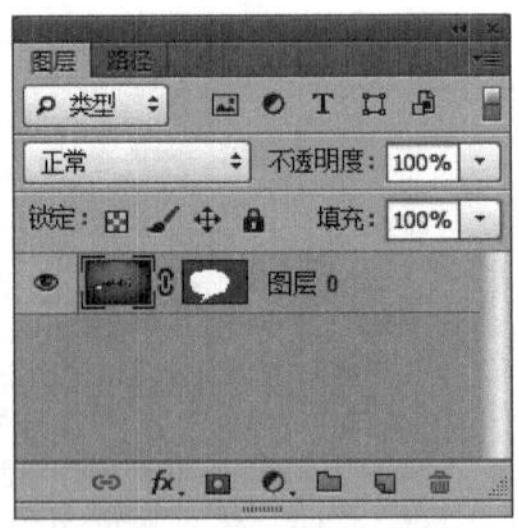

图 10-19　创建矢量蒙版后的“图层”面板

10.2　通道

10.2.1　认识通道

通道用于存储不同类型信息的灰度图像，通道类型有颜色通道、Alpha 通道和专色通道 3 种。颜色通道的数目由图像的颜色模式决定，如 RGB 图像有 3 种通道（即红色、绿色、蓝色）和一个用于编辑图像的复合通道；专色通道用于印刷时制作专色油墨印刷的附加印版；

Alpha 通道是将选区存储为灰度图像，可以添加 Alpha 通道来创建和存储蒙版，这些蒙版用于处理或保护图像的某些部分。

10.2.2 "通道"面板

在"通道"面板中列出了当前图像中的所有通道，对于 RGB、CMYK 和 Lab 图像，将最先列出复合通道。在菜单栏中单击"窗口→通道"命令即可打开"通道"面板，如图 10-20 所示。

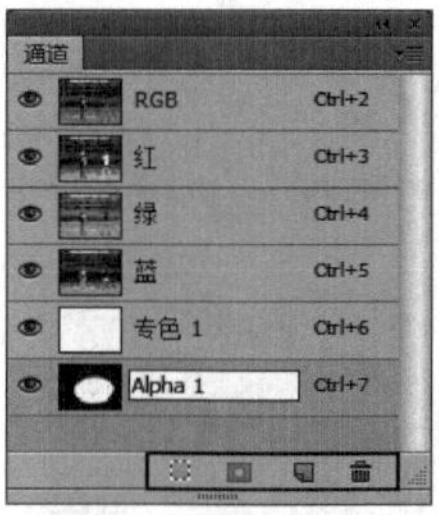

图 10-20 "通道"面板

"通道"面板中包括当前图像中的颜色通道、专色通道和Alpha通道。通道内容的缩览图显示在通道名称的左侧，编辑通道时会自动更新缩览图。

面板最下方的 4 个按钮的含义如下。

- 将通道作为选区载入：单击可以将当前选择的通道作为选区载入。
- 将选区存储为通道：单击可将当前图像选区存储为 Alpha 通道，并按照创建的顺序命名。
- 新建：用于新建 Alpha 通道。
- 删除：单击可删除当前通道。

10.2.3 通道的基本操作

1）新建通道。新建通道可以执行以下操作之一：

- 在"通道"面板中单击右下角的新建按钮，可新建 Alpha 通道。
- 在"通道"面板中单击右上角的面板菜单按钮，弹出通道面板菜单，如图 10-21 所示，在菜单中有"新建通道"（Alpha 通道）和"新建专色通道"命令。

2）复制通道。在"通道"面板中选择单个颜色通道或 Alpha 通道，然后执行以下操作之一：

- 在"通道"面板中，单击右上角的面板菜单按钮，在弹出的菜单中单击"复制通道"命令。
- 将选择的通道拖到新建按钮上，松开鼠标即可创建当前通道的副本。

3）删除通道。在"通道"面板中选择要删除的通道，然后单击面板下方的删除按钮即可删除选中的通道。把通道拖到删除按钮上也可以删除通道。

4）重命名通道。可以根据需要对 Alpha 通道和专色通道重命名。具体操作为：在"通道"面板中双击通道名称，当通道的名称变为高亮显示的文本时，输入新的通道名称即可。

5）分离通道。分离通道可将通道分离为单独的图像，具体操作如下：

① 打开素材文件 D10-05.jpg，如图 10-22 所示。

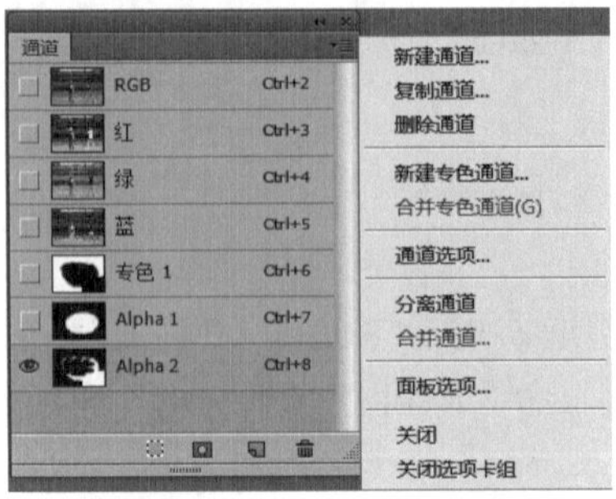

图 10-21　通道面板菜单

图 10-22　素材文件 D10-05.jpg

② 在通道面板菜单中单击“分离通道”命令，则原文件被关闭，单个通道即出现在单独的灰度图像窗口中，分离出的 3 幅灰度图像如图 10-23 所示。

图 10-23　通道分离后的灰度图像

6）合并通道。可将多个灰度图像合并为一个图像。要合并的图像必须处于灰度模式，并且已被拼合（没有图层）且具有相同的像素尺寸，同时还要处于打开状态。已打开的灰度图像的数量决定了合并通道时可用的颜色模式。具体操作如下：

① 在 Photoshop 中同时打开图 10-23 所示的 3 个灰度图像。

② 在通道面板菜单中单击“合并通道”命令，打开“合并通道”对话框，如图 10-24 所示。

③ 单击“模式”下拉列表框，选择相应的模式，如选择 RGB 颜色。

④ 单击“确定”按钮后，弹出“合并 RGB 通道”对话框，如图 10-25 所示。在对话框中指定通道，单击“确定”按钮，完成合并通道操作，则打开的灰度图像关闭，新图像出现在未命名文档中。

图 10-24　“合并通道”对话框

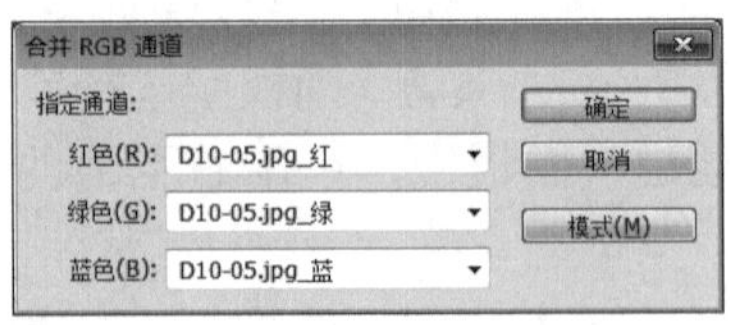

图 10-25　“合并 RGB 通道”对话框

10.2.4　通道计算

通道可以像选区一样进行计算，从而实现复杂的图像效果。通道计算的具体操作步骤如下：

1）打开素材图像 D10-06.jpg 和 D10-07.jpg，如图 10-26 和图 10-27 所示。

图 10-26 素材图像 D10-06.jpg

图 10-27 素材图像 D10-07.jpg

2）选定 D10-06.jpg 为当前图像，在菜单栏中单击“图像→计算”命令，打开“计算”对话框，如图 10-28 所示。

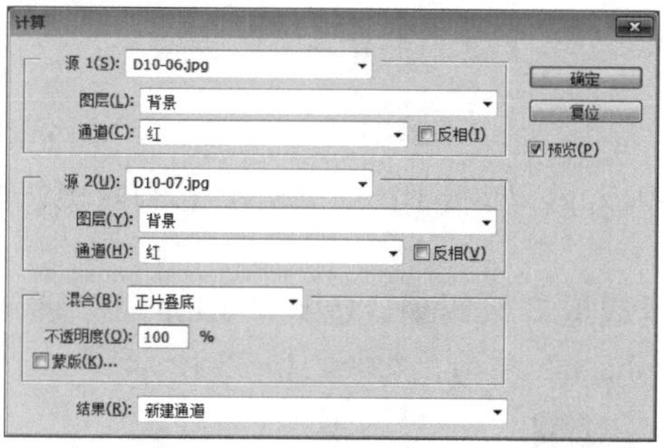

图 10-28 “计算”对话框

3）在对话框中设置“源 1”为 D10-06.jpg 文件，“源 2”为 D10-07.jpg 文件，“混合”为“正片叠底”。单击“确定”按钮，运用计算合成图像并生成 Alpha 通道，运算后的“通道”面板如图 10-29 所示，图像效果如图 10-30 所示。

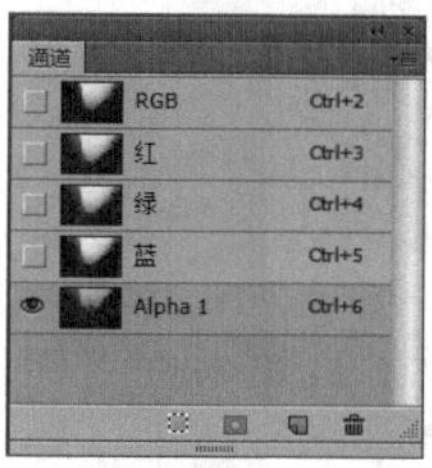

图 10-29 运算后的“通道”面板

图 10-30 运算后的图像效果

10.3 实训任务

通过本章的学习，可以对 Photoshop 中通道和蒙版的基本操作以及应用有了一定的认识和了解，掌握了其中的相关命令、操作方法与技巧。本节将运用蒙版和通道技术并结合前面所学的知识完成“制作动感文字”、“制作雀巢咖啡广告”和“制作电影海报”3 个实训任务。

10.3.1 实训任务一：制作动感文字

1. 任务分析

本任务是利用 Photoshop 制作具有动感效果的文字，完成效果如图 10-31 所示。通过完成本任务可以熟练地掌握通道的操作方法和技巧。

图 10-31　动感文字效果

本任务的知识点：通道、文字工具、滤镜和图层等。

2．任务实施

1）打开素材文件 sx-10-01.jpg，如图 10-32 所示，按<D>键快速恢复前景色（黑色）、背景色（白色）的设置。

2）在通道中单击“创建通道”按钮，创建“Alpha 1”通道，按<Ctrl+Delete>快捷键，用背景色（黑色）填充“Alpha 1”通道，如图 10-33 所示。

图 10-32　素材文件 sx-10-01.jpg

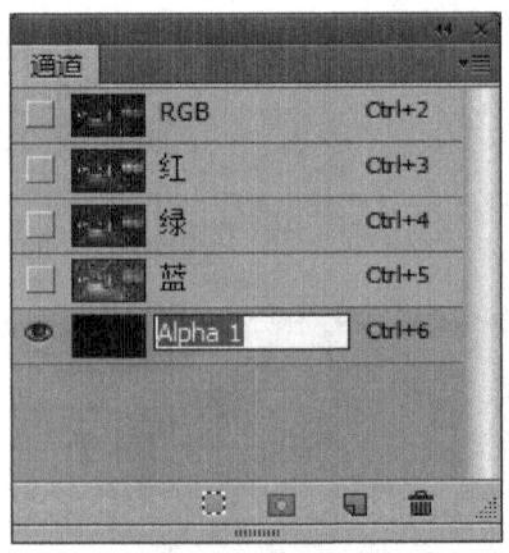

图 10-33　新建“Alpha 1”通道

3）在“通道”面板中选择新建的“Alpha 1”通道，在工具箱中选择横排文字工具，设置：字体为华文行楷，字号为 72，输入文字“椰风”，然后在工具箱中选择移动工具，将文字移动到适当的位置，如图 10-34 所示。

4）在“通道”面板中选择“Alpha 1”通道，将其拖动至“创建新通道”按钮，生成“Alpha 1 副本”通道，如图 10-35 所示。

图 10-34　输入文字

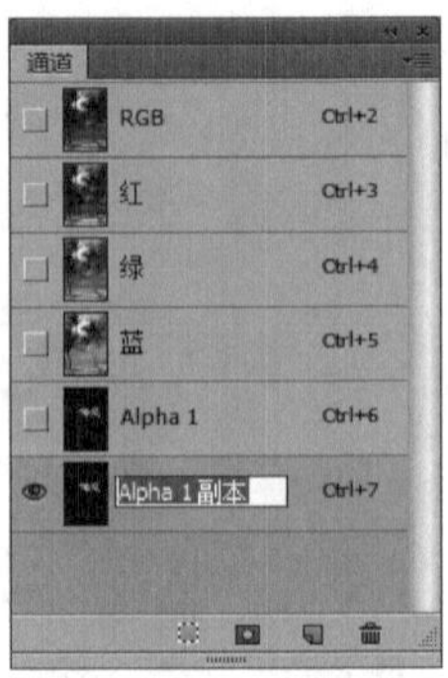

图 10-35　复制“Alpha 1”通道

5）在菜单栏中单击“滤镜→模糊→径向模糊”命令，打开“径向模糊”对话框，设置“数量”为 22，选中“缩放”和“最好”两个单选按钮，如图 10-36 所示。得到文字放射性模糊效果，效果如图 10-37 所示。

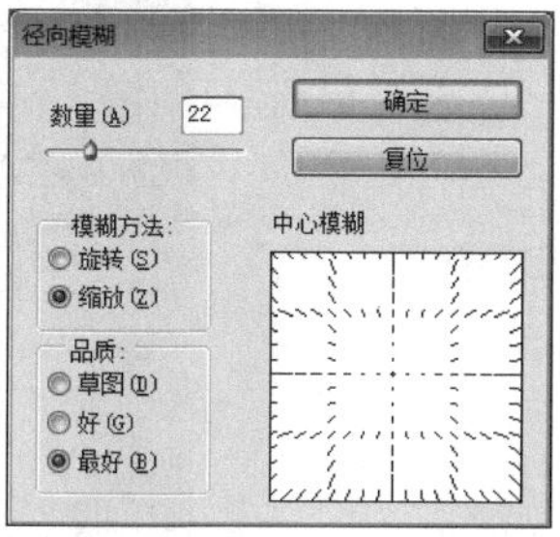

图 10-36　“径向模糊”对话框

图 10-37　径向模糊效果

6）按住<Ctrl>键，在“通道”面板中单击“Alpha 1”通道，载入“Alpha 1”通道选区，然后选择“Alpha 1 副本”通道，按<Delete>键删除，得到如图 10-38 所示的效果。

7）按住<Ctrl>键，在“通道”面板中单击“Alpha 1 副本”通道，载入选区，然后取消 RGB 复合通道的隐藏，图像效果和“通道”面板如图 10-39 所示。

图 10-38　删除后的效果

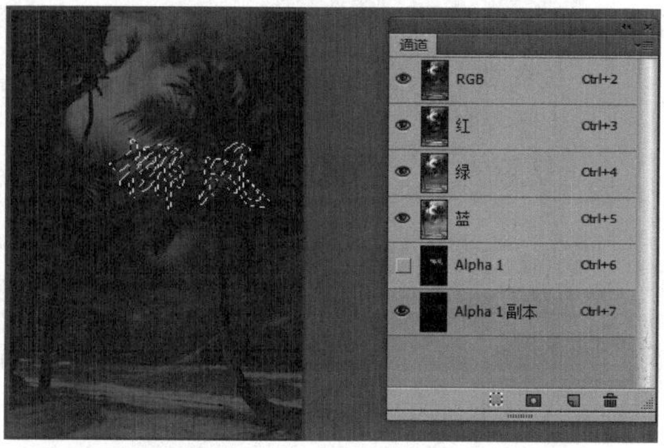

图 10-39　取消 RGB 复合通道的隐藏

8）在“通道”面板上选择 RGB 复合通道，按<Ctrl+Delete>快捷键，用背景色（白色）填充选区。连续执行 3 次增加效果。然后，按<Ctrl+D>快捷键取消选区，得到最终效果，完成后的“通道”面板如图 10-40 所示。

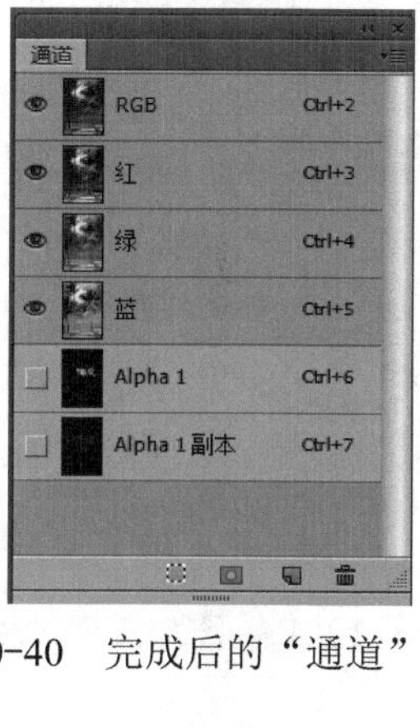

图 10-40　完成后的“通道”面板

10.3.2 实训任务二：制作雀巢咖啡广告

1．任务分析

本实例是2009年第三届广告大赛吉林赛区于蕾老师指导的学生作品，最终效果如图10-41所示。通过完成本任务可以熟练地掌握图层蒙版的操作方法和技巧。

本任务的知识点：图层蒙版、图层混合模式和渐变等。

图10-41　雀巢咖啡广告

2．任务实施

1）打开素材文件sx-10-02.jpg，如图10-42所示。

2）在菜单栏中单击“文件→置入”命令，置入图片sx-10-02-02.jpg，调整图片大小，如图10-43所示。在“图层”面板中自动生成“sx-10-02-02.jpg”图层，置入后的“图层”面板如图10-44所示。

图10-42　素材文件sx-10-02.jpg

图10-43　置入图片sx-10-02-02

3）单击“图层”面板下方的“添加图层蒙版”按钮，添加图层蒙版，如图10-45所示。

4）在“图层”面板中，将图层的混合模式改为“叠加”，如图10-46所示。

5）按<D>键，恢复默认的前景色和背景色，在工具箱中选择渐变工具，确认图层蒙版处于选中状态（注：处于选中状态的蒙版周围有白色边框），在蒙版层中绘制渐变，完成广告的制作。

图10-44　置入后的“图层”面板

图10-45　添加图层蒙版

图10-46　混合模式设置

10.3.3　实训任务三：制作电影海报

1．任务分析

本任务是为影片《兄弟连》制作一幅宣传海报，图 10-47 所示的是完成后的海报设计图。通过本任务的实现可以更好地掌握蒙版的操作方法和技巧。

图 10-47　《兄弟连》海报

本任务的知识点：图层、画笔和文本工具等，同时运用 Photoshop 的蒙版技术完成图像的合成效果。

2．任务实施

1）新建名为“电影海报”的文档，设置“宽度”为“210 像素”，“高度”为“297 像素”，“分辨率”为“300 像素/英寸”，具体设置如图 10-48 所示。

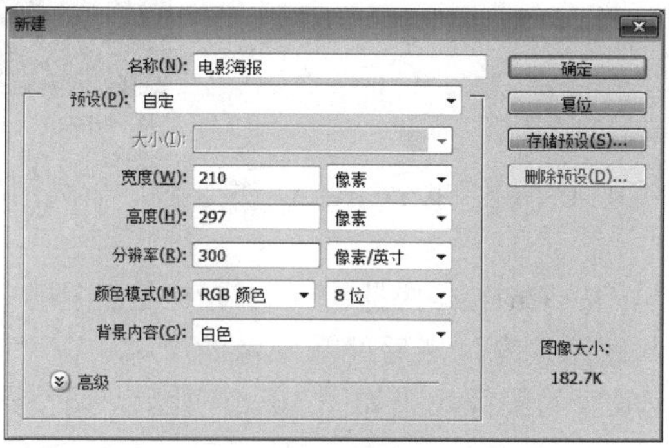

图 10-48　新建“电影海报”文档

2）按<D>键，设置前景色为黑色，背景色为白色。

3）在“图层”面板中单击“新建图层”按钮，新建“图层 1”。按<Alt+Delete>快捷键，用前景色（黑色）填充“图层 1”。

4）打开素材文件 D10-02-01.jpg，按<Ctrl+A>快捷键全选图像，然后按<Ctrl+C>快捷键复制图像。

5）回到电影海报文档中，按<Ctrl+V>快捷键，粘贴图像，并自动生成“图层 2”。然后，在菜单栏中单击“编辑→自由变换”命令，按下<Shift+Alt>快捷键的同时拖动控制点，等比调整图像的宽度，使之与文档相同，再拖放到文档的中间位置，完成效果如图 10-49 所示。

6）在“图层”面板中确认选中了“图层 2”，然后单击面板下方的“添加图层蒙版”按钮，添加图层蒙版，添加图层蒙版后的“图层”面板如图 10-50 所示。

图 10-49 粘贴素材图像

图 10-50 添加图层蒙版后的“图层”面板

7）按<X>键快速互换前景色和背景色的颜色，使前景色为黑色。然后在“图层”面板中选择图层蒙版，在工具箱中选择画笔工具，在画笔预设中选择“柔角圆”画笔，调整画笔直径后，在插入图像的上方和下方涂抹，完成后的“图层”面板如图 10-51 所示，图像效果如图 10-52 所示。

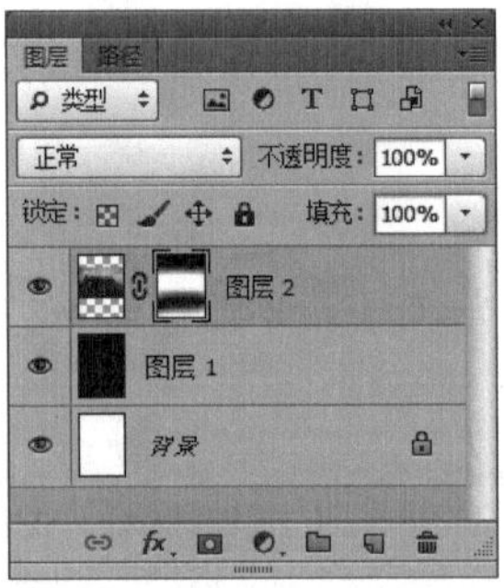

图 10-51 完成后的“图层”面板

图 10-52 图像效果

8）打开素材文件 D11-02-03.jpg，按<Ctrl+A>快捷键，全选图像，再执行<Ctrl+C>快捷键，复制图像。

9）返回电影海报文档，按<Ctrl+V>快捷键，自动生成“图层 3”。然后，按<Ctrl+T>快捷键，等比将图像放大至与底图同宽，然后放在图像的上部。在“图层”面板中将“图层 3”调至“图层 2”的下方。完成后的图像效果如图 10-53 所示，调整图层排列顺序后的“图层”面板如图 10-54 所示。

图 10-53 粘贴素材图像

图 10-54 调整图层排列顺序后的“图层”面板

10）在工具箱中选择横排文字工具，设置字体为“经典综艺简体”，颜色为红色（RGB：254，2，2），输入文字“兄弟连”。然后，调整字号，在“兄弟连”下方输入导演及主演的名字，完成最后效果。

本章小结

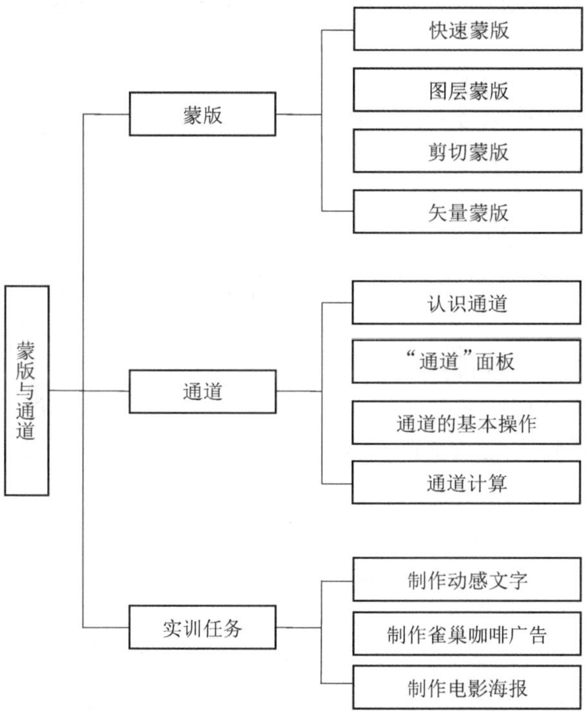

本章主要快捷键：

序　　号	操 作 命 令	快　捷　键	序　　号	操 作 命 令	快　捷　键
1	快速蒙版	<Q>	3	剪切蒙版	<Ctrl+Alt+G>
2	显示网络	<Ctrl+">	4	合并图层	<Ctrl+E>

单元评估

一、填空题

1．Photoshop 中的蒙版有______、______、______和_______4 种类型。

2．剪切蒙版是一组具有剪贴关系的图层，主要由_____和____两部分组成。

3．在 Photoshop 中，通道的类型主要有________、________和________3 种。

4．分离通道可将通道分离为_______，合并通道可将多个______合并为一个图像的通道。

二、基本操作练习

1．掌握各种类型的蒙版的基本操作和技巧。

2．掌握通道和“通道”面板的基本操作和技巧。

三、能力拓展

1．分组交流，讨论蒙版和通道的操作与技巧，总结至少两种使用技巧。

2．项目实训一

项目名称：个人写真制作。

项目准备：掌握本章所讲的知识与技能，收集并整理所需素材。

内容与要求：

1）以自己或他人的照片为素材。

2）画面效果与人物形象相符合，结构合理。

3）以蒙版操作为主，将多张照片进行合成。

3．项目实训二

项目名称：环保宣传海报制作。

项目准备：掌握本章所讲的知识与技能，收集并整理所需素材。

内容与要求：

1）自选一种具体的环保宣传内容为主题。

2）根据主题内容进行调研并搜集素材。

3）以蒙版和通道操作为主，制作海报。

第 11 章　综 合 实 训

通过前面的学习可以对 Photoshop 及其基本操作有一个较全面的认识和了解，也能熟练应用该软件进行图像处理和平面设计。本章将运用所学知识和技能完成 5 个综合设计任务。

11.1　任务一：光盘盘面的创意与设计

11.1.1　任务分析

光盘是一种常见的办公用品，本任务是完成一个教学光盘盘面的设计，完成效果如图 11-1 所示。教学光盘盘面以蓝色为主色调，风格素净淡雅，整个设计要注重各要素的和谐统一，色彩搭配要协调。通过本任务的实现，可以更好地掌握 Photoshop 中多种知识和技能的综合应用。

图 11-1　光盘盘面

本任务的知识点：图层、图层样式、选区、文字工具、填充和渐变等。

11.1.2　任务实施

1）打开素材文件 D11-01-01.jpg，如图 11-2 所示。按<D>键设置前景色为黑色，背景色为白色。

2）在工具箱中选择魔棒工具，单击选择图片中的黑色部分，然后选择矩形选框工具，按住<Alt>键减选上面 1/3 的部分，效果如图 11-3 所示。

图 11-2　素材文件 D11-01-01.jpg

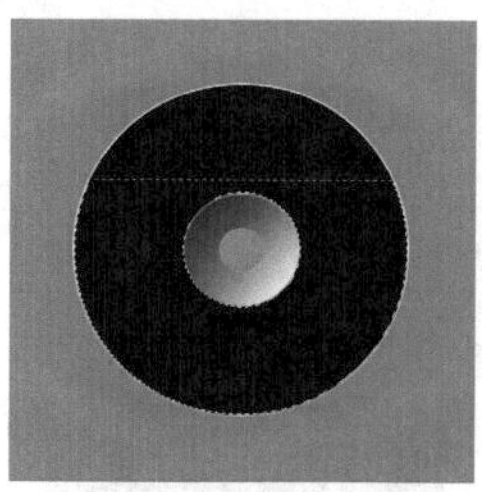

图 11-3　减选选区

3）在“图层”面板中，新建“图层 1”，在工具箱中选择渐变工具，在“渐变编辑器”中设置左侧为深蓝色（RGB：30，27，74），右侧为浅蓝色（RGB：101，142，200），具体如图 11-4 所示。然后，在选区中按下鼠标由上往下拖动，完成渐变填充后的效果如图 11-5 所示。

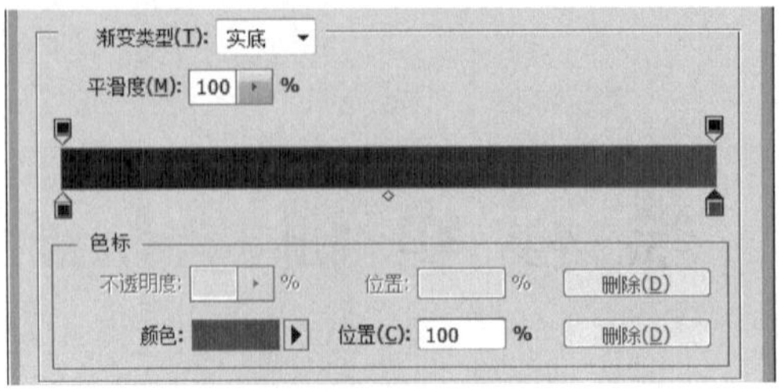

图 11-4　渐变设置

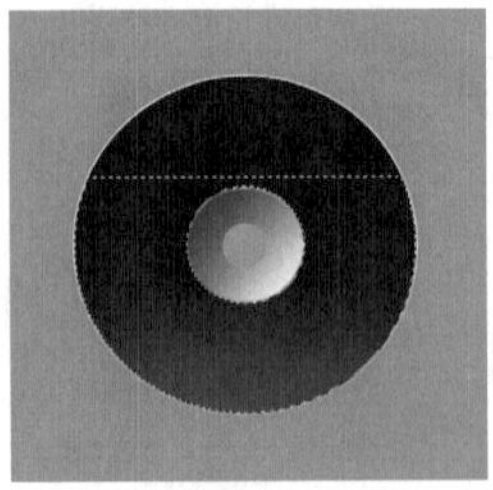

图 11-5　填充渐变色的效果

4）在“图层”面板中隐藏“图层 1”，选择背景图层，在工具箱中选择魔棒工具，单击选择图片中的黑色部分并生成选区。然后按<Ctrl+Delete>快捷键，用背景色（白色）填充选区。

5）取消“图层 1”的隐藏状态，完成后的效果如图 11-6 所示。

图 11-6　前景色填充后的效果

6）制作装饰图案。打开“地图”素材文件 D11-02.jpg，如图 11-7 所示。在工具箱中选择魔棒工具，点选图片中的蓝色部分。在菜单栏中单击“选择→选取相似”命令，然后在菜单栏中单击“选择→修改→边界”命令，设置“宽度”为“2 像素”，最后的选区效果如图 11-8 所示。按<Ctrl+C>快捷键，复制选区内的图像。

图 11-7　“地图”素材文件 D11-02.jpg

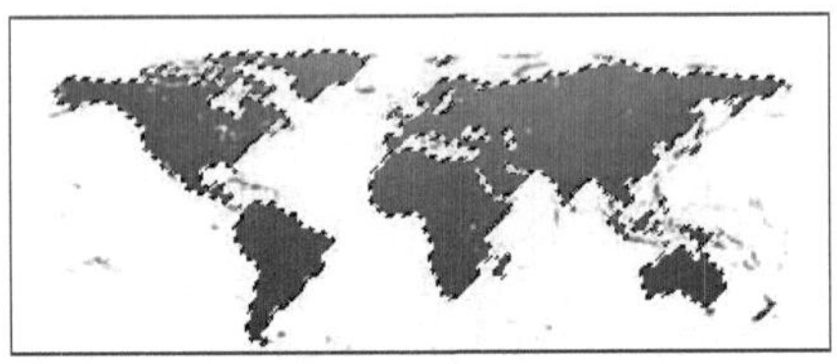

图 11-8　选区效果

7）返回光盘盘面图像文件，按<Ctrl+V>快捷键，粘贴图像并自动生成“图层 2”，粘贴图像后的效果如图 11-9 所示。

8）按住<Ctrl>键的同时单击“图层”面板中“图层 1”的缩略图，载入选区，然后按<Ctrl+Shift+I>快捷键，反选选区。单击“图层 2”，按<Delete>键删除多余部分，取消选区后的效果如图 11-10 所示。

图 11-9　粘贴图像后的效果

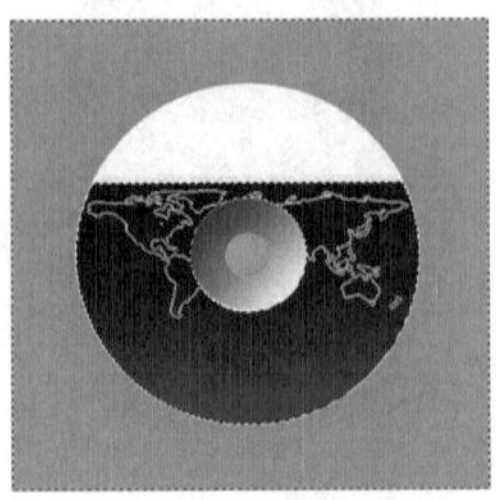

图 11-10　删除多余部分后的效果

9）在“图层”面板中，设置“图层 2”的“不透明度”为 20%，“图层”面板如图 11-11 所示，完成效果如图 11-12 所示。

图 11-11 “图层”面板

图 11-12 设置后的图像效果

10）在“图层”面板中双击“图层 2”的缩略图，打开“图层样式”对话框，勾选“外发光”复选框，具体设置如图 11-13 所示，完成后的效果如图 11-14 所示。

11）在菜单栏中单击“文件→置入”命令，置入标识文件 D11-01-标识.jpg，将其缩放并拖放到图像上部白色的位置，完成效果如图 11-15 所示。在“图层”面板中自动生成“D11-01-标识”图层。

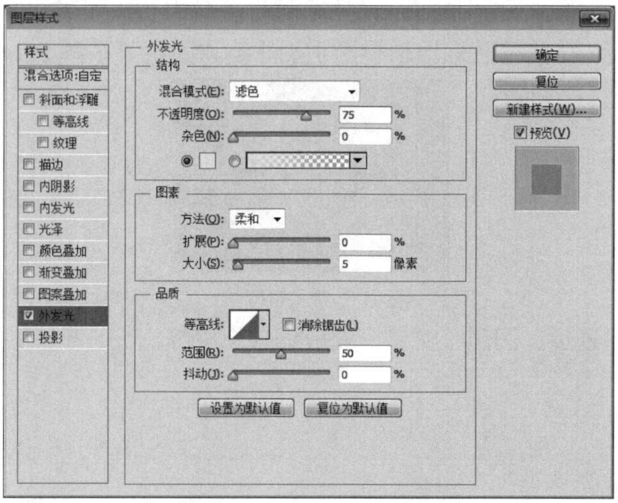

图 11-13 外发光样式设置

图 11-14 外发光效果

图 11-15 置入素材后的效果

12）在工具箱中选择横排文字工具，在光盘下部输入文字“EDI 模拟教学软件”，字体为楷体，效果如图 11-16 所示。

13）在工具箱中选择横排文字工具，在横排文字工具选项栏中设置字体为宋体，字号为 12，颜色为深蓝色（RGB：39，42，91），在光盘上部输入文字“机械工业出版社 ISBN

59000B056789”，然后在选项栏中单击“创建文字变形”按钮，打开“变形文字”对话框，设置“样式”为“扇形”，“弯曲”为“+40%”，具体设置如图 11-17 所示，完成光盘盘面的设计。

图 11-16　输入文字后的效果

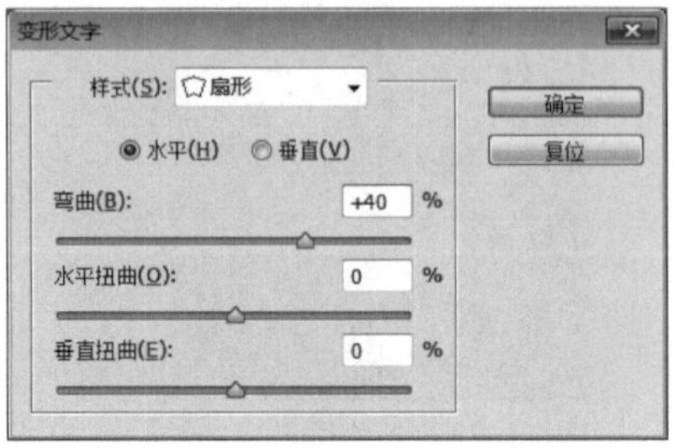

图 11-17　“变形文字”对话框

11.2　任务二：制作指环王

11.2.1　任务分析

本任务是利用 Photoshop 设计指环，设计要醒目且具有金属质感，最终效果如图 11-18 所示。通过本任务的实现，能够更熟练地掌握通道、滤镜和图层等多种 Photoshop 的知识和技能。

图 11-18　指环王

本任务的知识点：通道、图层、滤镜、蒙板调整图层等。

11.2.2　任务实施

1. 金属环形制作

1）新建一个名为“指环王”的文档，设置“宽度”为“1024 像素”，“高度”为“768 像素”，“分辨率”为“300 像素/英寸”，具体设置如图 11-19 所示。

图 11-19　“新建”对话框设置

2）按<D>键，快速设置前景色为黑色，背景色为白色。按<Alt+Delete>快捷键，用前景色（黑色）填充背景图层。

3）在工具箱中选择椭圆选框工具，按住<Shift+Alt>快捷键绘制正圆形选区。然后，在选项栏中选择“从选区减去”，在刚才的选区内绘制一个较小的椭圆选区，完成后的选区如图 11–20 所示。

4）在“图层”面板中单击“新建图层”按钮，新建“图层 1”，按<Ctrl+Delete>快捷键，用背景色（白色）填充选区，但不取消选区。完成效果如图 11–21 所示。

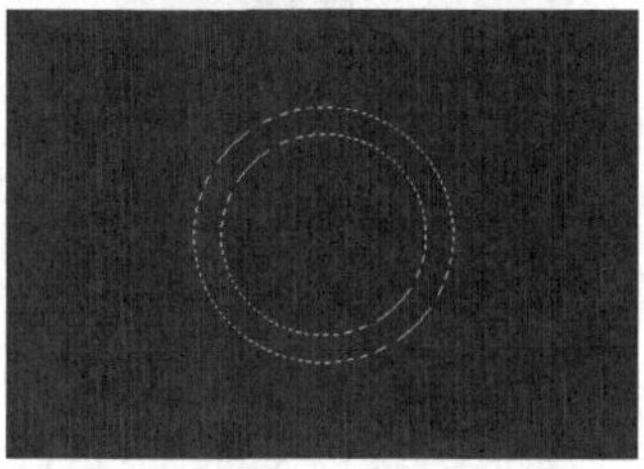

图 11–20 绘制圆环选区

图 11–21 填充选区

5）在菜单栏中单击“窗口→通道”命令，打开“通道”面板，在面板中新建“Alpha 1”通道，按<Ctrl+Delete>快捷键，用背景色（白色）填充选区（注：本次填充是在“Alpha 1”通道中），填充后的“通道”面板如图 11–22 所示，图像效果如图 11–23 所示。

图 11–22 填充后的“通道”面板

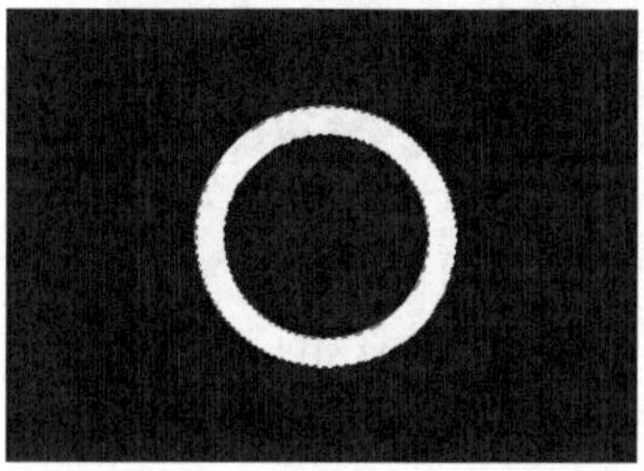

图 11–23 通道填充白色

6）在菜单栏中单击“滤镜→模糊→高斯模糊”命令，打开“高斯模糊”对话框，设置“半径”为“4.0 像素”，如图 11–24 所示。

7）返回“图层”面板，选择“图层 1”，按<Ctrl+D>快捷键，取消选区，“图层”面板如图 11–25 所示。

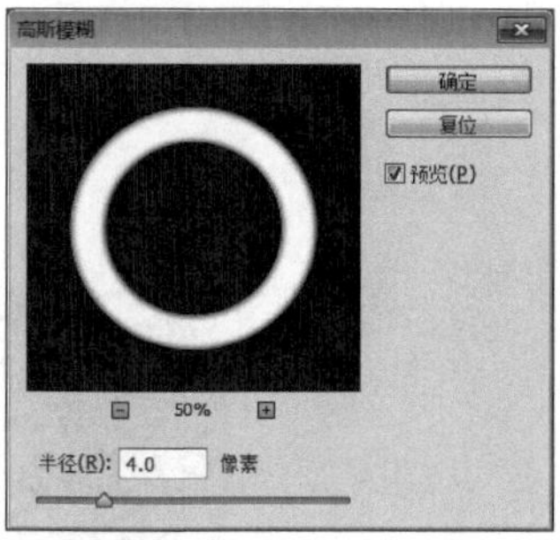

图 11–24 “高斯模糊”对话框

图 11–25 “图层”面板

8）在菜单栏中单击“滤镜→渲染→光照效果”，打开“光照效果”对话框，“纹理”选择

“Alpha 1”通道，其他参数设置如图 11-26 所示，完成后的图像效果如图 11-27 所示。

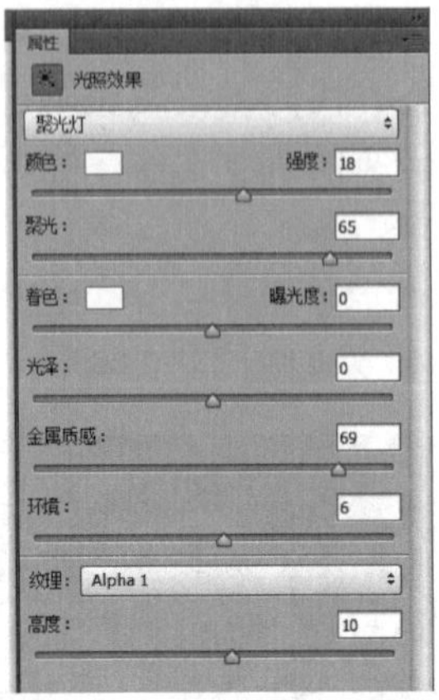

图 11-26　光照效果设置

图 11-27　光照效果

9）在菜单栏中单击“编辑→自由变换”命令，变型图像，效果如图 11-28 所示。

10）在菜单栏中单击“编辑→变换→透视”命令，拖动自由变换控制点，使环形产生侧面观察效果，如图 11-29 所示。

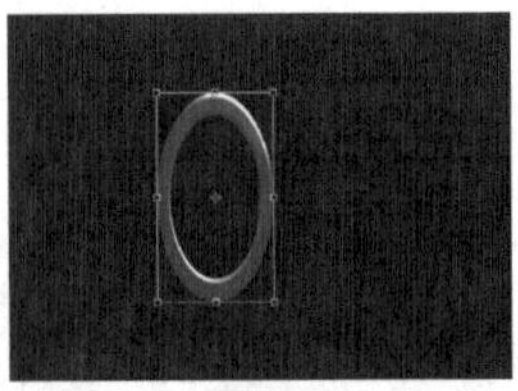

图 11-28　变形图像

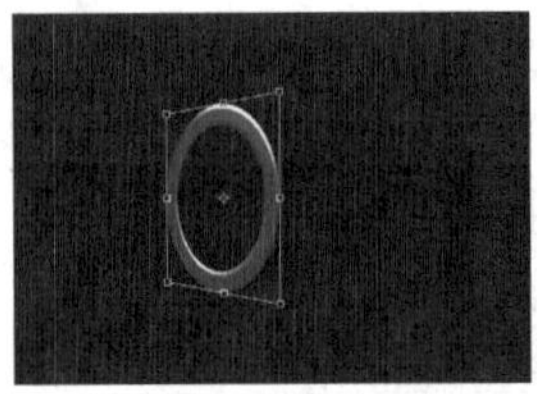

图 11-29　环形透视效果

11）在菜单栏中单击“图像→调整→曲线”命令，打开“曲线”对话框，在曲线上从左到右添加 6 个控制点，每个控制点的参数设置如下。点 1：输入 198、输出 75；点 2：输入 184、输出 189；点 3：输入 135、输出 41；点 4：输入 100、输出 180；点 5：输入 61、输出 48；点 6：输入 25、输出 133。曲线设置如图 11-30 所示，完成后的图像效果如图 11-31 所示。

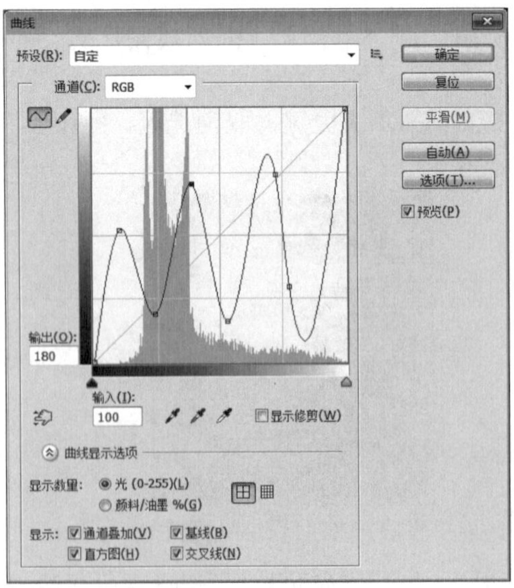

图 11-30　曲线设置

图 11-31　曲线完成后的效果

2．制作立体结构

1）在工具箱中选择移动工具，按住<Alt>键的同时按下左方向键<←>进行微复制，重复操作以增加厚度，要根据指环效果的需要控制指环的厚度（本实例重复操作 52 次），复制后的“图层”面板如图 11-32 所示，图像效果如图 11-33 所示。

2）在“图层”面板中，将最顶层图层和背景图层隐藏，然后选择“图层 1”，在菜单栏中单击“图层→合并可见图层”命令，合并后的“图层”面板如图 11-34 所示。

图 11-32 复制后的“图层”面板

图 11-33 复制后的图像效果

图 11-34 合并可见图层

3）在“图层”面板中选择“图层 1”，然后单击“锁定透明像素”按钮，如图 11-35 所示。

4）在菜单栏中单击“滤镜→模糊→高斯模糊”命令，打开“高斯模糊”对话框设置“半径”为“2.0 像素”，如图 11-36 所示。

5）在“图层”面板中将隐藏图层重新显示，效果如图 11-37 所示。

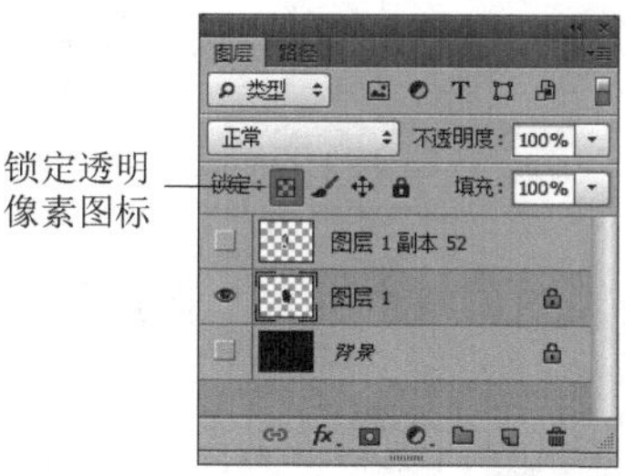

图 11-35 锁定“图层 1”中的透明像素

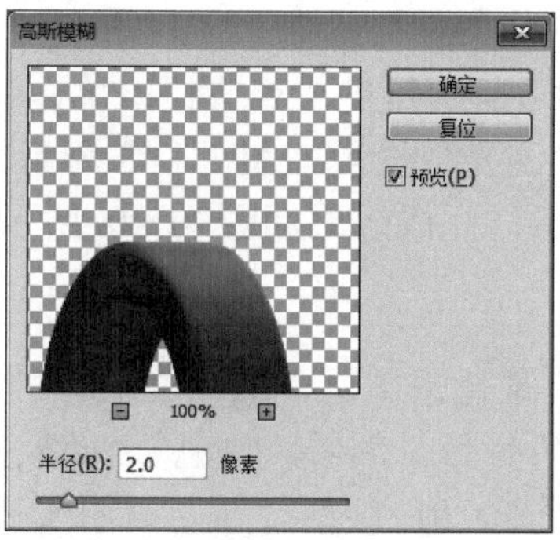

图 11-36 “高斯模糊”对话框

图 11-37 取消图层隐藏

3．路径描边文字

1）在工具箱中选择钢笔工具，在指环直径位置绘制一条垂直路径线，如图 11-38 所示。

2）用钢笔工具在路径线的中部单击鼠标左键，添加并拖动锚点到指环半圆的位置，调节路径线，使路径完全包在指环的半边，如图 11-39 所示。

3）设置前景色为白色，选择横排文字工具，设置字体为“Elvsh Ring NFI”，然后在路径线顶端位置单击，沿路径输入文字（具体内容可自定），如图 11-40 所示。

4）在工具箱中选择移动工具，将文字图层移动到指环的中心位置，并根据指环宽度调整文字大小，完成效果如图 11-41 所示。

图 11-38　垂直路径线

图 11-39　完成路径

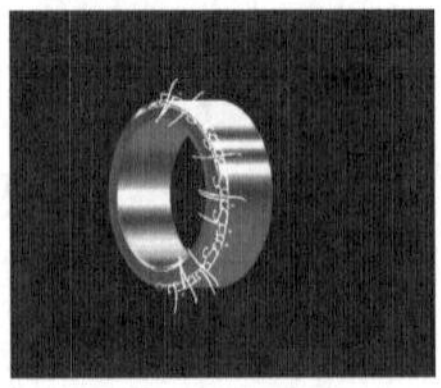

图 11-40　沿路径输入文字

图 11-41　文字完成效果

5）确认文字输入后，在菜单栏中单击“图层→蒙板→显示全部”命令，“图层”面板如图 11-42 所示。

6）在工具箱中选择渐变工具，在选项栏中选择“前景色到背景色”的渐变、对称渐变类型，从指环的中心位置向下拖动渐变。在“图层”面板中设置文字图层的混合模式为“柔光”，如图 11-43 所示，图像效果如图 11-44 所示。

图 11-42　“图层”面板

图 11-43　柔光混合模式

图 11-44　柔光效果

4．添加颜色

在文字图层上新建“图层 2”，然后在菜单栏中单击“图层→新建调整图层→色彩平衡”命令，设置色彩平衡参数，“高光”设置如图 11-45 所示、“中间调”设置如图 11-46 所示、“阴影”设置如图 11-47 所示，完成效果如图 11-48 所示。

5．制作倒影

1）在“图层”面板中隐藏背景图层，然后在菜单栏中单击“图层→合并可见图层”命令，合并除背景图层以外的所有可见图层，“图层”面板如图 11-49 所示。

2）选中合并后的图层，按<Ctrl+T>快捷键，自由变换图像，将指环图像略微旋转，完成后的效果如图 11-50 所示。

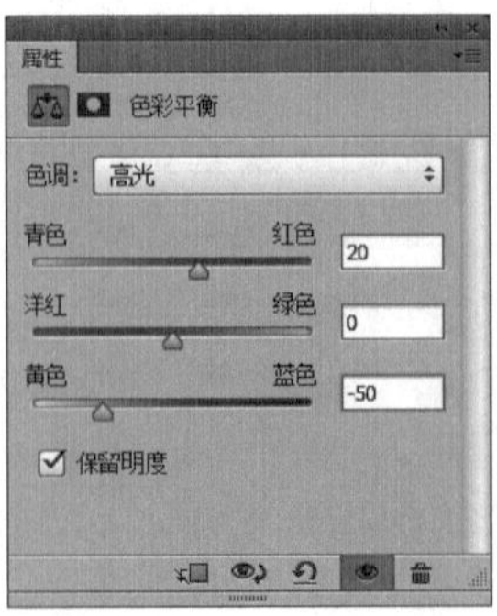

图 11-45　“高光”设置

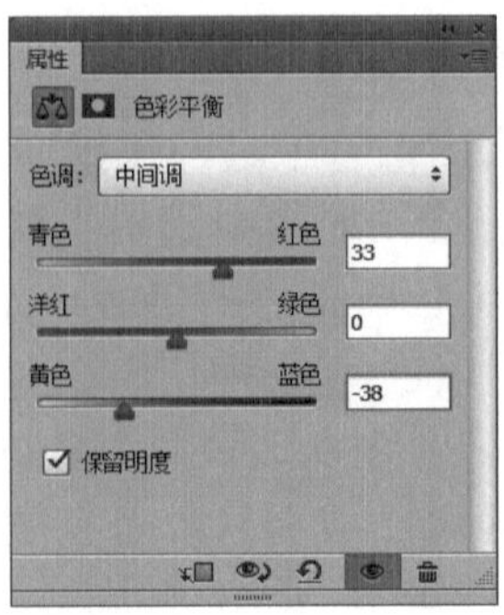

图 11-46　“中间调”设置

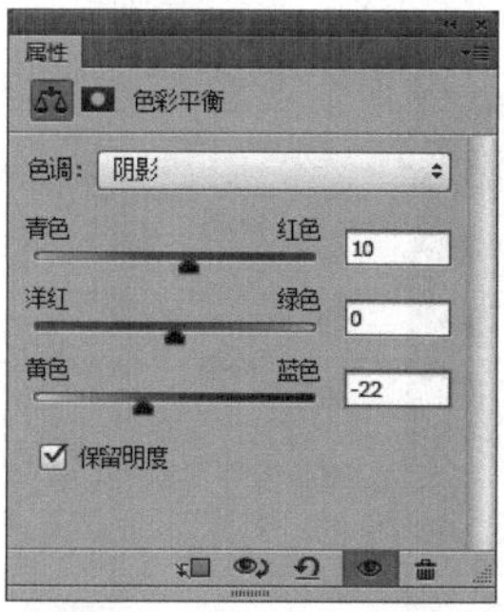

图 11-47　“阴影”设置

图 11-48　平衡色彩调整效果

图 11-49　合并指环图层

图 11-50　旋转后的图像效果

3）在“图层”面板中拖动“色彩平衡 1”图层到“新建图层”按钮上，松开鼠标，新建“色彩平衡 1 副本”图层。然后在菜单栏中单击“编辑→变换→垂直翻转”命令，并将旋转后的图像移动到指环的正下方，形成倒影效果，如图 11-51 所示。

4）设置“色彩平衡副本 1”图层的“不透明度”为 20%，取消背景图层的隐藏状态，“图层”面板如图 11-52 所示，完成效果如图 11-53 所示。

图 11-51　倒影效果

图 11-52　“图层”面板

图 11-53　完成效果

5）置入背景光影素材文件，添加相应的文字，完成最终效果，如图 11-18 所示。

11.3　任务三：制作白玉环

11.3.1　任务分析

本任务是利用 Photoshop 制作逼真效果的白玉环，完成效果如图 11-54 所示。通过本任务的实现，可以熟练掌握通道、滤镜等多种工具和技术的综合应用。

图 11-54　白玉环

本任务的知识点：通道、图层、滤镜、选区等。

11.3.2　任务实施

1．制作玉环主体

1）按<Ctrl+N>快捷键，新建一个名为“白玉环”的文档，设置“宽度”为“10 厘米”，“高度”为“15 厘米”，“分辨率”为“120 像素/英寸”，具体设置如图 11-55 所示。

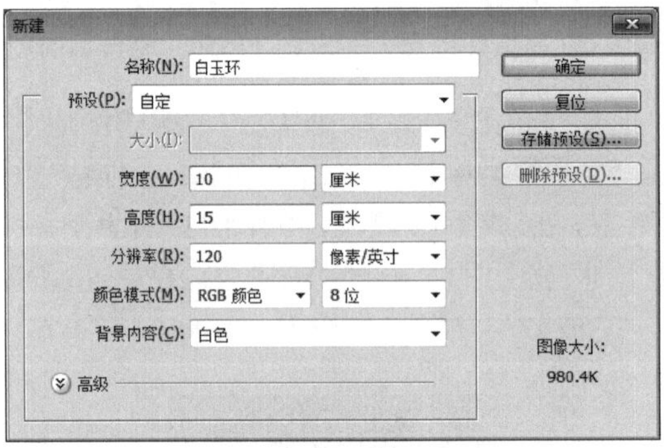

图 11-55　“新建”对话框设置

2）按<D>键设置前景色为黑色，背景色为白色。

3）在工具箱中选择渐变工具，选择“前景色到背景色”的渐变、线性渐变类型，在画布上由上向下拖动鼠标，用渐变填充背景，效果如图 11-56 所示。

4）在菜单栏中单击“图层→新建→图层”命令，在弹出的“新建图层”对话框中设置“名称”为“玉环主体”，具体设置如图 11-57 所示。

图 11-56　渐变填充背景

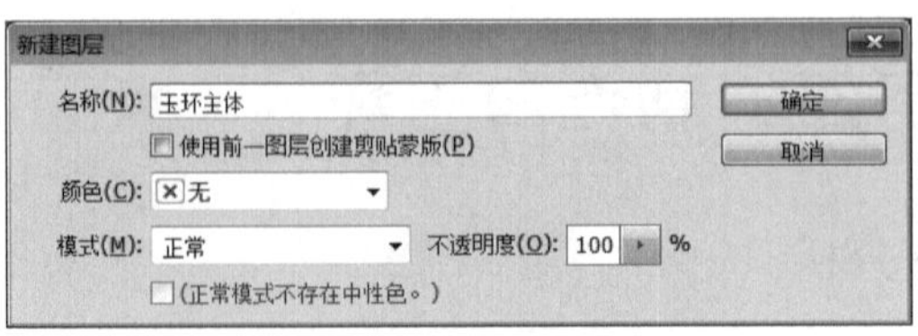

图 11-57　新建“玉环主体”图层

5）在菜单栏中单击“编辑→首选项”命令，打开“首选项”对话框，选择“参考线、网格和切片”，设置“子网格”为1，“网格线间隔”为25百分比”，颜色为绿色（与背景颜色反差大的颜色均可），具体设置如图11-58所示。按<Ctrl+">快捷键显示网格。

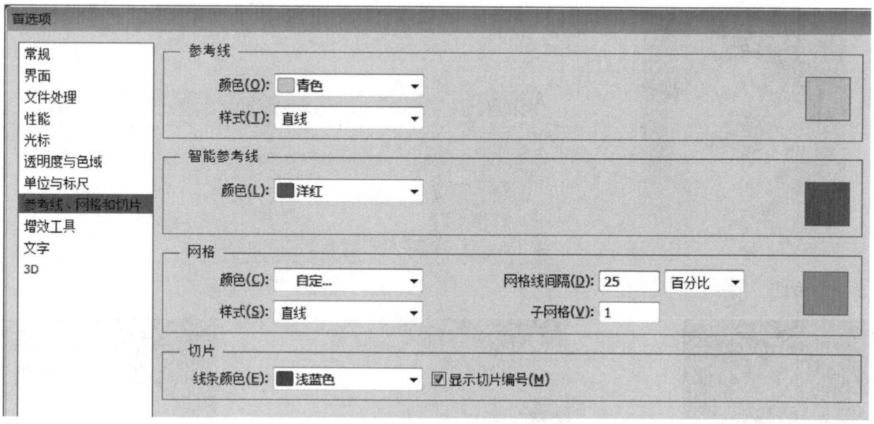

图11-58　设置网格等

6）在工具箱中选择椭圆选框工具，单击鼠标左键的同时按住<Shift+Alt>快捷键并拖动鼠标，借助网格在画布中间绘制正圆形选区，然后在选项栏中选择“从选区中减去”，按住<Shift+Alt>快捷键，在正圆形选区的正中再绘制一个小圆，形成圆环选区，如图11-59所示。

7）在菜单栏中单击“选择→修改→羽化”命令，打开“羽化选区”对话框，设置“羽化半径”为“2像素”，如图11-60所示。

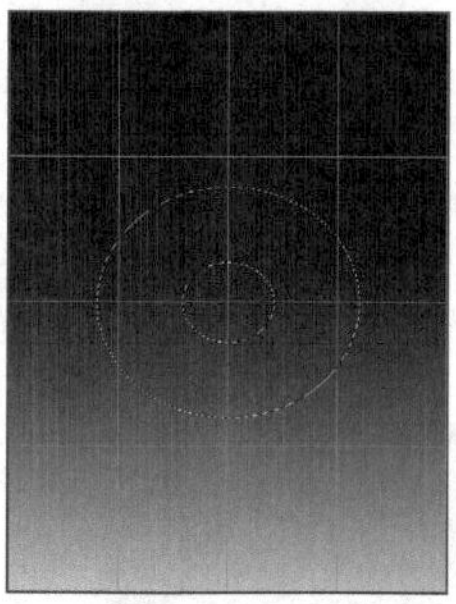

图11-59　绘制圆环选区

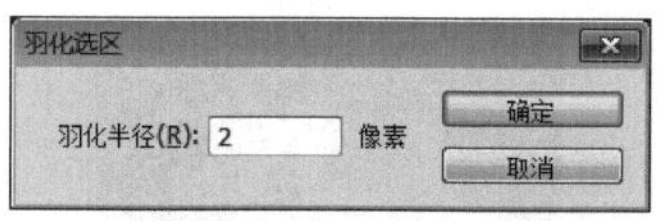

图11-60　“羽化选区”对话框

8）设置前景色为浅灰色（RGB：206，207，203），背景色为深灰色（RGB：183，182，181）。在工具箱中选择渐变工具，在选项栏中选择“前景色到背景色”的渐变、线性渐变类型。然后在选区内由下到上斜拉一条直线，用渐变填充“玉环主体”，完成效果如图11-61所示（注：先不要取消选区）。

2. 制作玉环暗面

1）在菜单栏中单击“图层→新建→图层”命令，打开“新建图层”对话框，设置“名称”为“玉环暗面”，如图11-62所示。

2）设置前景色为深灰色（RGB：160，150，150），按住<Alt+Delete>快捷键，用前景色填充选区，按<Ctrl+D>快捷键，取消选区，完成效果如图11-63所示。

3）选择移动工具，确认“玉环暗面”图层为当前选择图层，连续按键盘上的向下方向键<↓>8 次，将“玉环暗面”向下移动 8 个像素。

4）在“图层”面板中，将“玉环暗面”图层移至“玉环主体”图层的下面，“图层”面板如图 11-64 所示，图像效果如图 11-65 所示。

图 11-61　玉环主体填充

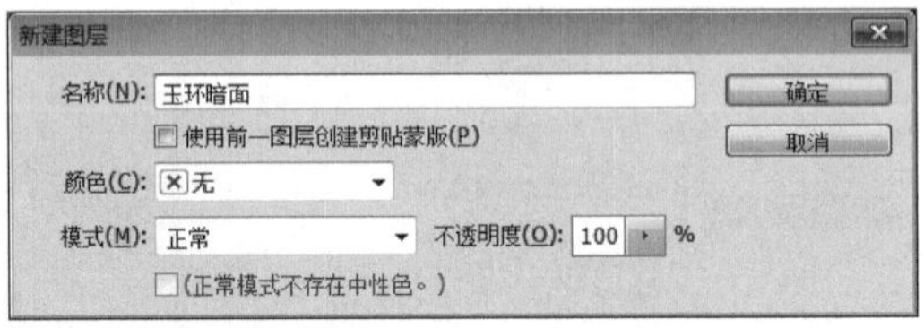

图 11-62　新建“玉环暗面”图层

图 11-63　玉环暗面

图 11-64　“图层”面板

图 11-65　调整图层后的图像效果

3．制作玉环阴影

1）在背景图层上新建图层，命名为“阴影”。在工具箱中选择椭圆选框工具，在玉环主体的下方绘制一个较大的椭圆选区，如图 11-66 所示。在菜单栏中单击“选择→修改→羽化”命令，打开“羽化选区”对话框，设置“羽化半径”为“30 像素”。

2）设置前景色为灰色（RGB：100，100，100），按<Alt+Delete>快捷键，用前景色填充选区，得到阴影效果，如图 11-67 所示。

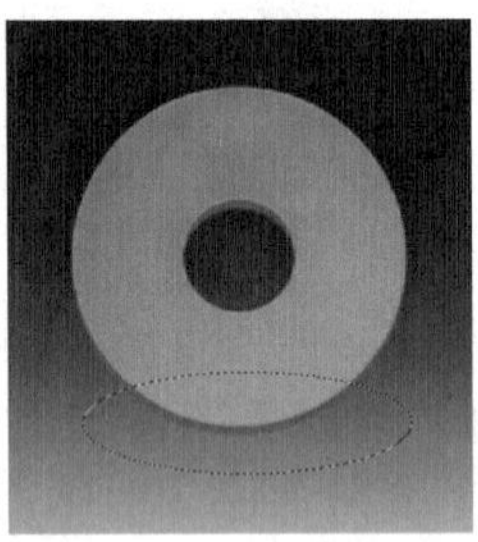

图 11-66　绘制椭圆选区

图 11-67　玉环阴影效果

4．制作玉环花纹

1）在工具箱中选择自定形状工具，在选项栏中设置“路径”模式、形状为“装饰 5”（如果没有此选项，追加装饰形状即可找到），如图 11-68 所示。在玉环上部绘制花纹图形，然后选择工具箱中的路径选择工具，将路径移动到合适的位置，完成效果如图 11-69 所示。

2）打开“路径”面板，单击面板下方的“将路径作为选区载入”按钮，完成后的效果如图 11-70 所示。

3）打开“图层”面板，新建图层，命名为“花纹 1”，“图层”面板如图 11-71 所示。按住<Alt+Delete>快捷键，用前景色填充选区，按<Ctrl+D>快捷键，取消选区，效果如图 11-72 所示。

4）在“图层”面板中，复制“花纹 1”图层 3 次，得到 3 个副本图层，“图层”面板如图 11-73 所示。

图 11-68　自定义形状设置

图 11-69　路径完成效果

图 11-70　路径转换为选区

图 11-71　新建“花纹 1”图层

图 11-72　添加花纹

图 11-73　“图层”面板

5）分别对 3 个副本图层中的内容进行移动和自由变换，得到如图 11-74 所示的效果。在“图层”面板中确认选择“花纹 1 副本 3”图层，然后按<Ctrl+E>快捷键 3 次，将 4 个花纹图层合并为 1 个图层，即“花纹 1”，“图层”面板如图 11-75 所示。

6）按下<Ctrl>键的同时在“图层”面板中单击“花纹 1”图层缩略图，载入“花纹 1”的选区。

7）打开“通道”面板，单击面板下方的“将选区存储为通道”按钮，创建“Alpha 1”通道。按<Ctrl+D>快捷键，取消选区，效果如图 11-76 所示，“通道”面板如图 11-77 所示。

图 11-74　变换花纹效果

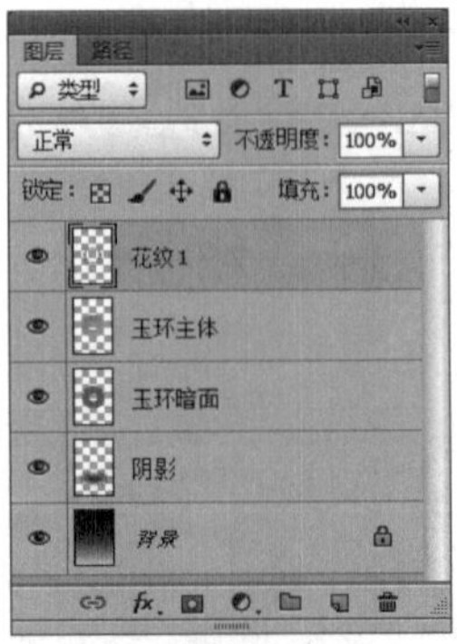

图 11-75　合并花纹图层后的“图层”面板

图 11-76　“Alpha 1”通道效果

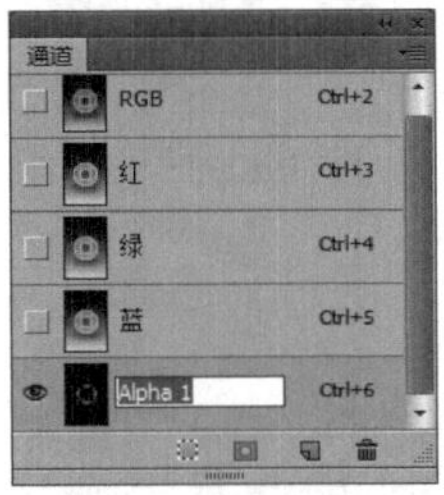

图 11-77　“通道”面板

8）在“Alpha 1”通道上单击鼠标右键，在弹出的快捷菜单中单击“复制通道”命令，生成“Alpha 1 副本”通道，“通道”面板如图 11-78 所示。

9）选择“Alpha 1 副本”通道，在菜单栏中单击“滤镜→其他→位移”命令，在“位移”对话框中设置“水平”为“-3”、“垂直”为“+3”，具体设置如图 11-79 所示。

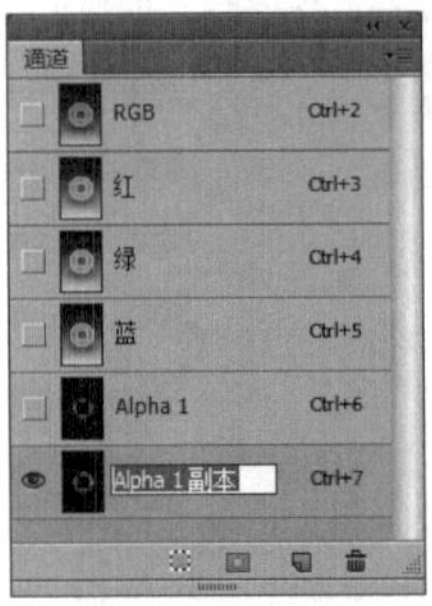

图 11-78　复制“Alpha 1”通道后的“通道”面板

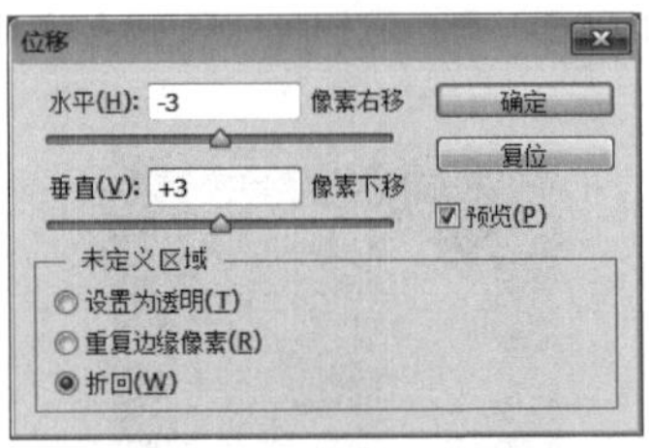

图 11-79　“位移”对话框

10）在菜单栏中单击“图像→计算”命令，在“计算”对话框中设置“源 1”通道为“Alpha 1”、“源 2”通道为“Alpha 1 副本”、“混合”为“减去”，具体设置如图 11-80 所示。生成新通道“Alpha 2”，画面效果如图 11-81 所示。

11）在“通道”面板中选择“Alpha 2”通道，在菜单栏中单击“滤镜→模糊→高斯模糊”命令，打开“高斯模糊”对话框，设置“半径”为“3.0 像素”，如图 11-82 所示，完成后的图像效果如图 11-83 所示。

12）在“通道”面板中选择 RGB 复合通道，使 RGB 复合通道为显示状态，按下<Ctrl>键的同时单击“Alpha 2”通道，将通道作为选区载入，返回“图层”面板，隐藏“花纹 1”图层，选择“玉环主体”图层，选区如图 11-84 所示。

13）在菜单栏中单击“图像→调整→亮度/对比度”命令，在“亮度/对比度”对话框中拖动滑块，将“亮度”调为“-60”，具体设置如图 11-85 所示，完成后的图像效果如图 11-86 所示。

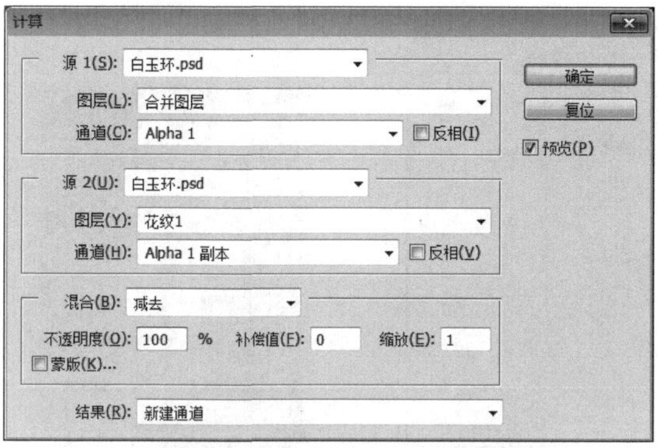

图 11-80　“计算”对话框

图 11-81　设置后的画面效果

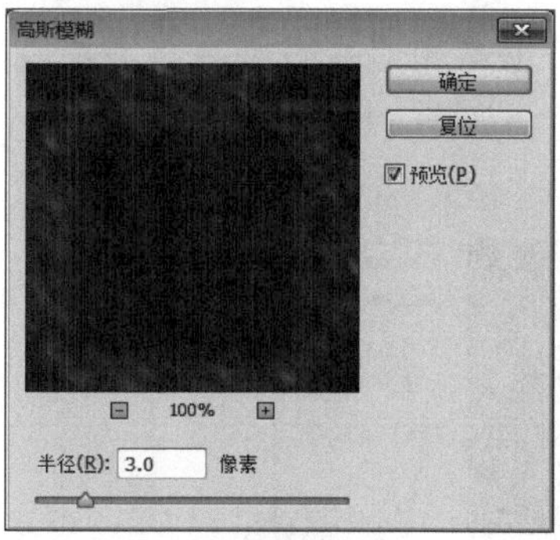

图 11-82　“高斯模糊”对话框

图 11-83　高斯模糊后的图像效果

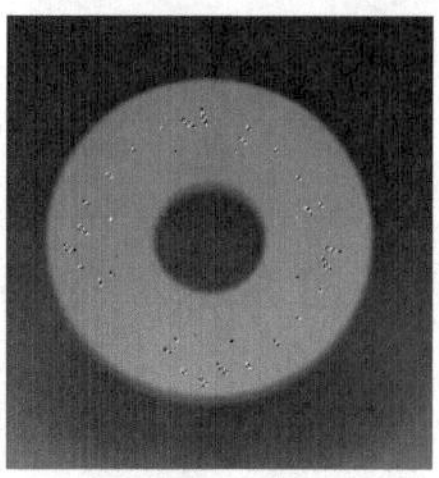

图 11-84　载入选区

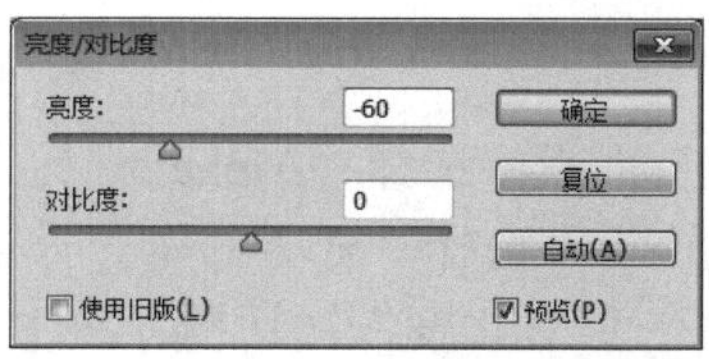

图 11-85　“亮度/对比度”对话框

14）打开“通道”面板，选择“Alpha 1 副本”通道，在菜单栏中单击“滤镜→其他→位移”命令，在“位移”对话框中设置“水平”为“-6”、“垂直”为“+6”，具体设置如图 11-87 所示。

图 11-86　亮度/对比度效果

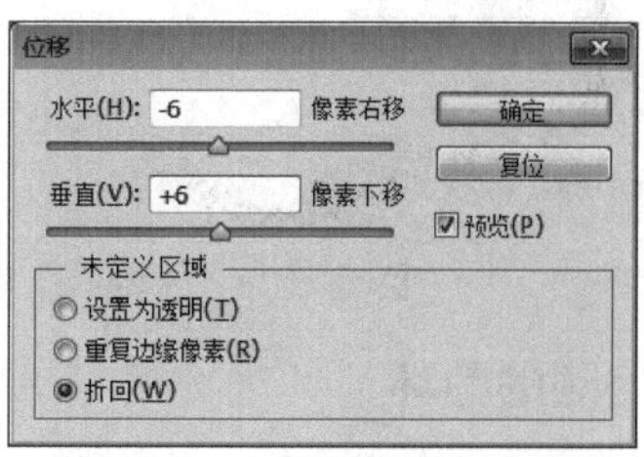

图 11-87　“位移”对话框

15）在菜单栏中单击“图像→计算”命令，在“计算”对话框中设置“源 1”通道为“Alpha 1”、“源 2”通道为“Alpha 1 副本”、“混合”为“减去”，具体设置如图 11-88 所示。单击“确定”按钮后生成新通道“Alpha 3”，“通道”面板如图 11-89 所示。

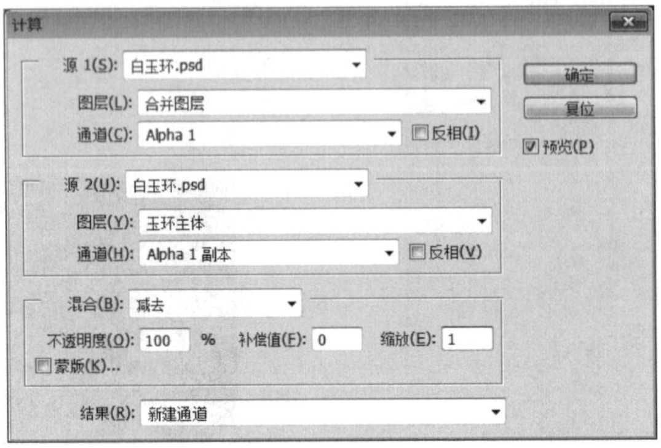

图 11-88 “计算”对话框

图 11-89 “通道”面板

16）选择“Alpha 3”通道，在菜单栏中单击“滤镜→模糊→高斯模糊”命令，打开“高斯模糊”对话框，设置“半径”为“1.5 像素”，如图 11-90 所示。

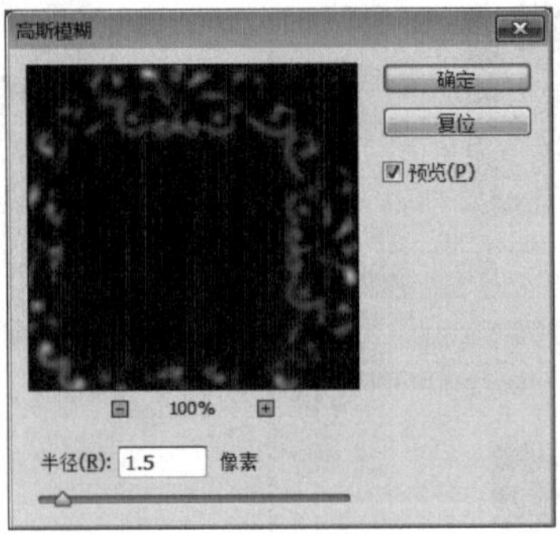

图 11-90 “高斯模糊”对话框

17）在“通道”面板中选择“Alpha 3”通道，单击“将通道作为选区载入”按钮，载入选区。返回图层面板，选择“玉环主体”图层，在菜单栏中单击“图像→调整→亮度/对比度”命令，打开“亮度/对比度”对话框，将“亮度”调为 60，以增加亮度，如图 11-91 所示。完成后的图像效果如图 11-92 所示。

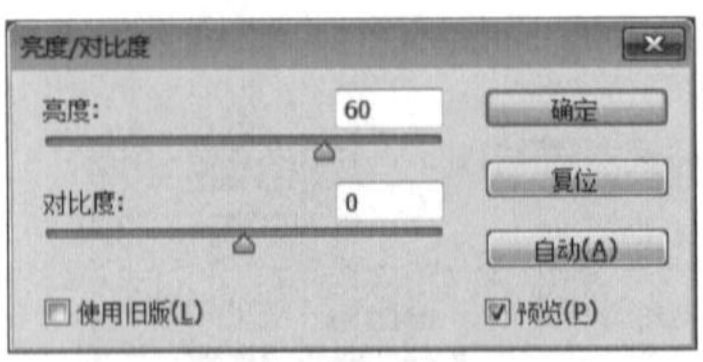

图 11-91 “亮度/对比度”对话框

图 11-92 调整亮度后的图像效果

5. 制作玉环外圈的圆环

1）绘制一个圆形选区，如图 11-93 所示。在菜单栏中单击“选择→修改→边界”命令，在打开的对话框中设置宽度为 4 像素，形成一个圆环。

2）打开“通道”面板，单击面板下方的“将选区转换为通道”按钮，生成新通道“Alpha 4”，图像效果如图 11-94 所示。

图 11-93　绘制圆形选区

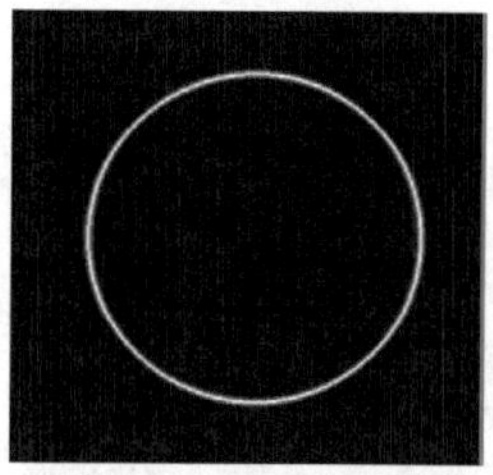

图 11-94　Alpha 4 通道的图像效果

3）在“通道”面板中复制“Alpha 4”通道，生成“Alpha 4 副本”通道。选择“Alpha 4 副本”通道，在菜单栏中单击“滤镜→其他→位移”命令，在“位移”对话框中设置“水平”为“-3”、“垂直”为“+3”，具体设置如图 11-95 所示。然后在菜单栏中单击“滤镜→模糊→高斯模糊”命令，设置“半径”为“3.0 像素”，如图 11-96 所示。

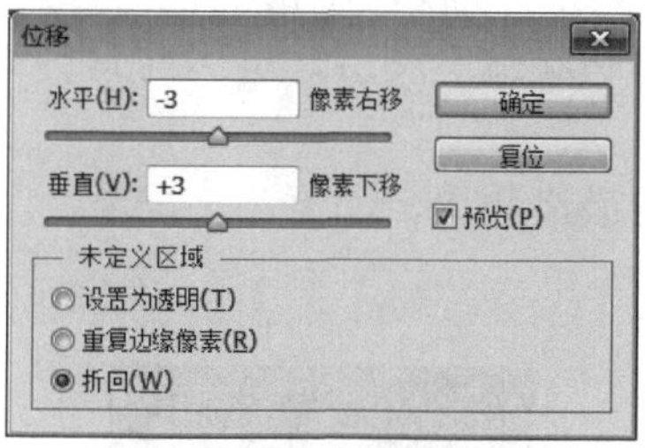

图 11-95　“位移”对话框

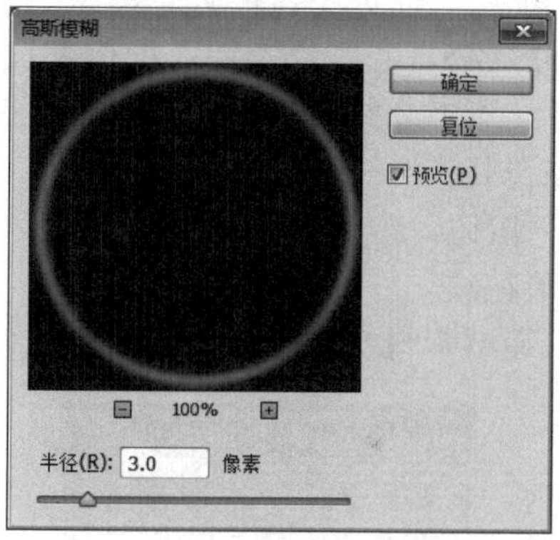

图 11-96　“高斯模糊”对话框

4）在菜单栏中单击“图像→计算”命令，在“计算”对话框中设置“源 1”通道为“Alpha 4”，“源 2”通道为“Alpha 4 副本”，“混合”为“减去”，具体设置如图 11-97 所示。单击“确定”按钮后生成新通道“Alpha 5”。

5）选择“Alpha 5”通道，在菜单栏中单击“滤镜→模糊→高斯模糊”命令，设置“半径”为“3.0 像素”，完成后的效果如图 11-98 所示。

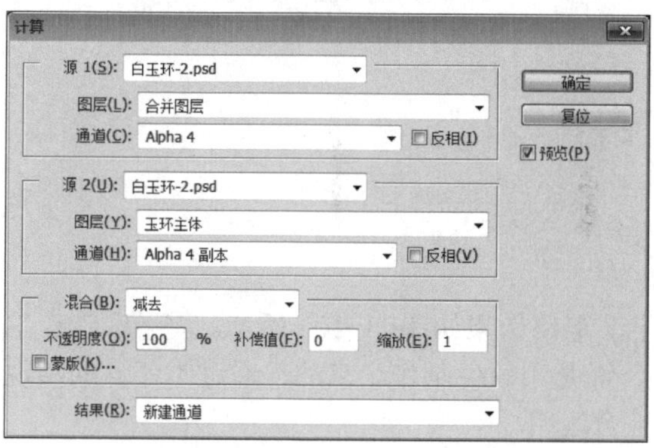

图 11-97　“计算”对话框

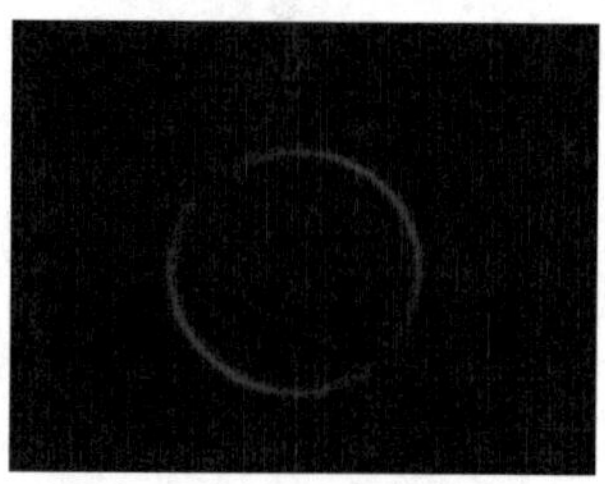

图 11-98　高斯模糊后的效果

6）确认选择了“Alpha 5”通道，单击“将通道作为选区载入”按钮，返回“图层”面板，在背景图层上新建图层，命名为“环形边”，“图层”面板如图 11-99 所示。设置前景色为淡灰色（RGB：165，165，165），然后执行<Alt+Delete>快捷键，用前景色填充选区，完成环形边的制作，如图 11-100 所示。

图 11-99　新建“环形边”图层

图 11-100　环形边效果

7）在“图层”面板中，在背景图层上新建图层，命名为“暗花纹”，设置前景色为深灰色（RGB：45，45，45），“图层”面板如图 11-101 所示。

8）在工具箱中选择自定义形状工具，在选项栏中设置“路径”模式、形状为“装饰 5”，在玉环上部绘制路径，如图 11-102 所示。打开“路径”面板，单击面板下方的“将路径作为选区载入”按钮，然后返回“图层”面板，选择“暗花纹”图层，再用前景色对选区描边，得到上方的暗花纹。

9）置入绳结素材文件，添加相应的文字，得到最终效果。

图 11-101　新建“暗花纹”图层

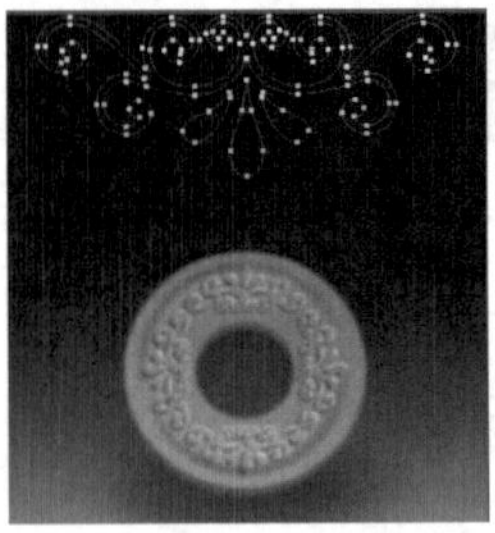

图 11-102　绘制路径

11.4　任务四：制作雪糕广告

11.4.1　任务分析

本任务是用 Photoshop 制作一个雪糕广告，最终效果如图 11-103 所示。雪糕广告在生活中很常见，但多数广告中的雪糕都并非实物拍摄，而是用软件制作出来的。通过本任务的实现，能够更好地掌握 Photoshop 中多种工具和技术的综合运用。

图 11-103　雪糕广告

本任务的知识点：选区、图层、滤镜、路径、加深和减淡等。

11.4.2　任务实施

1．雪糕外壳的制作

1）新建名为“雪糕”的文档，在“新建”对话框中设置“宽度”为“12 厘米”，“高度”为“16 厘米”，“分辨率”为“150 像素/英寸”，具体设置如图 11-104 所示。

2）设置前景色为巧克力色（RGB：89，32，19），在“图层”面板中新建“图层 1”。

3）在工具箱中选择钢笔工具，绘制雪糕形状的路径，如图 11-105 所示。

4）打开“路径”面板，单击面板下方的“将路径作为选区载入”按钮，将路径转化为选区。

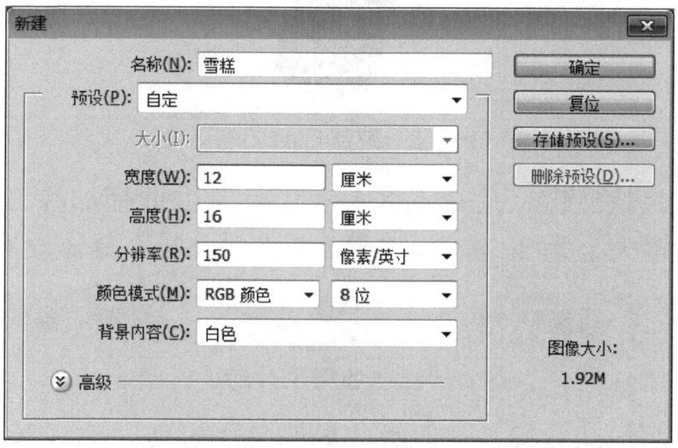

图 11-104　“新建”对话框设置

5）返回“图层”面板，选择“图层 1”，按<Alt+Delete>快捷键，用前景色（巧克力色）填充选区，效果如图 11-106 所示。

6）在工具箱中选择椭圆选框工具，在雪糕前部绘制椭圆选区，如图 11-107 所示。

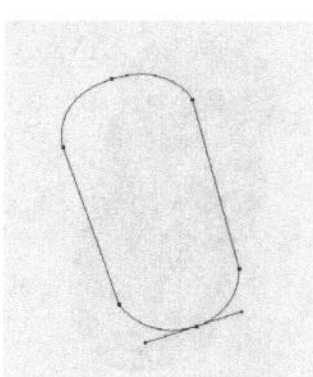

图 11-105　绘制路径

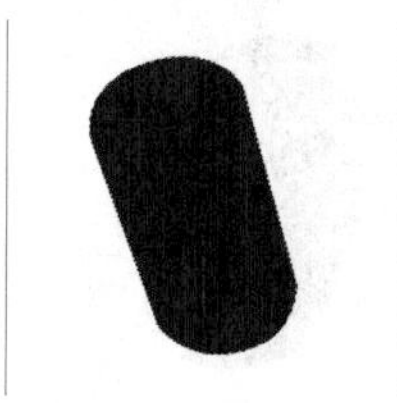

图 11-106　填充选区

图 11-107　绘制椭圆选区

7）单击鼠标右键，在弹出的快捷菜单中单击“变换选区”命令，用鼠标拖动控制点，以调整选区的大小和方向，完成后的效果如图 11-108 所示。

8）在菜单栏中单击“选择→修改→羽化”命令，在“羽化选区”对话框中设置“羽化半径”为“20 像素”，如图 11-109 所示。

图 11-108　变换选区

图 11-109　“羽化选区”对话框

9）在工具箱中选择减淡工具“”，在选项栏中选择柔角圆形画笔，设置画笔大小为 34 像素，“曝光度”为 4%，具体设置如图 11-110 所示。

图 11-110　减淡工具选项栏

10）使用画笔在选区上涂抹出巧克力外壳的亮部，涂抹过程中可以随时调整画笔的大小和曝光度，以涂抹选区边缘，完成后的图像效果如图 11-111 所示。

图 11-111　减淡后的图像效果

11）按<Ctrl+Shift+I>快捷键，反选选区，在工具箱中选择加深工具“”，在选项栏中选择柔角圆形画笔，设置大小为 32 像素，“曝光度”为 8%，具体设置如图 11-112 所示。

图 11-112　加深工具选项栏

12）在雪糕外壳侧面拖动鼠标，绘制外壳向暗部的过渡，完成效果如图 11-113 所示。

2. 雪糕咬口的制作

1）在工具箱中选择套索工具，绘制咬口选区，如图 11-114 所示。按<Delete>键删除选区内容，完成效果如图 11-115 所示。

图 11-113　绘制外壳

图 11-114　绘制咬口选区

图 11-115　删除选区内容

2）用键盘上的方向键移动选区，完成效果如图 11-116 所示，可以放大显示比例以便操作。

3）在工具箱中分别选择加深工具和减淡工具，涂抹巧克力外壳边缘，得到如图 11-117 所示的效果。

4）在菜单栏中单击“选择→反向”命令，反选选区，在工具箱中选择加深工具，沿选区线加深，形成逼真的咬口效果，如图 11-118 所示。

5）在“图层”面板中新建“图层 2”，选套索工具，绘制选区，如图 11-119 所示。

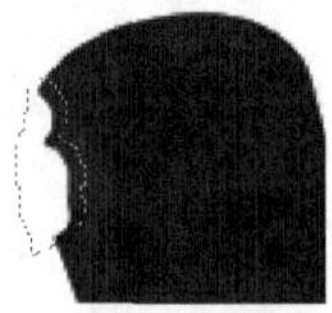
图 11-116　移动选区

图 11-117　涂抹外壳边缘

图 11-118　咬口效果

图 11-119　绘制“图层 2”选区

6）设置前景色为黄色（RGB：253，246，62），背景色为白色（RGB：256，256，256），在菜单栏中单击“滤镜→渲染→云彩”命令，在“图层 2”的选区中出现云彩效果，如图 11-120 所示。

7）在菜单栏中单击“滤镜→滤镜库”命令，打开“滤镜库”对话框，选择纹理滤镜组中的颗粒，设置“颗粒类型”为“喷洒”、“强度”为 14、“对比度”为 31，具体设置如图 11-121 所示。单击“确定”按钮后在图形中形成白色喷洒点，如图 11-122 所示。

8）在菜单栏中单击“选择→修改→扩展”命令，设置“扩展量”为 6 像素，扩展选区，完成效果如图 11-123 所示。

图 11-120　云彩效果

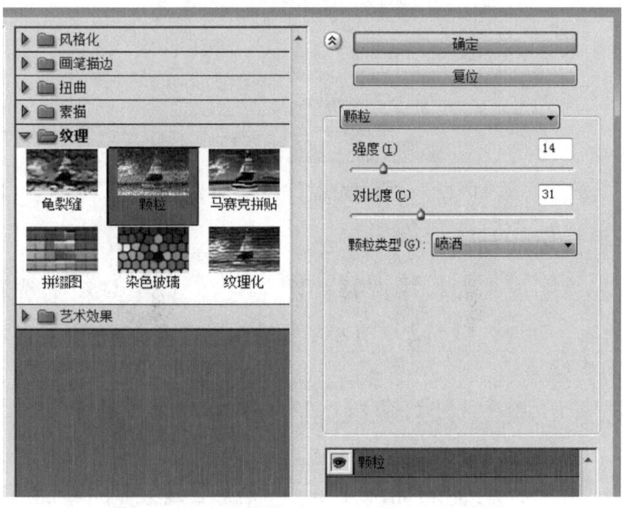

图 11-121　“滤镜库”对话框中的设置

图 11-122　颗粒效果

图 11-123　扩展选区

9）在“图层”面板中选择“图层 1”，用减淡工具和加深工具绘制咬口断面的明暗效果，如图 11-124 所示。

10）在“图层”面板中选择“图层 2”，分别用减淡工具和加深工具绘制咬口内的凹凸纹路，得到如图 11-125 所示的效果。

11）在“图层”面板中激活“图层 2”，在菜单栏中单击“选择→载入选区”命令，使“图层 2”显示浮动选区，按键盘上的方向键将其向左下方移动 3 像素，完成效果如图 11-126 所示。

图 11-124　明暗效果

图 11-125　咬口内的凹凸纹路

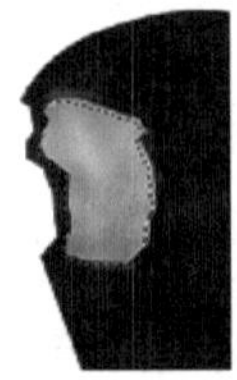

图 11-126　移动选区

12）在菜单栏中单击“选择→修改→羽化”命令，设置“羽化半径”为“3 像素”，羽化选区。

13）在菜单栏中单击“选择→反向”命令，反选选区。

14）在菜单栏中单击“图像→调整→亮度/对比度”命令，打开“亮度/对比度”对话框，具体设置如图 11-127 所示，得到巧克力外壳的阴影效果，如图 11-128 所示。

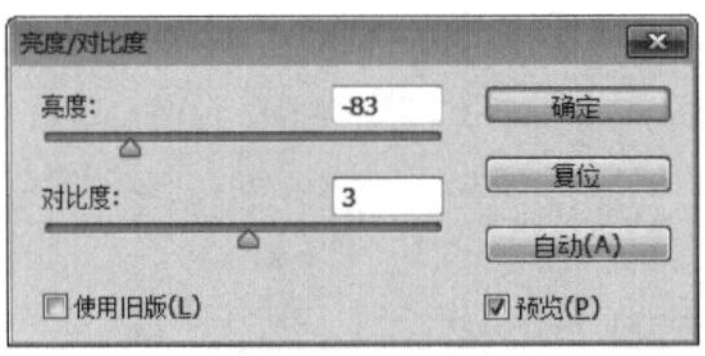

图 11-127　“亮度/对比度”对话框设置

图 11-128　外壳的阴影效果

3. 果仁层的制作

1）在“图层”面板中选择“图层 1”，在工具箱中选择多边形套索工具，绘制一个任意形状的选区，如图 11-129 所示。然后在菜单栏中单击“选择→修改→平滑”命令，设置平滑半径为 2 像素。

2）按<Ctrl+J>快捷键，复制选区内容并生成“图层 3”，隐藏其他图层后的效果如图 11-130 所示。

3）利用工具箱中的加深工具和减淡工具绘制干果粒的暗部和高光效果，完成的果粒效果如图 11-131 所示。

图 11-129　绘制选区

图 11-130　图层 3

图 11-131　明暗效果

4）对“图层 3”中的干果颗粒进行复制、粘贴、移动、缩放、旋转等操作，制作出更多的、形状各异的果粒，附着在雪糕表面。再用涂抹工具对果粒根部进行处理，使果粒有嵌入巧克力外壳的效果，如图 11-132 所示。

图 11-132　雪糕表面的颗粒效果

5）打开雪糕素材文件，将背景图层和木棍图层复制到雪糕文档中，将复制的图层放在背景图层之上，调整木棍的大小和位置，再添加相应文字，完成最后的图像效果。

11.5　任务五：制作鸡蛋壳

11.5.1　任务分析

本任务是用 Photoshop 制作仿真效果的鸡蛋壳，最终效果如图 11-133 所示。通过本任务的实现，可以更好地掌握 Photoshop 中多种工具的综合运用方法。

图 11-133　鸡蛋壳

本任务的知识点：图层、滤镜、选区、渐变、图像调整和图层混合模式等。

11.5.2　任务实施

1. 制作外形和裂痕

1）新建名为“鸡蛋壳”的文档，设置“宽度”为“1024 像素”，“高度”为“768 像素”，“分辨率”为“300 像素/英寸”，具体设置如图 11-134 所示。

2）设置前景色为灰色（RGB：196，196，196），选择渐变工具，在选项栏中选择“前景色到背景色”的渐变、线性渐变类型，从画布下方向画布中间拖动渐变，拖动方向及完成效果如图 11-135 所示。

3）在工具箱中选择椭圆选框工具，绘制椭圆形选区，如图 11-136 所示。

图 11-134 “新建”对话框设置

图 11-135 拖动方向及渐变效果

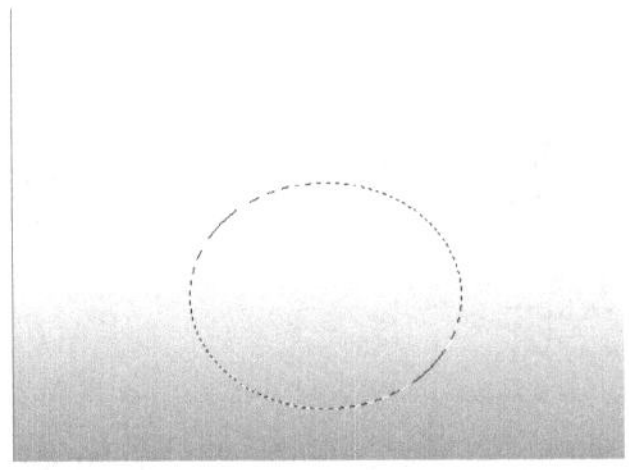

图 11-136 椭圆形选区

4）在“图层”面板中新建“图层 1”，在工具箱中选择渐变工具，设置模式为“径向”渐变，勾选“反向”复选框（渐变颜色更改为背景色到灰色），在椭圆选区内填充渐变，效果如图 11-137 所示。

5）在“图层”面板中新建“图层 2”，在工具箱中选择渐变工具，设置渐变颜色为“黑色到白色”的渐变、线性渐变类型，在椭圆形选区内中间偏左的位置，沿水平方向绘制渐变，效果如图 11-138 所示，“图层面板”如图 11-139 所示。

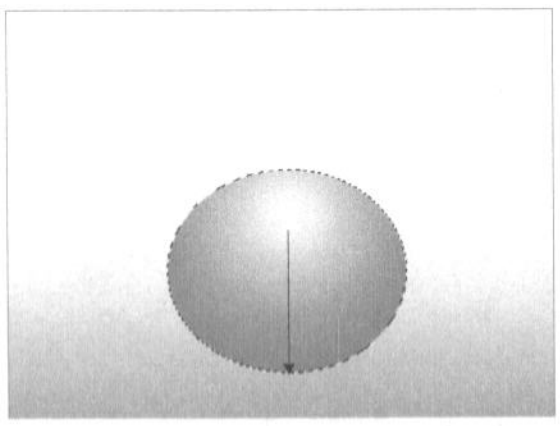

图 11-137 灰白渐变效果

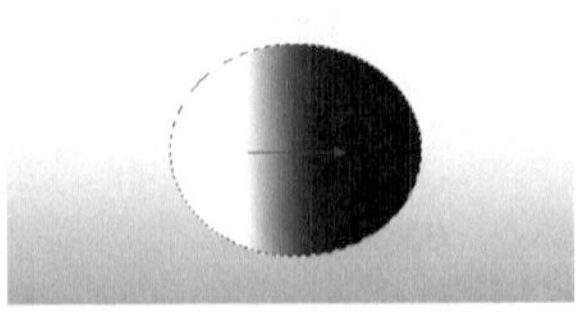

图 11-138 黑白渐变效果

图 11-139 “图层”面板

6）按<D>键恢复前景色和背景色的默认设置，在菜单栏中单击“滤镜菜单→渲染→分层云彩”命令，效果如图 11-140 所示。

7）在菜单栏中单击“图像→调整→反相”命令，效果如图 11-141 所示。

8）在菜单栏中单击“图像→调整→色阶”命令，色阶数值设置为 225、1.00、255，具体设置如图 11-142 所示，完成效果如图 11-143 所示。

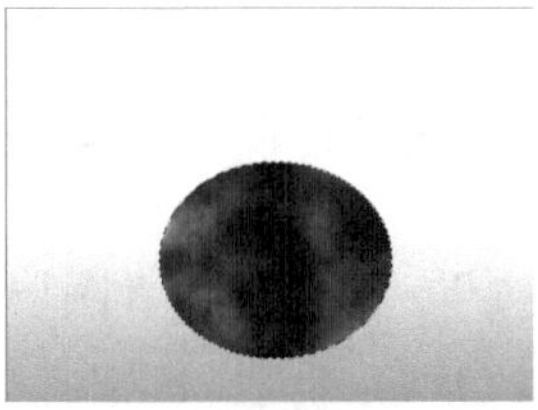

图 11-140　云彩效果

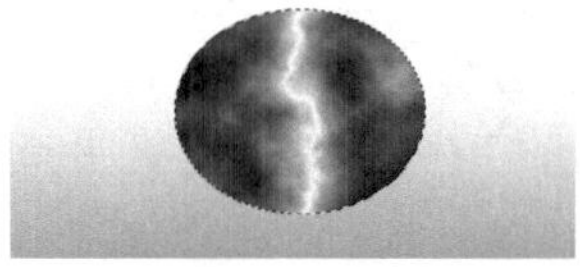

图 11-141　反相效果

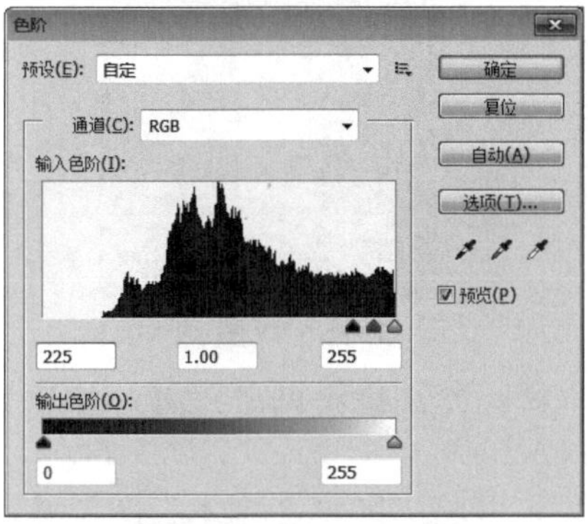

图 11-142　色阶设置

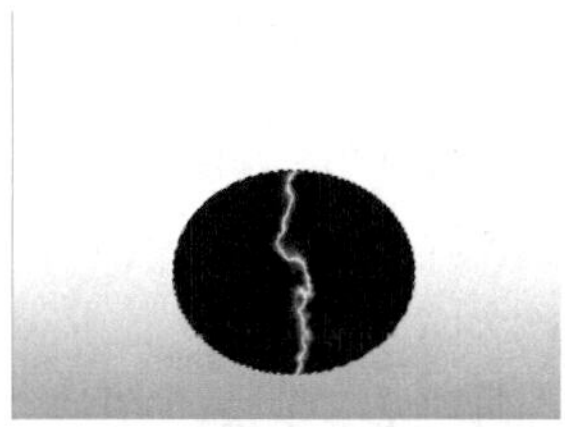

图 11-143　色阶效果

9）按<Ctrl+D>快捷键，取消选区。在工具箱中选择魔术橡皮擦工具，在选项栏中设置“容差”为 50，勾选“消除锯齿”复选框，具体设置如图 11-144 所示。在图像中两侧的黑色部分处单击鼠标左键，删除黑色，完成效果如图 11-145 所示。

图 11-144　魔术橡皮擦选项栏

10）按住<Ctrl>键的同时在“图层”面板中单击“图层 2”，载入“图层 2”的选区。然后，将“图层 2”拖到“图层”面板下方的“删除图层”按钮上，删除“图层 2”（注：保留了图层的选区），删除后的画布效果如图 11-146 所示，“图层面板”如图 11-147 所示。

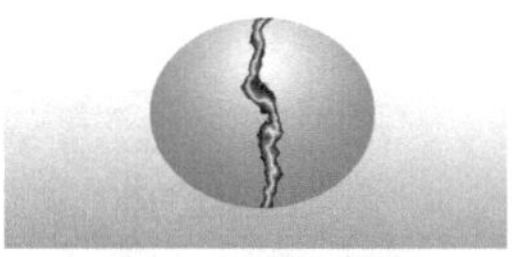

图 11-145　删除黑色部分

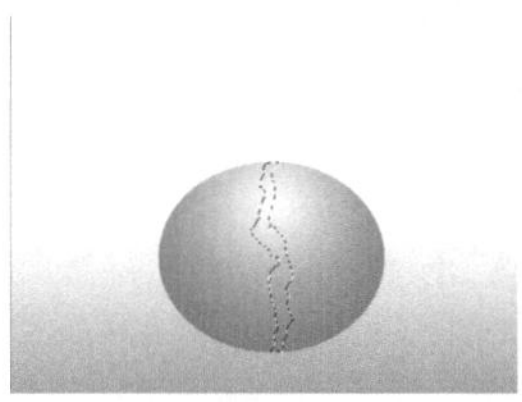

图 11-146　删除“图层 2”

图 11-147　“图层”面板

11）按<Delete>键，删除“图层 1“中相应的选区，效果如图 11-148 所示。按<Ctrl+D>快捷键，取消选区，隐藏背景图层，效果如图 11-149 所示。

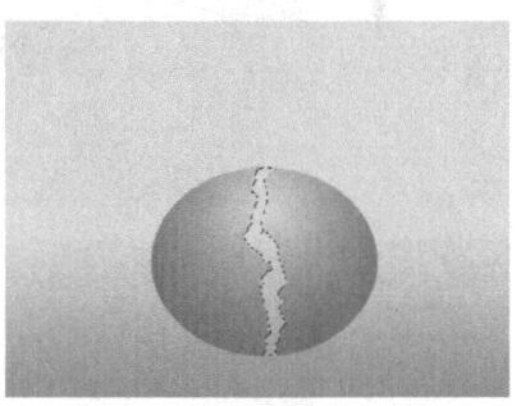

图 11-148　删除“图层 1”的选区内容

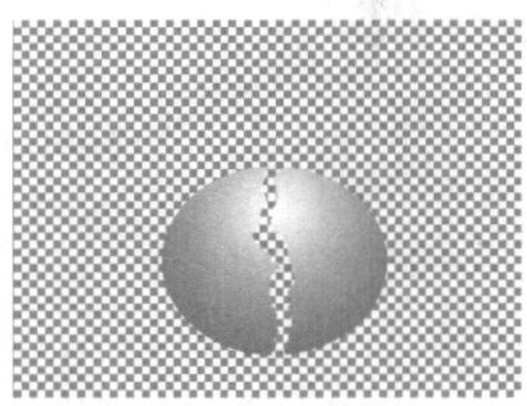

图 11-149　隐藏背景图层

2. 制作立体结构效果

1）在工具箱中选择多边形套索工具，沿鸡蛋裂缝区域绘制半个蛋壳的选区，绘制选区时尽量不要碰触裂痕边缘，如图 11-150 所示。

2）按<Ctrl+Shift+J>快捷键，剪切并新建“图层 2”，完成后的“图层”面板如图 11-151 所示。

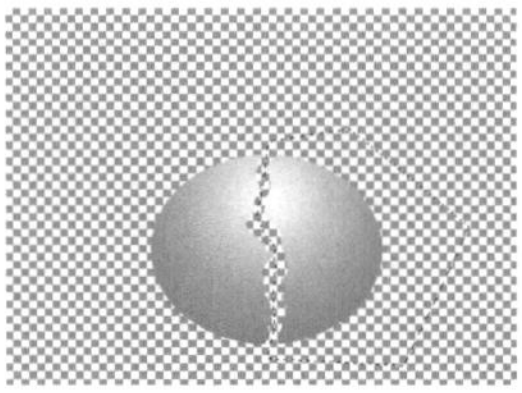
图 11-150 绘制半个鸡蛋壳选区

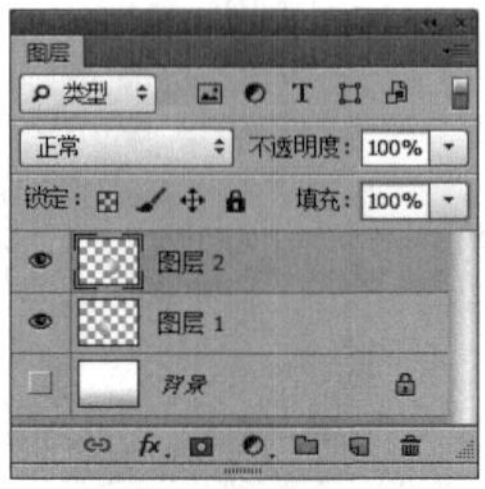

图 11-151 “图层”面板

3）在菜单栏中单击“编辑→自由旋转”命令，分别旋转两个蛋壳，形成自然向上的效果，如图 11-152 所示。

4）复制“图层 2”生成“图层 2 副本”图层，并将“图层 2 副本”图层移动到“图层 2”的下方，“图层”面板如图 11-153 所示。

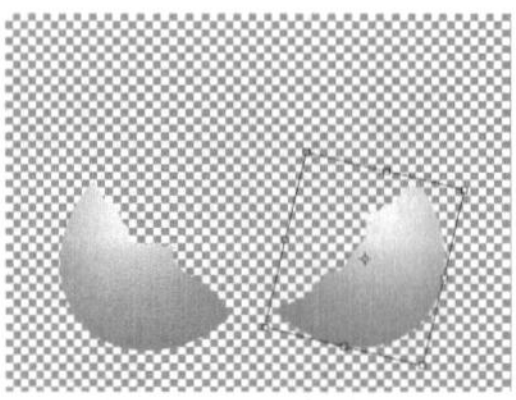
图 11-152 蛋壳自然向上效果

图 11-153 “图层”面板

5）选择“图层 2 副本”图层，按<Ctrl+T>快捷键，自由变换图像，并结合透视或变形工具将图像进行旋转，完成效果如图 11-154 所示。

6）复制“图层 1”，利用相同的方法制作另一半蛋壳的立体效果，如图 11-155 所示，“图层”面板如图 11-156 所示。

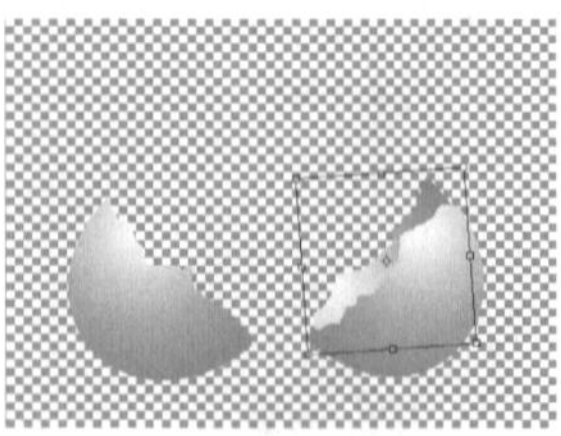
图 11-154 “图层 2 副本”的效果

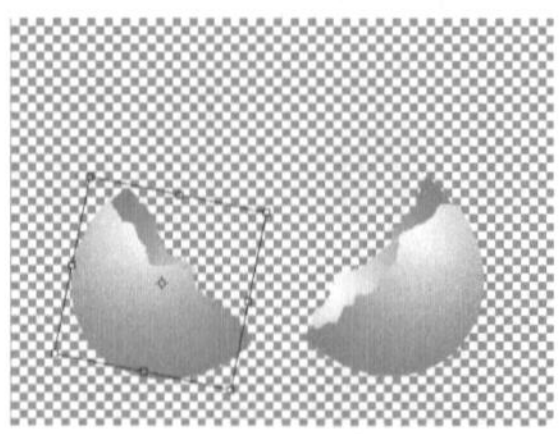
图 11-155 “图层 1 副本”的效果

图 11-156 “图层”面板

3. 鸡蛋上色

1）在菜单栏中单击“图层→合并可见图层”命令，合并图层，合并后的“图层”面板如图 11-157 所示。

2）在“图层”面板中恢复背景图层的显示状态，然后按住<Ctrl>键的同时单击“图层 1 副本”图层缩略图，载入鸡蛋壳选区，如图 11-158 所示。

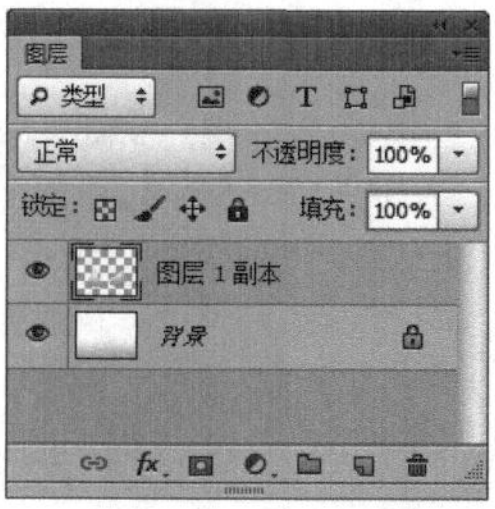

图 11-157　合并后的“图层”面板

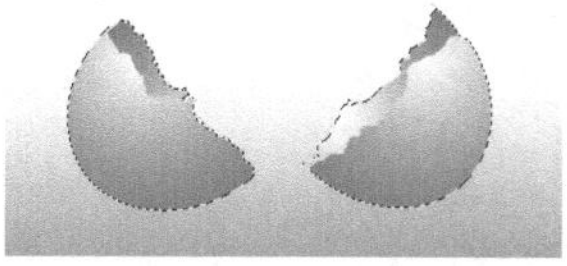

图 11-158　载入鸡蛋壳选区

3）在“图层 1 副本”图层上新建“图层 1”，设置前景色为红色（RGB：255，0，0），按<Alt+Delete>快捷键，用前景色填充选区，效果如图 11-159 所示。

4）在“图层”面板中设置“图层 1”的“不透明度”为“30%”，图层混合模式为“柔光”，“图层”面板如图 11-160 所示，完成效果如图 11-161 所示。按<Ctrl+D>快捷键，取消选区。

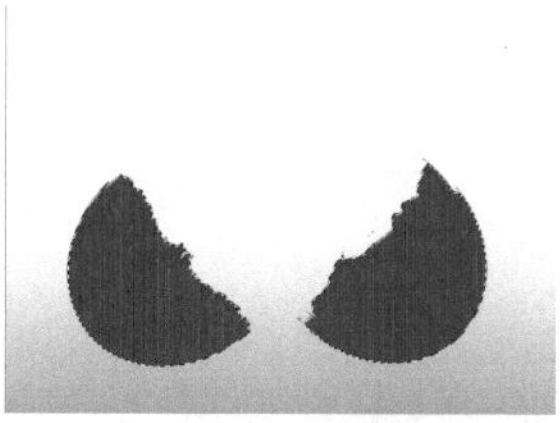

图 11-159　填充红色

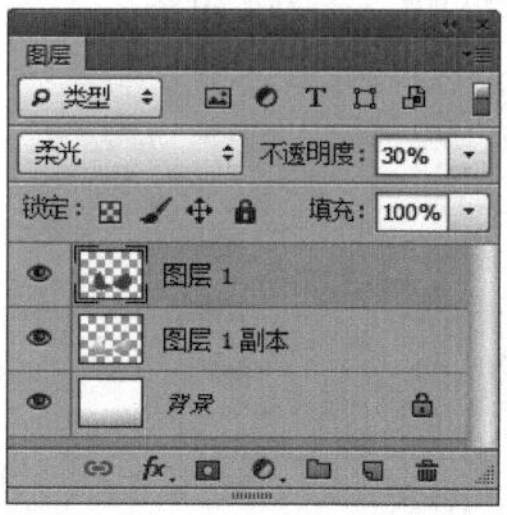

图 11-160　“图层”面板设置

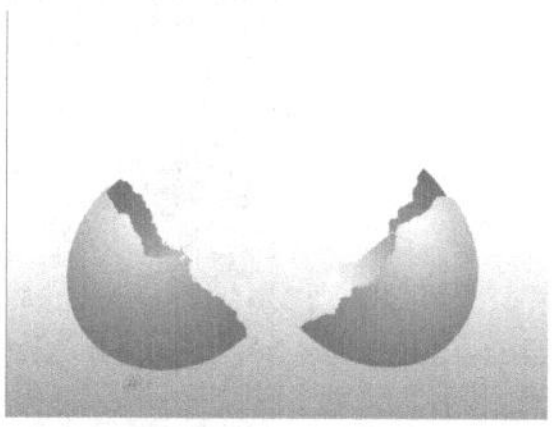

图 11-161　完成效果

4．制作阴影

1）选择椭圆选框工具，在蛋壳下方绘制椭圆形选区，如图 11-162 所示。在菜单栏中单击“选择→修改→羽化”命令，设置“羽化半径”为“20 像素”。

2）在“图层”面板中新建“图层 2”，设置前景色为黑色，按<Alt+Delete>快捷键，用前景色填充选区，效果如图 11-163 所示。

3）按<Ctrl+D>快捷键，取消选区，在“图层”面板中将“图层 2”移至“图层 1 副本”图层的下方，“图层”面板如图 11-164 所示。

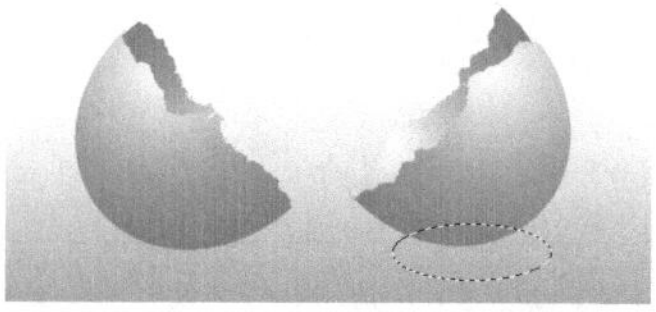

图 11-162　绘制椭圆选区

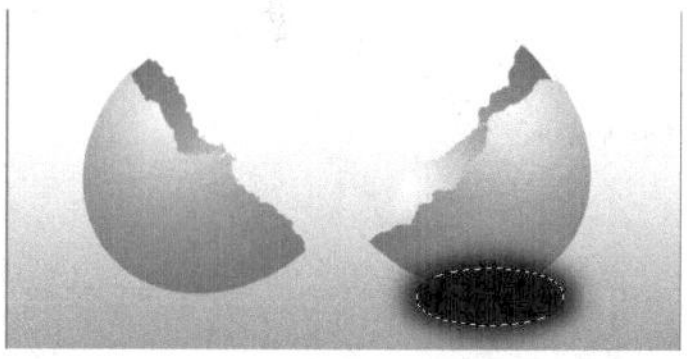

图 11-163　羽化并填充选区

图 11-164　“图层”面板

4）确认选择了“图层 2”，按<Ctrl+T>快捷键，利用自由变换调整黑色阴影部分，调整效果如图 11-165 所示。

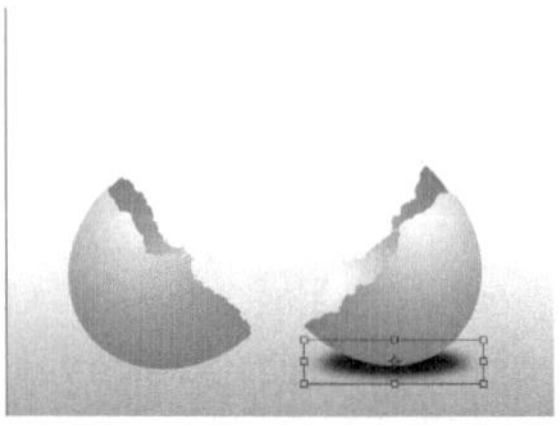
图 11-165　阴影调整后的效果

图 11-166　复制阴影

图 11-167　合并后的“图层”面板

5）复制阴影并移到另一个蛋壳的下面，如图 11-166 所示。

6）在菜单栏中单击“图层→向下合并”命令，合并阴影图层，合并后的“图层”面板如图 11-167 所示。

7）设置阴影图层“图层 2”的“不透明度”为 60%，“图层”面板如图 11-168 所示，完成效果如图 11-169 所示。

8）置入背景素材文件并输入相应的文字，完成最终效果。

图 11-168　改变阴影图层的不透明度

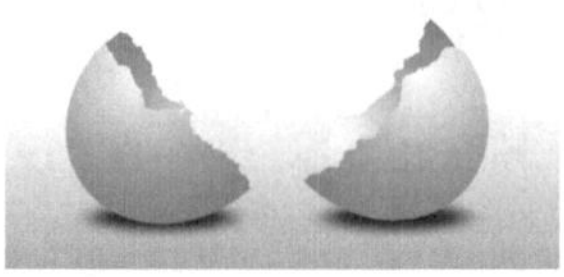
图 11-169　完成效果

参考文献

[1] 雷波．Photoshop CS3 中文版标准教程[M]．北京：高等教育出版社，2008．

[2] 汪可，张明真，於文财．Adobe Photoshop CS6 标准教训教程[M]．北京：人民邮电出版社，2013．